谷建阳◎编著

AIGC智能绘画指令与范例大全

清華大學出版社
北 京

内容简介

本书内容是Midjourney AI绘画指令与范例大全，根据以下两条线进行讲解。一是“指令线”。通过32个经典AI效果绘制，掌握指令的用法，如选择指令、上传图片、选择图片、完成添加，或者输入名称、选择参数值、输入关键词、生成标签、调用标签、生成图片、放大效果等，全面、系统地精通AI绘画的全部流程。二是“案例线”。精选128个热门AI领域案例，一次性全面精通人像摄影、风光摄影、人文摄影、动物摄影、商业摄影、电商产品、餐饮美食、平面广告、平面设计、海报设计、封面设计、影视作品、动画作品、插画设计、游戏设计、艺术风格、国画作品、油画作品、黑白艺术、景观设计、建筑设计、室内布局、家具用品、工艺品设计、艺术装置、配饰设计、汽车设计、发型设计、服装设计、鞋子设计、场景模拟、活动现场等效果制作。

本书适合对AI绘画感兴趣的人群，特别是与相关领域密切联系的绘画爱好者、设计师、电商美工师等，也可作为各类高等院校相关专业的学习教材。

图书在版编目（CIP）数据

AIGC智能绘画指令与范例大全/谷建阳编著. —北京：清华大学出版社，2024.6
ISBN 978-7-302-66218-1

Ⅰ. ①A… Ⅱ. ①谷… Ⅲ. ①图像处理软件 Ⅳ. ①TP391.413

中国国家版本馆CIP数据核字(2024)第096771号

责任编辑：张　瑜
封面设计：杨玉兰
责任校对：周剑云
责任印制：刘海龙
出版发行：清华大学出版社
　　网　　址：https://www.tup.com.cn, https://www.wqxuetang.com
　　地　　址：北京清华大学学研大厦A座　　**邮　　编**：100084
　　社 总 机：010-83470000　　**邮　　购**：010-62786544
　　投稿与读者服务：010-62776969, c-service@tup.tsinghua.edu.cn
　　质量反馈：010-62772015, zhiliang@tup.tsinghua.edu.cn
印 装 者：三河市君旺印务有限公司
经　　销：全国新华书店
开　　本：185mm×260mm　　**印　　张**：16.25　　**字　　数**：393千字
版　　次：2024年6月第1版　　**印　　次**：2024年6月第1次印刷
定　　价：89.80元

产品编号：104078-01

前言

在当今数字化时代，AI 技术已经渗透到各个行业领域，它改变了生产、制造和服务行业，提高了生产效率，降低了成本，创造了新的商业模式。AIGC 是一种新的人工智能技术，它的英文全称是 Artificial Intelligence Generative Content，即人工智能生成内容。

随着 ChatGPT 和 Midjourney 等人工智能（Artificial Intelligence，AI）工具的出现和发展，AI 绘画技术的不断进步也推动了计算机图形学、图像处理等领域的发展，为数字艺术开创了新的发展空间。然而，目前市场上有关于 AI 绘画工具的资源和书籍却相对稀缺。

秉持着响应国家“科技兴邦、实干兴邦”的精神，我们致力于为读者提供一种全新的学习方式，使大家能够更好地适应时代发展的需要。通过结合 ChatGPT 与 Midjourney 两种 AI 工具，为读者提供了 128 个实用指令与范例，从关键词提取到图片制作生成，从绘图指令到运用指令进行实战，帮助读者全方位熟悉 AI 工具，让大家能够在日常生活中充分利用人工智能技术，体验到人工智能在各个行业中的潜力和价值。

本书共分为 32 章，有以下 3 个亮点。

（1）案例全面。本书提供了 128 个实用范例，详细介绍了 32 个热门行业的常用 AI 绘图指令，帮助读者从零基础开始掌握 AI 绘画的实战技巧。

（2）视频教学。本书每章的第一个案例都录制了同步的高清教学视频，共 32 集，边看边学，边学边用。

（3）物超所值。本书赠送了 63 个素材效果、书中所讲的 130 多个指令关键词，以及额外赠送的 5200 个关键词，方便读者实战操作练习，提高自己的绘图效率。

本书内容高度凝练，由浅入深，以实战为核心，无论是初学者还是已经有了一定经验的使用者，都能够从本书中得到一定的帮助。

本书部分章节配有二维码，手机扫码就可以观看学习。关键词、素材效果文件、赠送资源请扫下面的二维码获取。

关键词

素材效果文件

赠送资源

特别提示：本书在编写时，是基于当前各种 AI 工具和软件的界面截取的实际操作图片，但本书从编写到出版需要一段时间，这些工具的功能和界面可能会有变动，请读者在阅读时，根据书中的思路举一反三进行学习。其中，ChatGPT 为 3.5 版，Midjourney 为 5.2 版。

本书由谷建阳编著，参与编写的人员还有刘阳洋，在此表示感谢。

由于作者知识水平有限，书中难免有疏漏之处，恳请广大读者批评、指正。

编者

目录

第 1 章　人像摄影指令与范例

在所有摄影题材中，人像拍摄占据着非常大的比例，因此如何用 AI 生成人像照片是许多初学者急切希望学会的技能。多学、多看、多练、多积累关键词，这些都是用 AI 创作优质人像摄影作品的必经之路。本章介绍几种常见的人像摄影的 AI 绘画指令与范例。

001 指令应用步骤

扫码看视频

环境人像是一种摄影类型，其目的是通过将人物与周围环境有机地结合在一起，展示人物的个性、身份和生活背景，并通过环境与人物的融合来传达更深层次的意义和故事。

在 AI 人像摄影中，环境人像更加注重环境关键词的描述，需要将人物置于具有特定意义或象征的背景中，环境也是主体之一，并且通过环境来突出人物主体，效果如图 1-1 所示。

图1-1　环境人像照片效果

在 AI 绘画中，人像摄影的应用非常热门，能够生成各式各样的人像摄影图片，通过 AI 绘画工具 Midjourney，用户可以使用 blend（混合）指令快速上传 2 ～ 5 张图片，然后查看每张图片的特征，并将它们混合成一张新的图片。

下面以 AI 生成环境人像图片的过程为例，介绍人像摄影的指令应用操作步骤。

STEP 01 选择指令：在 Midjourney 下面的输入框中输入“/”，在弹出的上拉列表（也称为菜单）中选择 blend 指令，如图 1-2 所示。

图1-2　选择blend指令

STEP 02 上传图片：执行上一步操作后，出现两个图片框，单击左侧的上传按钮，如图 1-3 所示。

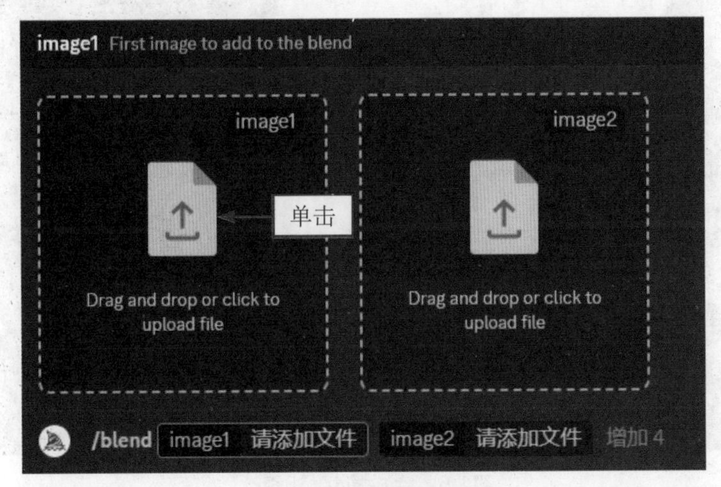

图1-3　单击上传按钮

STEP 03 选择图片：执行上一步操作后，弹出“打开”对话框，选择相应的图片，如图 1-4 所示。

STEP 04 完成添加：在“打开”对话框中单击“打开”按钮，将图片添加到左侧的图片框中，并用相同的操作方法在右侧的图片框中添加一张图片，如图 1-5 所示。

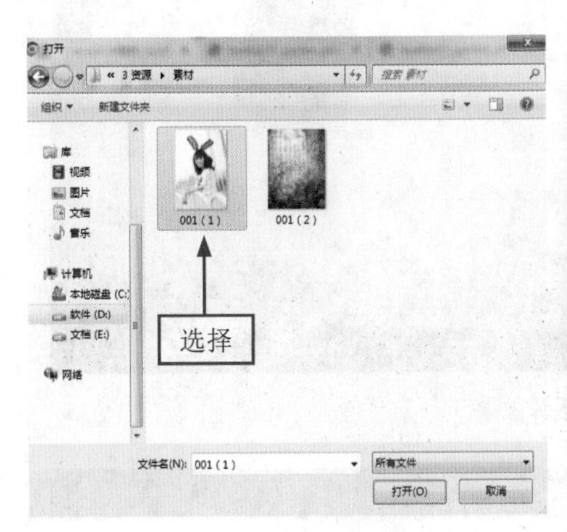

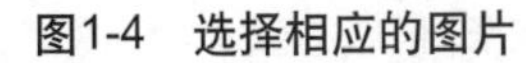

图1-4　选择相应的图片

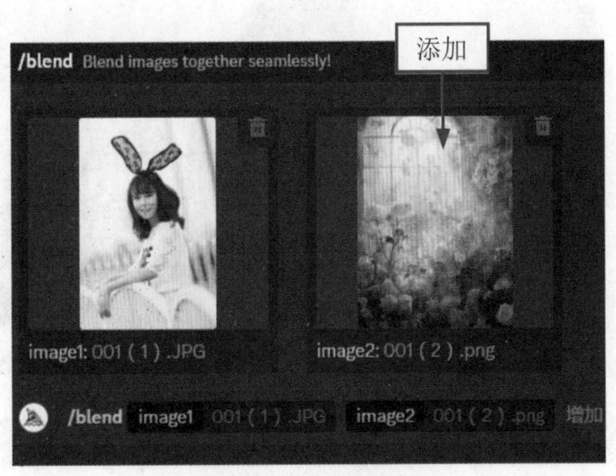

图1-5　添加两张图片

STEP 05 生成图片：连续按两次 Enter 键，Midjourney 会自动将环境与人像的图片进行混合，并生成 4 张新的图片，这是未添加任何关键词的效果，如图 1-6 所示。

STEP 06 放大效果：单击 U2 和 U4 按钮，放大第 2 张和第 4 张图片，效果如图 1-7 所示。

图1-6　生成的4张新图片

图1-7　放大的图片效果

专家指点

在输入“blend”指令后，系统会提示用户上传两张图片。要添加更多图片，可选择 optional/options（可选的 / 选项）字段，然后选择 image3、image4 或 image5 字段添加对应数量的图片。

blend 指令最多可以处理 5 张图片，如果要使用 5 张以上的图片，可使用 imagine 指令。为了获得最佳的图片混合效果，可以上传与自己想要的结果具有相同宽高比的图片。

002 室内人像范例

室内人像摄影是指拍摄展现个人或群体特点的照片，通常在室内环境下进行，可以更好地捕捉人物的表情、肌理和细节特征，同时背景和光线的控制也更容易，效果如图 1-8 所示。

a young asian woman is sitting on the floor with her head down,
in the style of japanese photography, light and airy, romantic
soft focus and ethereal light, tokina at-x 11-16mm f/2.8 pro dx ii,
romantic emotion, transparent/translucent medium --ar 4:3

图1-8　室内人像效果

室内人像摄影可以追求高度个性化的场景表现和突出特点的个人形象，展现出人物的真实状态和情感，并呈现人物的人格内涵和个性特点。

在通过 AI 模型生成室内人像照片时，选择关键词的相关要点如下。

（1）场景：以室内空间为主，如客厅、书房、卧室、咖啡馆等场所，注意场景的装饰、气氛、搭配等元素，使其与人物的形象特点相得益彰。

（2）方法：可以利用临窗或透光面积较大的位置，运用自然光线和补光灯尽可能还原真实的人物肤色与明暗分布，并且可以通过虚化背景来突出人物主体，呈现高品质的照片效果。

003 儿童人像范例

儿童人像摄影是一种专注于拍摄儿童的摄影形式，它旨在捕捉孩子们纯真、活泼和可爱瞬间，记录他们的成长和个性。

在用 AI 生成儿童人像照片时，选择关键词的重点在于展现儿童的真实表情和情感，同时还要描述合适的环境和背景，以及准确捕捉他们的笑容、眼神或动作等瞬间状态，效果如图 1-9 所示。

a chinese girl standing with a hat on her head, striped print dress, in the style
of emotive gestures and expressions, panasonic lumix s pro 50mm f/1.4, child-
like innocence, low-angle shots, light orange and light magenta, relatable
personality, smilecore --ar 2:3

图1-9 儿童人像照片效果

通过儿童人像摄影，可以记录儿童成长的美好瞬间，以及展现他们与世界的互动关系。在使用 AI 模型生成儿童人像照片时，选择关键词的相关要点如下。

（1）场景：在家中、儿童房间或摄影棚中，创造出温馨舒适的环境，让儿童感到放松和自在。或选择一些特色场景，如游乐场、农场、动物园等，与儿童的活动场所相结合，创造出有趣的互动场景。

（2）方法：加入柔和温暖的光线关键词，如柔和自然光、阳光照射、明亮眩光等，可以创造出具有温馨色彩的儿童人像。调整照片清晰度，设置大光圈以实现背景虚化，突出儿童的天真和纯真。

004 街景人像范例

街景人像摄影通常是在城市街道或公共场所拍摄的，具有人物元素的照片。它既关注了城市环境的特点，也捕捉了路人或人们的日常行为和情感表达，可以展现出城市生活中的多样性与千姿百态，效果如图 1-10 所示。

chinese girl, woman standing on city street, in the style of
candid portraiture, candid celebrity shots, candid moments,
candid shots, ferrania p30, joyful and optimistic --ar 4:3

图1-10　街景人像效果

街景人像摄影力求捕捉当下社会和生活的变化，强调人物表情、姿态和场景环境的融合，让观众从照片中感受到城市生活的活力。在使用 AI 模型生成街景人像照片时，选择关键词的相关要点如下。

（1）场景：可以选择城市中充满浓郁文化的街道、小巷等地方，利用建筑物、灯光、路标等元素来构建照片的环境。

（2）方法：捕捉阳光下人们自然的表情、姿势、动作作为基本主体，同时通过运用线条、角度、颜色等各种手法对环境进行描绘，打造出独属于大都市的拍摄风格与氛围。

第 2 章　风光摄影指令与范例

风光摄影是一种旨在捕捉自然美的摄影艺术。在进行 AI 摄影绘图时，用户需要通过构图、光影、色彩等关键词，用 AI 生成自然景色照片，展现出大自然的魅力和神奇之处，将想象中的风景变成风光摄影大片。本章介绍几种常见的风光摄影的 AI 绘画指令与范例。

005 指令应用步骤

扫码看视频

云彩摄影作为一种风光摄影主题，在日常生活中非常常见。云彩是由很多小水珠形成，可以反射大量的散射光，因此画面看上去非常柔和、朦胧，给人以如痴如醉的视觉感受。如图2-1所示的图片采用天空和水面作为背景，让云彩主体充满整个画面，有利于突出主体。

图2-1 云彩照片效果

下面以AI生成云彩摄影图片的过程为例，介绍风光摄影的指令应用操作步骤。

STEP 01 提出要求：在ChatGPT的输入框中输入关键词“你是一个AI画师，请帮我简单写一段描述蓝天白云场景的画面，30字左右”，ChatGPT的回答如图2-2所示。

你是一个AI画师，请帮我简单写一段描述蓝天白云场景的画面，30字左右

碧空高悬，洁白云朵如羊群飘荡，和煦阳光拂过大地，宁静祥和的美丽场景。

图2-2 使用ChatGPT生成关键词

STEP 02 得到英文：在ChatGPT的输入框中输入关键词“请翻译为英文”，ChatGPT即可将前面生成的关键词翻译为英文，如图2-3所示。

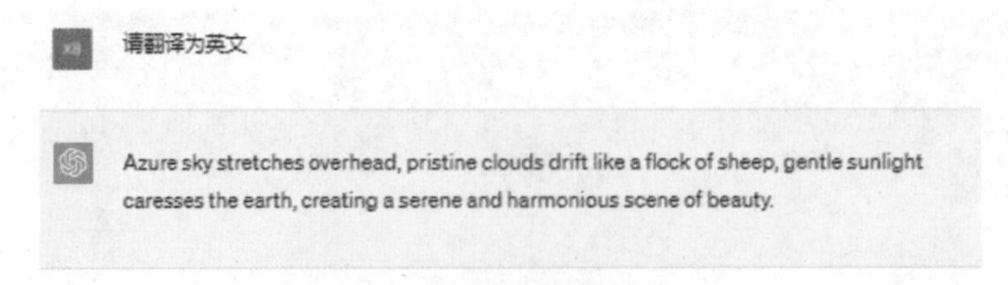
请翻译为英文
Azure sky stretches overhead, pristine clouds drift like a flock of sheep, gentle sunlight caresses the earth, creating a serene and harmonious scene of beauty.

图2-3 将关键词翻译成英文

STEP 03 选择指令：在Midjourney下面的输入框中输入“/”，在弹出的上拉列表中

选择 imagine 指令，如图 2-4 所示。

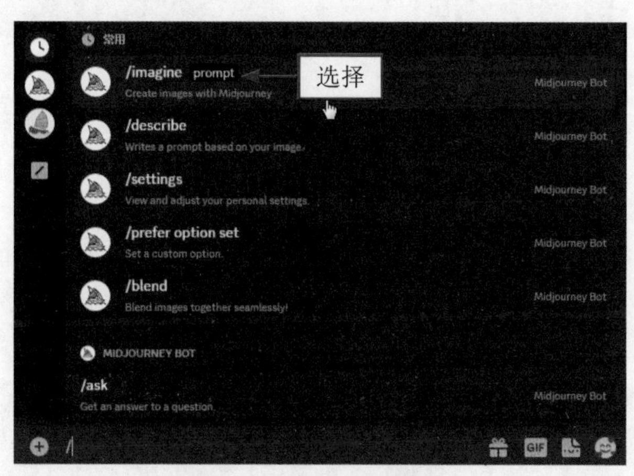

图2-4　选择imagine指令

STEP 04 修改关键词：在 Midjourney 中通过 imagine 指令输入翻译好的英文关键词，并在其后添加一些艺术风格、摄影类型和画面尺寸的关键词，如图 2-5 所示。

图2-5　输入相应的关键词

STEP 05 生成图片：按 Enter 键确认，生成相应的图片，效果如图 2-6 所示，单击 U2 按钮，放大第 2 张图片，即可得到如图 2-1 所示的最终效果。

图2-6　生成相应的图片效果

006 日出日落摄影范例

日出日落，云卷云舒，这些都是非常浪漫且感人的画面，用 AI 可生成具有独特美感的日出日落照片效果。

1. 火烧云

图 2-7 所示为用 AI 生成的火烧云照片效果。火烧云是比较奇特的光影现象，通常出现在日落时分，此时云彩的绚丽色彩可以为画面带来活力，同时让天空不再单调，而是变化无穷。

a colorful sunrise over a city, high dynamic range, national geographic photo, webcam photography, matte photo, orange and azure, --ar 16:9

图2-7　AI生成的火烧云照片效果

2. 彩霞

图 2-8 所示为用 AI 生成的彩霞照片效果，添加关键词 backlight（背光）后，画面中的景物呈现出剪影效果，可以更好地突出彩霞风光。

the sunset is a bright yellow color, a pagoda at the edge of the lake, in the style of grandiose cityscape views, light orange and gold; backlight, art of the ivory coast, --ar 163:93

图2-8　AI生成的彩霞照片效果

图 2-9 所示为用 AI 生成的海边日出照片效果。日出光线（sunrise light），阳光通过海平面形成光线发散的现象；紫色和蓝色（violet and blue）为冷色调，可以营造出宁静、祥和的清晨氛围。

boats at the docked in a body of water, pentax k1000, Sunrise light, coastal and harbor views, Horizontal line composition, luminescent color scheme, violet and blue, --ar 14:9

图2-9　AI生成的海边日出照片效果

007 水景摄影范例

在用 AI 生成江河、湖泊、海水、溪流以及瀑布等水景照片时，画面经常充满变化，我们可以运用不同的构图形式，再融入不同的光影和色彩表现等关键词，赋予画面美感。下面以江河和瀑布为例，介绍水景风光 AI 摄影作品的创作要点。

1. 江河

在江河摄影中，最为突出的画面特点是水流的动态效果，可以通过添加光圈等 AI 摄影关键词，捕捉到不同速度和流量的江河水流的形态，表现出江河水流的宏大和气势。江河摄影中的画面通常会展现出水天一色的美感，水面可以倒映出周围的景色和天空，与天空融为一体，形成一幅美丽的画卷。

另外，光线类关键词也会对江河画面产生重要的影响。例如，使用关键词 golden hour light 时，画面的光线柔和而温暖，可以营造出浪漫的氛围，效果如图 2-10 所示；使用关键词 dramatic light（强光）时，光线的反射和折射会使水面产生独特的光影变化，呈现出璀璨的色彩和绚丽的光影效果。

a sunset with water and hills in the background, in the style
of 32k uhd, gongbi, luminous quality, Golden hour light,
webcam photography, colorful animation stills, --ar 16:9

图2-10 江河照片效果

2. 瀑布

瀑布摄影是水景风光摄影中最为常见的一种类型。其特点是水流连绵不断，形成水雾和水汽，有时还会出现彩虹。AI 摄影的重点在于展现瀑布水流的动态效果，如图 2-11 所示。

arge waterfall in the middle of water close to trees, in the
style of rural china, light sky-blue and light navy, misty
atmosphere, uhd image, --ar 16:9

图2-11 瀑布照片效果

另外，在进行 AI 摄影创作时，也可以展现瀑布落差、水流以及水滴等细节，这种类型的画面通常需要呈现瀑布细节的纹理和形状，让人感受到瀑布的美妙之处。

008 草原摄影范例

一望无际的大草原是许多人向往的地方，它拥有非常开阔的视野，以及宽广的空间和辽阔的气势，因此成为大家热衷的摄影创作对象。用 AI 生成草原风光照片时，通常采用横画幅的构图形式，这样可以包含更多的元素，并能够很好地展现草原的辽阔特色。

图 2-12 所示为用 AI 生成的大草原照片效果：在一片绿草如茵的草地上，有一群羊正在吃草，主要的色调是天蓝色和白色（sky-blue and white），并经过了色彩增强（colorized）处理，整个场景呈现出一种宁静而壮丽的自然景观，让人感受到大自然的美丽和生机勃勃。

a grassy fields of green grasses and grass, A herd of cattle and sheep grazing on a green pasture, in the style of northern china's terrain, hdr, zeiss batis 18mm f/2.8, sky-blue and white, colorized, landscape photography --ar 16:9

图2-12　AI生成的大草原照片效果

第 3 章　人文摄影指令与范例

在当今数字化的冲击下，人文摄影以其独特的视角和纪实的力量，成为观众与被拍摄对象之间建立深刻情感联系的桥梁，照片的叙事性与故事感成为人文摄影的关键。本章将介绍几种常见的人文摄影中 AI 绘画指令与范例。

009 指令应用步骤

扫码看视频

公园是一种生活中很常见的人文景观，它不仅仅是自然环境的集合，也是人类文化和社会活动的产物。许多公园中设置了雕塑、艺术装置、人文建筑等文化和艺术元素，供人们欣赏。

在 AI 生成公园摄影图片时，主要利用公园中的自然元素和景观。如图 3-1 所示，雪景和湖面呈现出丰富多样的美感，从而激发观众的情感并给他们带来视觉享受。

图3-1 公园照片的大图效果

在使用 Midjourney 绘制人文摄影作品时，可以使用 prefer option set（首选项设置）指令，将一些常用的关键词保存在一个标签中，这样每次绘画时就无须重复输入相同的关键词。

下面以 AI 生成公园摄影图片的过程为例，介绍人文摄影的指令应用操作步骤。

STEP 01 选择指令：在 Midjourney 下面的输入框中输入“/”，在弹出的上拉列表中选择 prefer option set 指令，如图 3-2 所示。

STEP 02 输入名称：执行上一步操作后，在 option（选项）文本框中输入相应名称，如 rwsy，如图 3-3 所示。

STEP 03 选择参数值：执行上一步操作后，单击“增加 1”按钮，在上方的“选项”列表框中选择 value（参数值）选项，如图 3-4 所示。

STEP 04 输入关键词：执行上一步操作后，在 value 文本框中输入相应的关键词，如图 3-5 所示。这里的关键词就是我们所要添加的一些固定的指令。

STEP 05 生成标签：按 Enter 键确认，即可将上述关键词储存到 Midjourney 的服务器中，如图 3-6 所示，从而给这些关键词打上一个统一的标签，标签名称就是 rwsy。

图3-2　选择prefer option set指令

图3-3　输入相应名称

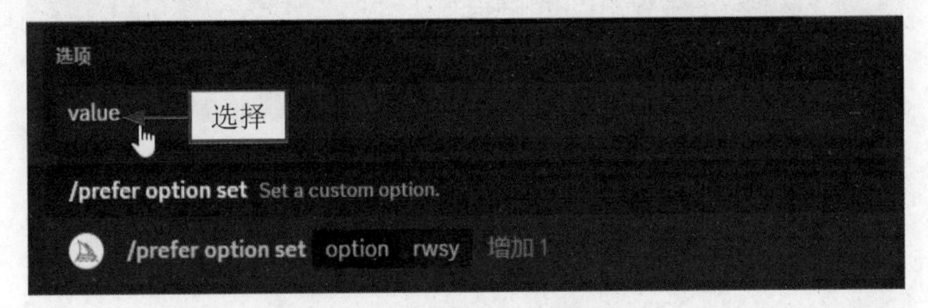

图3-4　选择value选项

图3-5　输入相应的关键词

图3-6　储存关键词

STEP 06 输入关键词：在 Midjourney 中使用 imagine 指令输入相应的关键词，主要用于描述主体，如图 3-7 所示。

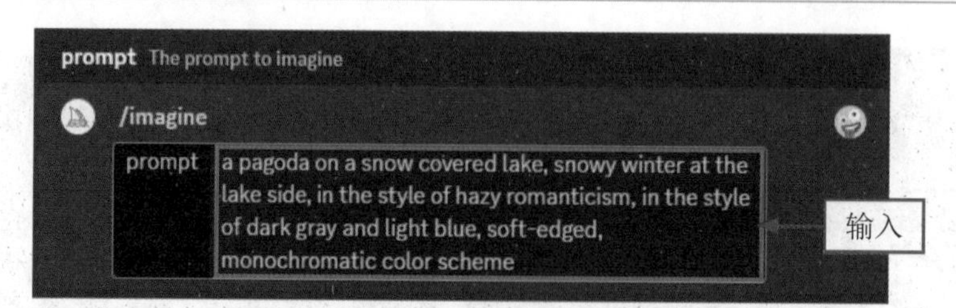
prompt The prompt to imagine
/imagine
prompt
a pagoda on a snow covered lake, snowy winter at the lake side, in the style of hazy romanticism, in the style of dark gray and light blue, soft-edged, monochromatic color scheme
输入

图3-7　输入描述主体的关键词

STEP 07 调用标签：在关键词的后面添加一个空格，并输入指令“--rwsy”，即调用 rwsy 标签，如图 3-8 所示。

prompt The prompt to imagine
/imagine
prompt
a pagoda on a snow covered lake, snowy winter at the lake side, in the style of hazy romanticism, in the style of dark gray and light blue, soft-edged, monochromatic color scheme --rwsy
输入

图3-8　输入“--rwsy”指令

STEP 08 生成图片：按 Enter 键确认，即可生成相应的公园照片，效果如图 3-9 所示。可以看到，Midjourney 在绘画时会自动添加 rwsy 标签中的关键词。

STEP 09 放大效果：单击 U2 按钮，放大第 2 张图片，效果如图 3-10 所示。

a pagoda on a snow covered lake, snowy winter at the lake side, in the style of hazy romanticism, in the style of dark gray and light blue, soft-edged, monochromatic color scheme Cultural Photography Landscape, Award winning photography, photography, V-Ray Renderer, High Resolution, Ultra HD Picture --ar 16:9 - @jcampbell (fast)
U1
U2
U3
U4
V1
V2
V3
V4

图3-9　生成相应的公园照片

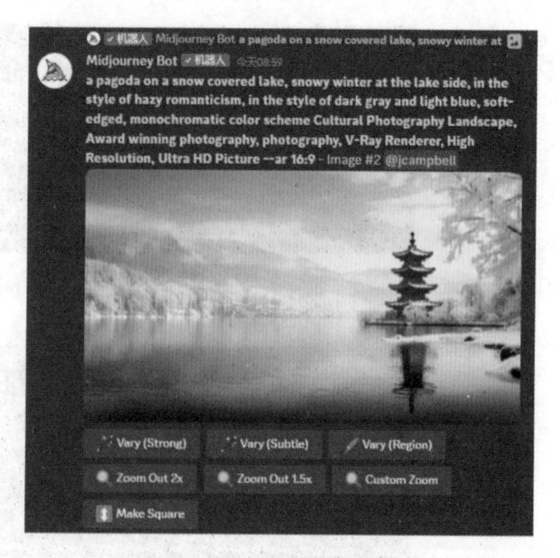
Midjourney Bot
a pagoda on a snow covered lake, snowy winter at the lake side, in the style of hazy romanticism, in the style of dark gray and light blue, soft-edged, monochromatic color scheme Cultural Photography Landscape, Award winning photography, photography, V-Ray Renderer, High Resolution, Ultra HD Picture --ar 16:9 - Image #2 @jcampbell
Vary (Strong)
Vary (Subtle)
Vary (Region)
Zoom Out 2x
Zoom Out 1.5x
Custom Zoom
Make Square

图3-10　放大第2张图片效果

010 街头摄影范例

街头是观察城市生活和人们互动的理想场所，我们可以在繁华的市中心、狭窄的巷道或人流密集的地方捕捉到各种有趣的瞬间。

1. 老巷子

图 3-11 所示为一张用 AI 生成的老巷子照片，采用浅黑和红色（light black and red）为主要色调，让整个画面场景充满了乡土风情和怀旧氛围，很容易唤起观众对历史和人文的思考和感慨。

a narrow path and a set of stairs in an old chinese town, in the style of light black and red, eye-catching tags, rustic scenes, nostalgic atmosphere, ,documentary travel photography, vintage aesthetics, nikon af600 --ar 16:9

图3-11　AI生成的老巷子照片

2. 街道人流

图 3-12 所示为一张用 AI 生成的街头人流照片，各种人物穿梭其中，形成一幅快速流动的画面，展现出熙熙攘攘的城市生活和繁忙的都市节奏。

在用 AI 绘制街头照片时，我们可以从流动的人群、变化的光影和丰富的城市元素入手，营造生动而充满活力的画面效果，引发观众的思考和共鸣。

crowd in the asian street market, buildings in a city, dark and gritty cityscapes, street scene, asian-inspired, durk and gritty, organized chaos, nostalgic charm, monolithic structures, uhd image --ar 16:9

图3-12　AI生成的街头人流照片

011 农活摄影范例

农活是指农田里的农业生产活动，包括耕种、播种、收割、田间管理等各种农事工作。农活是农民生活的重要组成部分，也是农村社会的重要场景。

图 3-13 所示为一张用 AI 生成的农活照片，采用剪影的方式呈现出模糊的人物轮廓，周围的景物在反光中显得较暗淡，与明亮的水面和天空形成了强烈的对比效果。

a man walking in the field with a farm tools on his back, Wide angle lens, distant view, large scene, soggy, in the style of flowing silhouettes, Backlit portrait silhouette, dark reflections, --ar 16:9

图3-13 AI生成的农活照片

012 传统习俗摄影范例

传统习俗是指在特定文化和社会背景下代代相传的风俗习惯，通常反映了一个群体的历史、信仰、价值观和生活方式，包括民俗活动、传统节日、民族服饰和特色美食等。

1. 特色建筑

图 3-14 所示为一张用 AI 生成的少数民族建筑照片，通过将当地特色建筑与身穿民族服饰的人物融合在一起，让观众感受到不同传统习俗的魅力和个性。

图 3-14 对应的关键词中加入了乡村核心（villagecore）的背景描述词，能够更好地展现传统生活的真实性和深厚的文化根基；同时，整个场景激发了人们想要亲自去旅行、探索当地文化的冲动。

2. 特色美食

图 3-15 所示为一张用 AI 生成的特色美食照片，采用 hurufiyya（胡鲁菲亚）风格营造出一种艺术感和纹理感，并通过模拟 32K（真实分辨率为 30720 像素 ×17820 像素）超高清分辨率，展现出细致的画面细节和较高的清晰度。

a young woman wearing a traditional costume sits on a roof in a village, Super detailed, dark white and dark azure, villagecore, photojournalism, 32k uhd, schlieren photography, vernacular architecture, travel --ar 16:9

图3-14　AI生成的少数民族建筑照片

indian street vendors selling loaves of Naan bread at an outdoor market, Indian Nang, streetscape, in the style of hurufiyya, layered veneer panels, light brown and amber, site-specific work, 32k uhd --ar 3:2

图3-15　AI生成的特色美食照片

第 4 章　动物摄影指令与范例

在广阔的大自然中，动物们以其独特的姿态展示着它们的魅力，动物摄影捕捉到了这些瞬间，让我们近距离感受到自然生命的奇妙。本章介绍几种常见的动物摄影的 AI 绘画指令与范例，让大家感受到“动物王国”的精彩瞬间。

013 指令应用步骤

扫码看视频

在大自然中有许多形态不一的动物，它们都展现出生命不一样的美。动物摄影旨在捕捉生物的动态感和生命魅力。

例如，鸟类摄影作为动物摄影中的一种，通常会隔着较远的拍摄距离，如果要成功拍摄出令人惊叹的鸟类照片，需要用户具备一定的摄影技巧和专注力。

在 AI 摄影中，我们只要用好关键词，即可轻松生成精美的鸟类摄影作品。图 4-1 所示为用 AI 生成的鸟类摄影效果图，通过清晰、细节丰富的图像效果，更好地展现鸟类的特点，以增加视觉冲击力。

图4-1 AI生成的鸟类摄影效果图

下面以 AI 生成鸟类摄影图片为例，介绍动物摄影的指令应用操作步骤。

STEP 01 输入关键词：在 Midjourney 中通过 imagine 指令输入相关的主体描述词，如“colorful bird sitting on branch of grass”（五颜六色的鸟坐在草枝上），如图 4-2 所示。

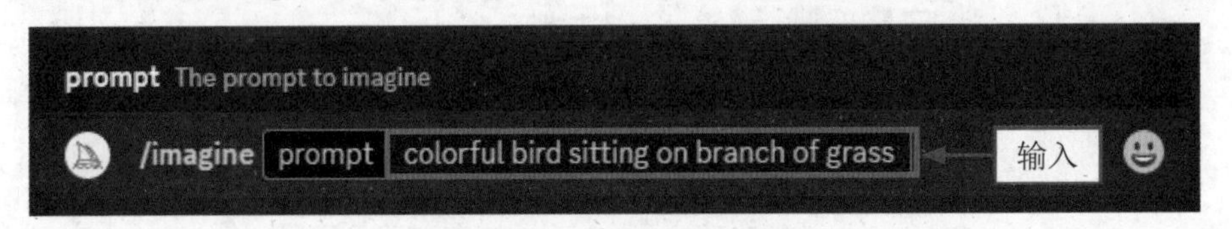
prompt The prompt to imagine
/imagine
prompt
colorful bird sitting on branch of grass
输入

图4-2 输入主体描述关键词

STEP 02 生成效果：按 Enter 键确认，生成相应的画面主体，效果如图 4-3 所示，可以看到整体风格偏插画，不够写实。

STEP 03 添加风格：在 Midjourney 中添加关键词“in the style of photo-realistic techniques”（采用照片写实技巧的风格），让画面偏现实主义风格，效果如图 4-4 所示。

Midjourney Bot ✓机器人 今天15:16
colorful bird sitting on branch of grass - @heather37 (fast)

图4-3　主体效果

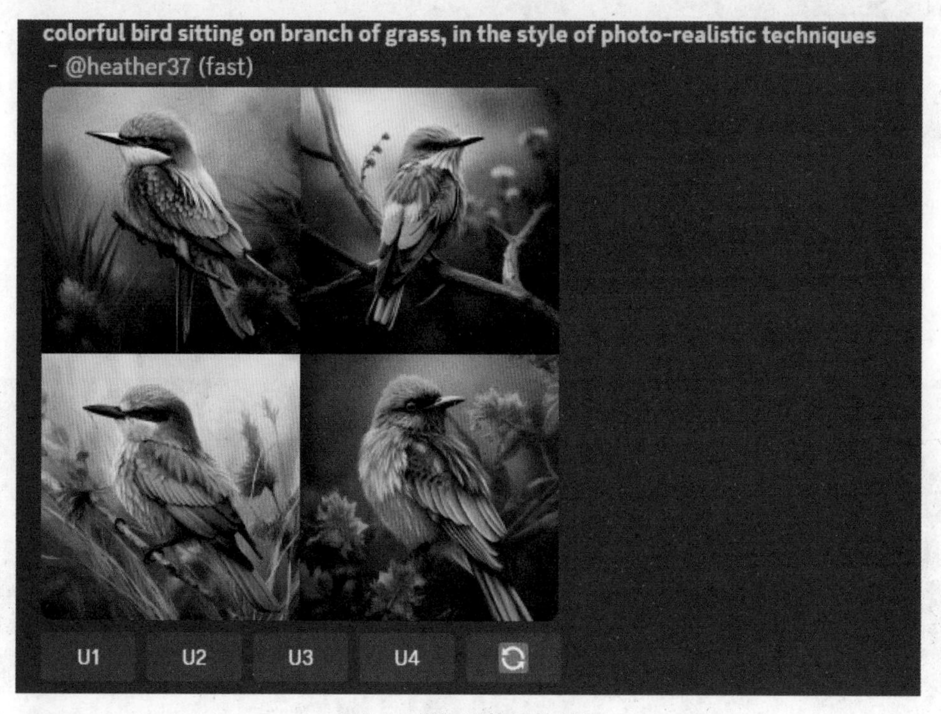
colorful bird sitting on branch of grass, in the style of photo-realistic techniques - @heather37 (fast)
U1
U2
U3
U4

图4-4　微调风格后的效果

STEP 04 指定色调：添加关键词“in the style of dark emerald and light amber”（深色祖母绿和浅琥珀色），以指定画面的主体色调，效果如图 4-5 所示。

STEP 05 指定影调：添加关键词“soft yet vibrant”（柔和而充满活力），以指定画面的影调氛围，效果如图 4-6 所示。

图4-5　微调色调后的效果

图4-6　微调影调后的效果

◎ 专家指点

描述鸟类羽毛特征时，需要考虑鸟类羽毛的颜色、纹理和光泽。例如：可以使用关键词“多彩羽毛”“羽毛斑点”“光滑羽翼”等；也可以增加描述鸟类姿态的关键词，如“自信”“警惕”“温柔”等，以传递鸟类的情感。

STEP 06 添加背景：添加关键词“birds & flowers, minimalist backgrounds”（鸟和花，极简主义背景），微调画面的背景环境，效果如图 4-7 所示。

STEP 07 添加情感：添加关键词“emotional imagery”（情感意象），唤起特定的情感，效果如图 4-8 所示。

图4-7　微调背景环境效果

图4-8　唤起特定的情感效果

STEP 08 修改细节：添加关键词“Ultra HD Picture --ar 8:5”（超高清画面），调整画面的清晰度和比例，效果如图 4-9 所示。

STEP 09 放大效果：单击 U2 按钮，以第 2 张图片为模板，生成相应的大图效果，如图 4-10 所示，进行更精细的刻画。

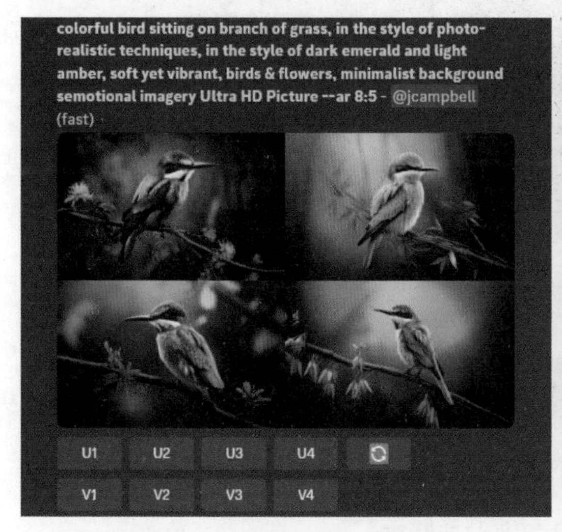
colorful bird sitting on branch of grass, in the style of photo-realistic techniques, in the style of dark emerald and light amber, soft yet vibrant, birds & flowers, minimalist background semotional imagery Ultra HD Picture --ar 8:5 - @jcampbell (fast)
U1
U2
U3
U4
V1
V2
V3
V4

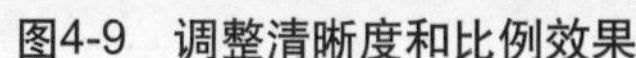
图4-9　调整清晰度和比例效果

Midjourney Bot ✓机器人 今天09:01
colorful bird sitting on branch of grass, in the style of photo-realistic techniques, in the style of dark emerald and light amber, soft yet vibrant, birds & flowers, minimalist background semotional imagery Ultra HD Picture --ar 8:5 - Image #2 @jcampbell
Vary (Strong)
Vary (Subtle)
Vary (Region)
Zoom Out 2x
Zoom Out 1.5x
Custom Zoom
Make Square

图4-10　生成大图效果

014 哺乳动物摄影范例

哺乳动物是一类具有特征性哺乳腺、产仔哺育和恒温的脊椎动物，包括大象、狮子、熊、海豚、猴子和人类等多样的物种。在用 AI 生成哺乳动物照片时，需要了解它们的行为习性和栖息地，以获得真实的画面效果。

图 4-11 所示为用 AI 生成的狮子照片。狮子通常生活在大草原，因此添加了关键词“plain with brush and grass”（有灌木丛和草地的平原），能够更好地展现狮子的生活习性。

猛兽摄影突出了野生动物之间及其与自然环境的互动关系，同时还可以使人们更好地了解自然万物的美丽与神奇。在通过 AI 模型生成猛兽照片时，选择关键词的相关要点如下。

（1）场景：通常设置在野生动物活跃的区域，如草原、森林、沼泽等，常见的猛兽有狮子、老虎、豹、狼、熊、豺等。

（2）方法：重点展示猛兽的生存状态，并强调其动态、姿态、神韵等特点。例如，抓住猛兽跳跃、奔跑等瞬间动作，以及伸展、睡眠等不同的姿态。

a male lion standing on a plain with brush and grass, in
the style of light gold and light brown, 32k uhd,
distinctive characters, majestic, distinctive characters ,
mamiya 7 ii --ar 16:9

图4-11　AI生成的狮子照片

015 爬行动物摄影范例

爬行动物是冷血脊椎动物，包括蜥蜴、蛇、鳄鱼和龟鳖等物种，它们的身体通常被鳞片覆盖，能够适应不同的环境，有些甚至能变换肤色。

图 4-12 所示为用 AI 生成的鳄鱼照片。鳄鱼最明显的特点是长而尖的嘴，内侧有锋利的牙齿。因此，添加了关键词“dynamic and exaggerated facial expressions”（动态夸张的面部表情）、“in the style of distinct facial features”（具有明显的面部特征），着重呈现其面部的特写镜头。

large head of alligator, Open mouth, sharp teeth,
dynamic and exaggerated facial expressions, in the
style of distinct facial featuresdark white and light
orange, in the river, 32k uhd, soggy --ar 16:9

图4-12　AI生成的鳄鱼照片

016 鱼类动物摄影范例

鱼类是生活在水中的脊椎动物，它们的身体通常呈流线型，覆盖着鳞片。鱼类栖息在各种水域，它们的形态、行为和习性因物种而异，形成了丰富多样的鱼类生态系统。

图 4-13 所示为用 AI 生成的金鱼照片。金鱼的颜色和花纹通常比较华丽，因此添加了关键词“in the style of light pink and dark orange”（浅粉色和深橙色风格）、“bold colors and patterns”（大胆的颜色和图案）、“dappled”（斑驳的）、“light gold and brown”（浅金色和棕色），增加了金鱼的美感。

a goldfish is swimming in the tank, in the style of light
pink and dark orange, bold colors and patterns,
dappled, light gold and brown, nikon d850, asian-
inspired, 32k uhd --ar 188:125

图4-13　AI生成的金鱼照片

除了用 AI 绘制单一的鱼类外，还可以用 AI 模拟水下世界的场景，将各种鱼类遨游的画面绘制出来，展现鱼类的美丽色彩、优雅的游动姿态和迷人的生态环境，效果如图 4-14 所示。

a large group of fish in various colors swims around coral
reef, in the style of light red and blue, richly colored,
spectacular backdrops, lush detailing beautiful agfa
vista, in the style of 32k uhd --ar 188:125

图4-14　AI生成的水下世界照片

第 5 章　商业摄影指令与范例

商业摄影是一种以商业目的为导向的摄影领域，它旨在通过摄影技术和艺术创意，呈现出产品、服务或品牌的独特形象，吸引目标受众的注意力，促进产品销售和市场推广。本章介绍几种常见的 AI 商业摄影的摄影指令与范例。

017 指令应用步骤

时尚摄影是一种以时尚、服装和美学为主题的商业摄影领域，它专注于创作和展示时尚品牌、设计师作品或时尚潮流的摄影作品。时尚摄影追求创意、艺术性和视觉冲击力。如图 5-1 所示，摄影师通过运用独特的相机镜头、灯光效果、构图方式等技巧，呈现出模特的时尚形象和风格。

图5-1　模特照片效果

下面以 AI 生成时尚摄影图片的过程为例，介绍商业摄影的指令应用操作步骤。

STEP 01 提出问题：在 ChatGPT 的输入框中输入关键词“时尚摄影有什么特点？”ChatGPT 的回答如图 5-2 所示。

时尚摄影有什么特点？

时尚摄影具有以下特点：

1. **创意与艺术性**：时尚摄影强调创意和艺术性，摄影师常常在构图、灯光、色彩和后期处理等方面发挥独特的创意，以创造引人注目的视觉效果。
2. **时尚元素突出**：时尚摄影通常以服装、化妆、发型等时尚元素为主题，将时尚产品或概念呈现出来，突出时尚产业的特点。
3. **独特的风格和视觉语言**：每位摄影师都有自己的风格和视觉语言，时尚摄影也不例外。一些摄影师可能偏向于强调色彩鲜艳的画面，而另一些可能更喜欢黑白摄影或者抽象的表现方式。
4. **与时尚产业紧密关联**：时尚摄影与时尚产业密切相关，通常用于时尚杂志、广告、时装秀等领域，用于展示时装设计、化妆品、珠宝等产品。
5. **强调情感和表达**：时尚摄影不仅仅是展示产品，还强调情感、个性和故事性。通过构图、表情和姿势等方式，传达主题的情感和意义。
6. **灯光控制和后期处理**：时尚摄影中的灯光控制非常重要，可以创造出独特的氛围和效果。同时，后期处理也是不可或缺的一部分，用于增强色彩、对比度、清晰度等，以达到理想的效果。
7. **时尚趋势的跟随**：时尚摄影需要紧跟时尚潮流和趋势，以保持其吸引力和现代感。

总之，时尚摄影是一门融合创意、艺术和商业的摄影形式，通过独特的视觉语言，将时尚元素和情感表达相结合，呈现出引人注目的图像。

图5-2　ChatGPT生成的相关回答

STEP 02 提出要求：继续在 ChatGPT 的输入框中输入关键词“假如你是一位 AI 绘画师，请根据以上特点，为我描述一幅时尚摄影作品，30 字左右”，ChatGPT 的回答如图 5-3 所示。

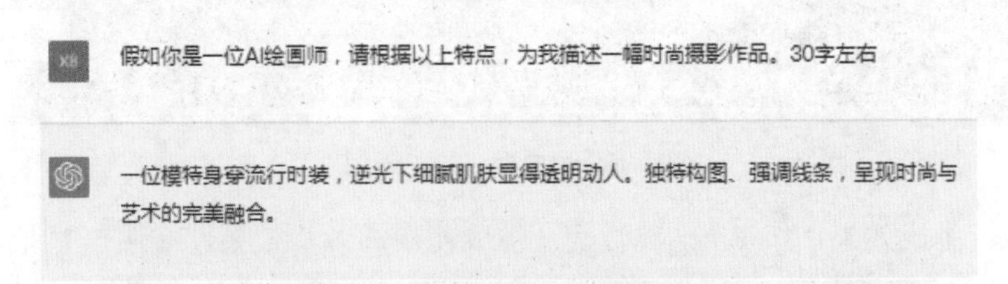
假如你是一位AI绘画师，请根据以上特点，为我描述一幅时尚摄影作品。30字左右
一位模特身穿流行时装，逆光下细腻肌肤显得透明动人。独特构图、强调线条，呈现时尚与艺术的完美融合。

图5-3　得到ChatGPT提供的关键词

STEP 03 得到英文：在 ChatGPT 的输入框中输入关键词“翻译为英文”，ChatGPT 即可将前面生成的关键词翻译为英文，如图 5-4 所示。

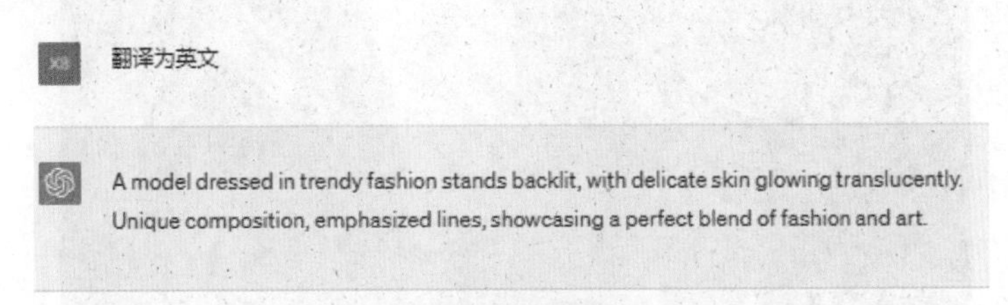
翻译为英文
A model dressed in trendy fashion stands backlit, with delicate skin glowing translucently. Unique composition, emphasized lines, showcasing a perfect blend of fashion and art.

图5-4　将关键词翻译成英文

STEP 04 选择指令：在 Midjourney 下面的输入框中输入“/”，在弹出的上拉列表中选择 imagine 指令，如图 5-5 所示。

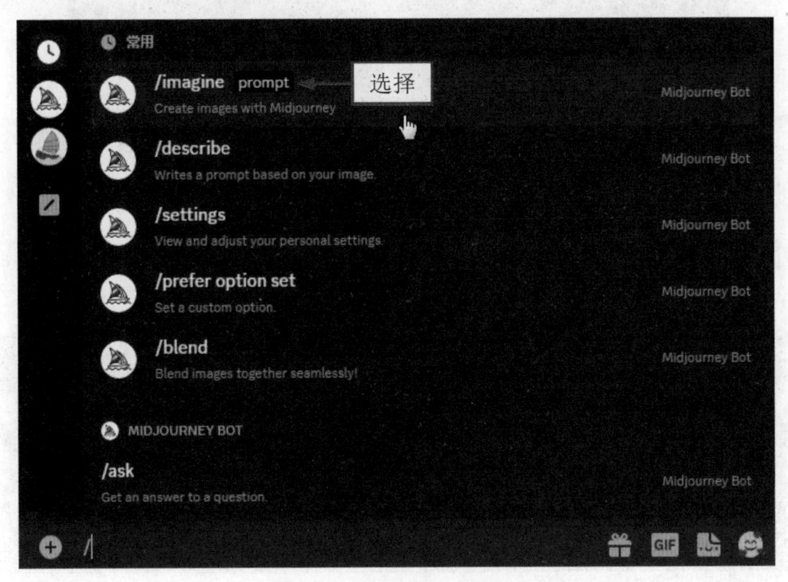
常用
/imagine prompt
Create images with Midjourney
选择
Midjourney Bot
/describe
Writes a prompt based on your image.
Midjourney Bot
/settings
View and adjust your personal settings.
Midjourney Bot
/prefer option set
Set a custom option.
Midjourney Bot
/blend
Blend images together seamlessly!
Midjourney Bot
MIDJOURNEY BOT
/ask
Get an answer to a question.
Midjourney Bot
GIF

图5-5　选择imagine指令

STEP 05 修改关键词：在 Midjourney 中通过 imagine 指令输入翻译好的英文关键词，并在其后面添加一些拍摄风格、镜头类型的关键词，如图 5-6 所示。

prompt The prompt to imagine
/imagine
prompt
A model dressed in trendy fashion stands backlit, with delicate skin glowing translucently. Unique composition, emphasized lines, showcasing a perfect blend of fashion and art.Fashion Photography Style, Canon 5D
添加

图5-6　添加相应的关键词

STEP 06 生成效果：按 Enter 键确认，生成初步的图片效果，如图 5-7 所示。

图5-7　生成初步的图片效果

STEP 07 修改画面：在 Midjourney 中继续添加关键词“Ultra HD Picture --ar 3:2”（超高清画面），如图 5-8 所示，调整画面的清晰度和比例。

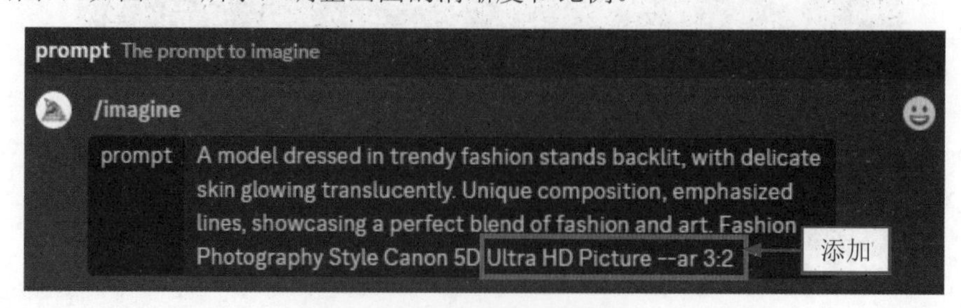
prompt The prompt to imagine
/imagine
prompt
A model dressed in trendy fashion stands backlit, with delicate skin glowing translucently. Unique composition, emphasized lines, showcasing a perfect blend of fashion and art. Fashion Photography Style Canon 5D Ultra HD Picture --ar 3:2
添加

图5-8　添加相应的关键词

STEP 08 得到效果：按 Enter 键确认，生成相应的图片效果，如图 5-9 所示，单击 U2 按钮，放大第 2 张图片，即可得到如图 5-1 所示的最终效果。

图5-9　生成相应的图片效果

018 广告摄影范例

广告摄影通常利用各种视觉元素和构图手法来传递特定的信息和情感。在使用 AI 生成广告摄影作品时，需要根据广告需求和品牌形象来添加灯光、角度、颜色等元素，以创造出与广告目标一致且引人注目的视觉内容。

图 5-10 所示为茶叶广告图。过去制作这种图片效果通常需要用到 Photoshop 后期合成来实现，而且操作起来比较烦琐，如今可以直接通过 Midjourney 加入各种关键词来完成。

A white cup contains a cup of tea, and the tea splashes out
from the rim, swirling green leaves, in the style of light gold
and orange, luminosity of water, schlieren photography,
combining natural and man-made elements, softbox
lighting, photo-realistic techniques, --ar 3:4

图5-10　茶叶广告图

019 艺术摄影范例

艺术摄影强调创意和艺术性，通常在摄影中融入艺术元素，如光影、构图和后期处理。摄影师会使用独特的色彩、光线、道具和背景，以展现模特的个性和情感。图 5-11 所示为用 AI 生成的艺术商业摄影照片，照片用了高饱和度的红色、黄色、蓝色等色调来表现人物的前卫、先锋，展现出艺术化风格。

rt Fashion Photography originality style express Aesthetics color
Composition Model background emotion experiment --ar 3:2

图5-11　AI生成的艺术商业摄影照片

在使用 AI 模型生成艺术时尚摄影的效果照片时，可以尝试以下的关键词技巧。

（1）abstract geometry（抽象几何）：使用大胆的形状和线条创造出引人注目的构图，探索几何概念；融入对比鲜明的颜色以增强图像的活力。

（2）dynamic movement（动感流畅）：尝试运动模糊和不同快门速度，捕捉主体的能量和动态；尝试传达流动感和活力的姿势和视角。

（3）futuristic fusion（未来融合）：将未来时尚和科技元素融入构图；尝试创新的照明技术和数字合成，创造出时尚和未来主义的视觉融合。

专家指点

需要注意的是，Midjourney 生成的字母可能不够规范甚至不可用，这没有关系，在后期选定相应的图片后，再使用 Photoshop 进行修改即可。

另外，使用 Midjourney 设计时尚摄影作品时，效果图的随机性很强，用户需要通过不断地修改关键词和“刷图”（即反复生成图片），来达到自己想要的效果。

020 产品摄影范例

产品摄影是指专注于拍摄产品的照片，展示其外观、特征和细节，以吸引潜在消费者的购买兴趣。在使用 AI 生成产品照片时，需要利用适当的光线、背景、构图等元素，突出产品的质感、功能和独特性，效果如图 5-12 所示。

green concept car, in the style of rich tonal palette,
understated sophistication, wavy resin sheets, fujifilm
eterna vivid 500t, understated elegance, dramatic shading,
graceful curves, dark green, asymmetrical balance --ar 16:9

图5-12　产品摄影效果图

图 5-12 中，使用了 fujifilmeterna vivid 500t（富士电影卷）、graceful curves（优美曲线）、dark green（深绿色）等关键词，从镜头、构图和色调等方面突出汽车的线条和质感，以达到更好的视觉效果。

第 6 章　电商产品绘画指令与范例

对于网店来说，电商产品图的制作非常关键，有吸引力的电商产品图可以极大地提升消费者的购买意愿，从而增加对应商品的销量。本章介绍几种常见的电商产品的绘画指令与范例。

021 指令应用步骤

扫码看视频

玩具通常设计用于儿童的游戏、学习和娱乐，在电商产品中拥有很大的销售市场，它可以是各种形状、尺寸和材质的物品，如玩偶、拼图、积木、模型、益智玩具等。

在设计电商产品图时，需要考虑到材质、颜色、实用性等因素。如图 6-1 所示，玩具车的蓝色车身和黄色花纹点缀都属于饱和度比较高的颜色，能够有效吸引儿童的兴趣。

图6-1 玩具产品图片效果

下面以 AI 生成玩具产品图片的过程为例，介绍电商产品图的指令应用操作步骤。

STEP 01 生成主体：在 Midjourney 中通过 imagine 指令输入初步的玩具车关键词，按 Enter 键确认，随后 Midjourney 将生成 4 张对应的玩具车主体图片，如图 6-2 所示。

Midjourney Bot ✓机器人 今天17:26
A blue convertible car toy with cartoon patterns on the body, with doors that can be opened on both sides of the car --v 5.2 - @heather37 (fast)
U1
U2
U3
U4

图6-2 生成的玩具车主体图片

STEP 02 添加背景：把上一步使用的关键词粘贴到 imagine 指令的后面，并添加背景关键词，如“Wood flooring background”（木质地板背景），如图 6-3 所示。

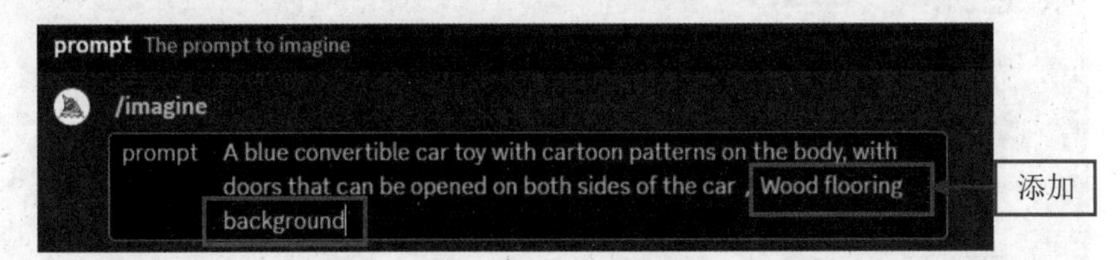
prompt The prompt to imagine
/imagine
prompt A blue convertible car toy with cartoon patterns on the body, with doors that can be opened on both sides of the car , Wood flooring background
添加

图6-3　添加背景的对应关键词

STEP 03 生成图片：按 Enter 键确认，即可生成添加对应的背景后的玩具车图片，如图 6-4 所示。

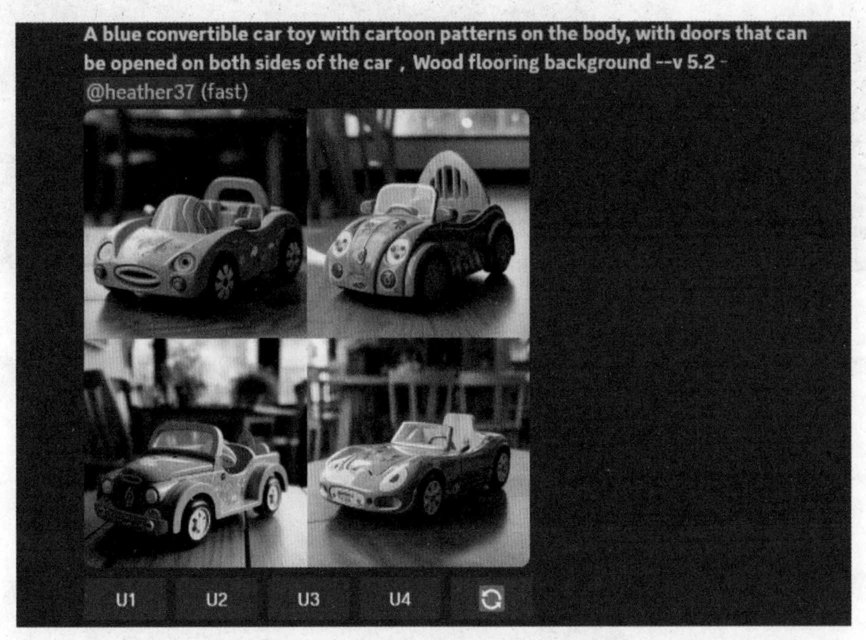
A blue convertible car toy with cartoon patterns on the body, with doors that can be opened on both sides of the car , Wood flooring background --v 5.2 - @heather37 (fast)
U1
U2
U3
U4

图6-4　为玩具车主体添加对应的背景

STEP 04 添加构图：把上一步使用的关键词粘贴到 imagine 指令的后面，并在其后添加构图的对应关键词，如“central composition”（中心构图），如图 6-5 所示。

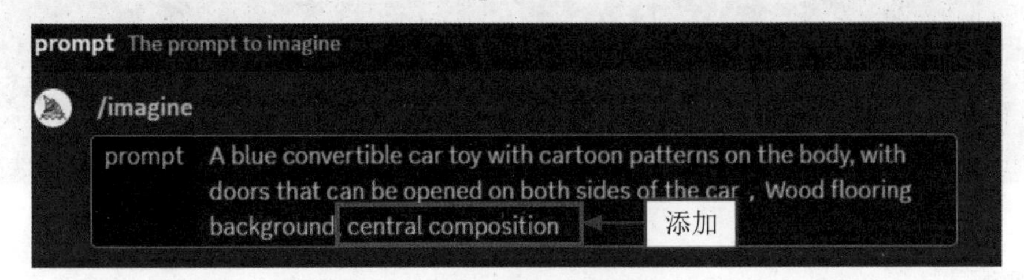
prompt The prompt to imagine
/imagine
prompt A blue convertible car toy with cartoon patterns on the body, with doors that can be opened on both sides of the car , Wood flooring background central composition
添加

图6-5　添加构图的对应关键词

STEP 05 生成图片：按 Enter 键确认，即可生成 4 张对应的中心构图图片，如图 6-6 所示。

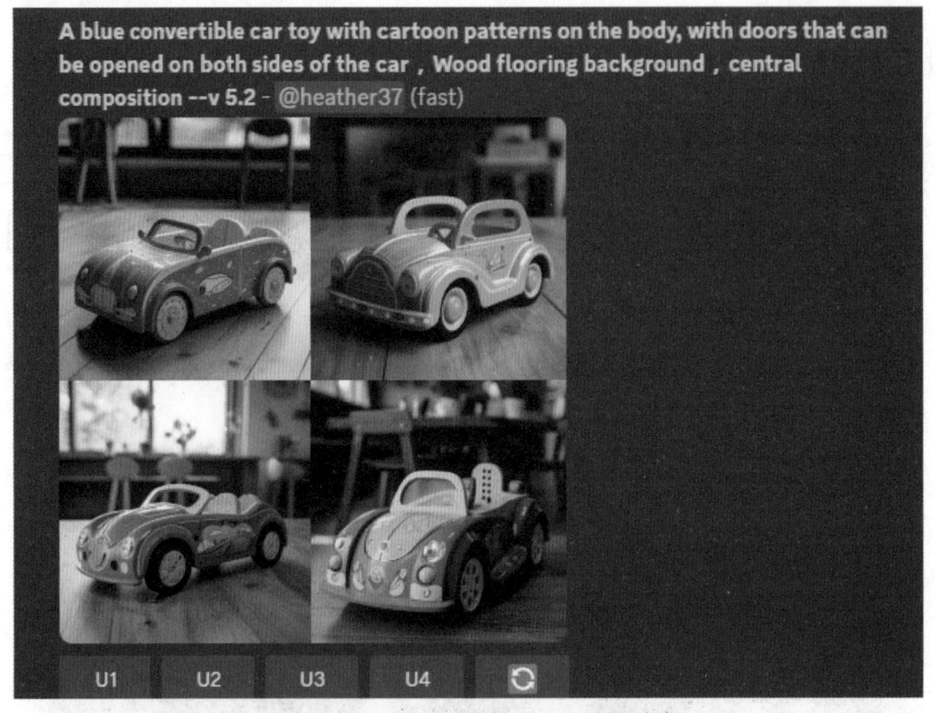
A blue convertible car toy with cartoon patterns on the body, with doors that can be opened on both sides of the car , Wood flooring background , central composition --v 5.2 - @heather37 (fast)
U1
U2
U3
U4

图6-6　生成4张对应的中心构图图片

专家指点

从图 6-6 可以看出，重新生成的图片变化很小，这是由于原图默认采用了中心构图的方式，因此差异不明显。添加该关键词的目的是确定画面风格，并确保后续调整图片后构图方式保持不变。

STEP 06 调整风格尺寸：在上一步关键词的后面继续添加关键词“Fresh and natural style 8K --ar 3:2”（清新自然的风格），如图 6-7 所示，调整主图的风格和尺寸。

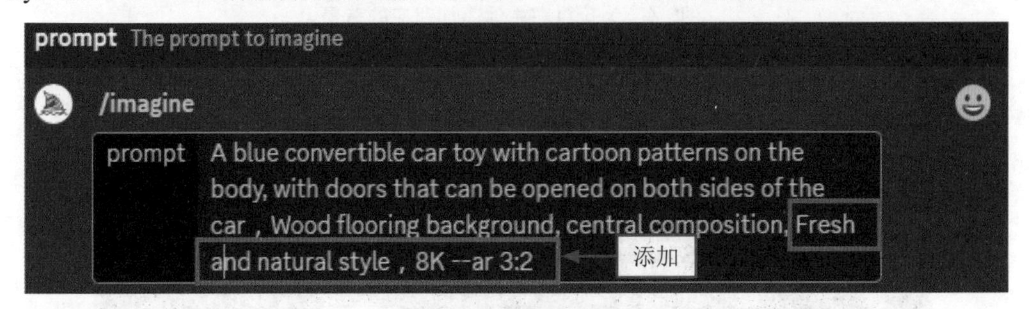
prompt The prompt to imagine
/imagine
prompt
A blue convertible car toy with cartoon patterns on the body, with doors that can be opened on both sides of the car , Wood flooring background, central composition, Fresh and natural style , 8K --ar 3:2
添加

图6-7　添加对应的关键词

STEP 07 生成图片：执行上一步操作后，按 Enter 键确认，即可得到设置玩具主图参数后的效果图片，如图 6-8 所示。单击 U2 按钮，放大第 2 张图片，即可得到如图 6-1 所示的最终效果。

图6-8　设置玩具主图参数的效果图片

022 生活用品绘画范例

生活用品一般指各种实用物品，如电水壶、笔记本、手机、钥匙扣、水杯、手表等。这些物品可能呈现多样的颜色和形状，展示出现代简约或者个性时尚的风格。图 6-9 所示为用 AI 生成的电水壶图片，简洁的色彩搭配温暖的色调，使其呈现出和谐的视觉效果。

Beefo
beco 8w steam hot water kettle | electric kettle | kavmart shop, in the style of dark beige and pink, kodak elite chrome extra color, atmospheric color washes, fujifilm pro 400h, luminous quality, japanese influence, sky-blue and pink --ar 3:2

图6-9　AI生成的电水壶图片效果

在使用 AI 模型生成生活用品的效果图片时，可以尝试以下的关键词技巧。

（1）harmonious arrangement（和谐布局）：将生活用品以和谐的排列方式呈现，创造出平衡和统一的视觉效果，使整个构图更具美感。

（2）intimate lifestyle（生活亲近）：将生活用品融入日常生活场景，营造温馨的氛围，让观者感受到与这些物品亲近的情感联系。

（3）everyday elegance（日常优雅）：从日常生活的角度捕捉生活用品，展现它们简洁而优雅的设计，体现日常实用性与美感的完美结合。

023 护肤产品绘画范例

护肤产品一般指各种脸部护肤品，如洁面乳、面膜、精华液等。这些产品通常采用精致的包装，瓶身可能是透明或柔和的颜色，瓶盖可能有独特的设计，产品标签上会标注成分和功效等信息。

图 6-10 所示为用 AI 生成的护肤产品图片，作为背景的绿色植物与粉色的产品形成搭配，产生鲜明的色彩对比，从而突出产品的吸引力。

fragrance and skin care products wp image collection v vglbtni jpg free vector, in the style of nature-inspired shapes, photorealistic rendering, light red and pink, minimalist design, duy huynh, detailed foliage, eco-friendly craftsmanship --ar 128:85

图6-10　AI生成的护肤产品图片效果

在使用 AI 模型生成护肤产品的效果图片时，可以尝试以下的关键词技巧。

（1）natural lighting（自然光线）：利用柔和、漫射的自然光线照亮产品，展现其真实的颜色，增强其自然吸引力，避免产生强烈的阴影。

（2）ingredient showcase（成分展示）：放大展示产品的关键成分或组成部分，展示其纯净和功效，突显其对皮肤的明显益处。

（3）elegant simplicity（优雅简约）：采用简约优雅的构图，强调产品的精致和质量，避免杂乱和干扰，将焦点集中在关键元素上。

024 家电产品绘画范例

家电产品是指在家庭生活中用来完成各种日常任务的电动设备。这些设备旨在提供便利、节省时间和劳力，以提升家居生活质量。常见的家电用品有冰箱、洗衣机、空调等。

在设计家电用品时，应尽量采用简洁的设计语言，避免过多的装饰和复杂性；同时考虑家居环境，确保产品能够与不同风格的家具搭配。

图 6-11 所示为电冰箱的图片效果，图中所示电冰箱采用了电子屏幕和透明冰箱门的现代化设计，同时，冷蓝色调增加了冰箱设计的科技感。

Create a modern refrigerator: Portray a silver exterior with
distinct freezer and refrigerator compartments. A clear LED
display shows temperature and settings. Realistic details and
lighting accentuate its modern design. Ultra HD Picture --ar 3:2

图6-11　电冰箱的图片效果

在使用 AI 模型生成家电产品的效果图片时，可以尝试以下的关键词技巧。

（1）shape and scale（形状和比例）：描述家电产品的整体形状和比例，如矩形、圆形等，以及主要尺寸信息，如高度、宽度、深度等。

（2）features and details（特征和细节）：列举家电产品的特征和细节，如按钮、屏幕、插口、门把手等，这些细节能够丰富设计的内容。

（3）material and texture（材质和质感）：描述家电产品的材质，如金属、塑料等，以及质感，如光滑、粗糙等，这有助于营造更真实的感觉。

第 7 章　餐饮美食绘画指令与范例

AI 绘画在餐饮美食领域有着广泛的应用，不仅能够在餐厅、餐厅、咖啡馆等餐饮场所利用 AI 生成的餐饮美食图片来设计菜单，以增加顾客的兴趣和胃口，烹饪书籍和杂志还可以利用 AI 绘画来创作美食插图，帮助读者更好地理解美食制作步骤和食材搭配。本章介绍几种常见的餐饮美食的 AI 绘画指令与范例。

025 指令应用步骤

扫码看视频

在利用 AI 绘画工具生成餐饮美食图片时，需要注意特定菜品、餐厅场景或美食元素，并选择与菜品或场景相匹配的色彩调板。图 7-1 所示为用 AI 生成的西餐美食图片，浇上酱汁的牛排显得十分有质感，通过控制画面的光线和色调，增加了菜品的食欲。

图7-1　AI生成的西餐牛排图片效果

下面以 AI 生成西餐牛排图片的过程为例，介绍餐饮美食的指令应用操作步骤。

STEP 01 提出问题：在 ChatGPT 的输入框中输入指令，如输入“请你充当 AI 绘画师，提供一道牛排菜品的 AI 绘画指令示例，字数在 50 字以内”，稍等片刻，ChatGPT 会给出牛排菜品的指令示例，如图 7-2 所示。

请你充当AI绘画师，提供一道牛排菜品的AI绘画指令示例，字数在50字以内

绘制一幅诱人的牛排菜品：画上烤至金黄的牛排，配以烤蔬菜和红酒汁。牛排质感要栩栩如生，色香味俱佳。背景可选用现代餐厅氛围。

图7-2　ChatGPT给出牛排菜品的指令示例

专家指点

当用户对 ChatGPT 给出的指令示例不太满意时，可以单击 Regenerate response（重新生成回复）按钮，让 ChatGPT 重新给出指令示例。

STEP 02 得到英文：在 ChatGPT 中继续输入“请翻译为英文”，让 ChatGPT 提供翻译帮助。在新的指令下，ChatGPT 会按照要求给出英文翻译，如图 7-3 所示。

STEP 03 选择指令：在 Midjourney 下面的输入框中输入“/”，在弹出的上拉列表中选择 imagine 指令，如图 7-4 所示。

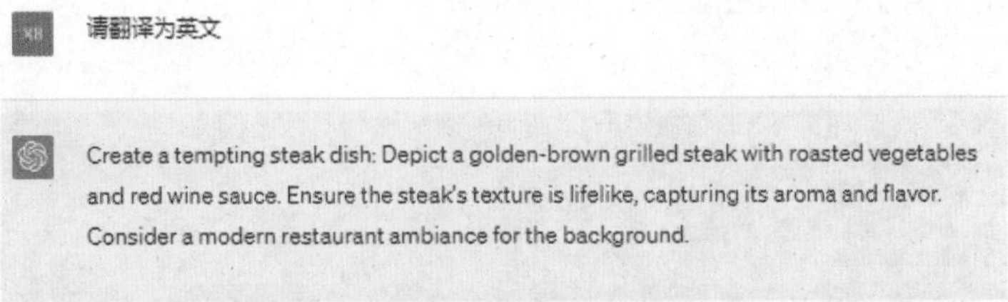

请翻译为英文

Create a tempting steak dish: Depict a golden-brown grilled steak with roasted vegetables and red wine sauce. Ensure the steak's texture is lifelike, capturing its aroma and flavor. Consider a modern restaurant ambiance for the background.

图7-3　ChatGPT给出英文翻译

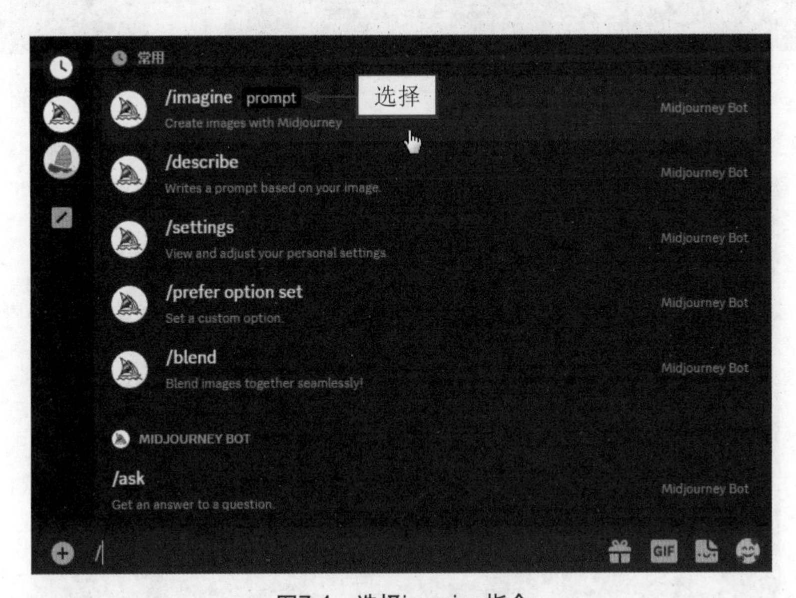

图7-4　选择imagine指令

STEP 04 生成图片：在 Midjourney 中通过 imagine 指令输入翻译好的英文关键词，按 Enter 键确认，Midjourney 将生成 4 张对应的牛排图片，如图 7-5 所示。

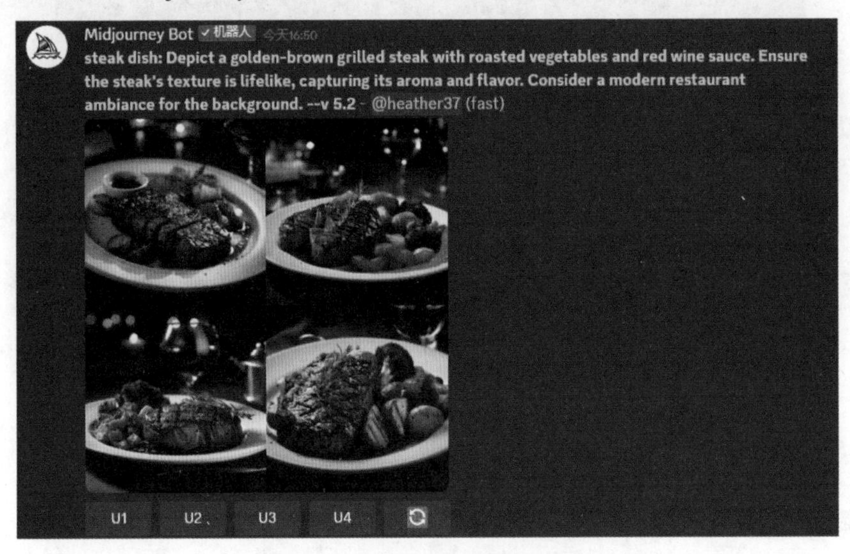

图7-5　生成4张对应的牛排图片

STEP 05 添加色调：在 Midjourney 中添加关键词 warm light（暖色调），如图 7-6 所示，调整画面的色调。

prompt The prompt to imagine
/imagine
prompt steak dish: Depict a golden-brown grilled steak with roasted vegetables and red wine sauce. Ensure the steak's texture is lifelike, capturing its aroma and flavor. Consider a modern restaurant ambiance for the background warm light
添加

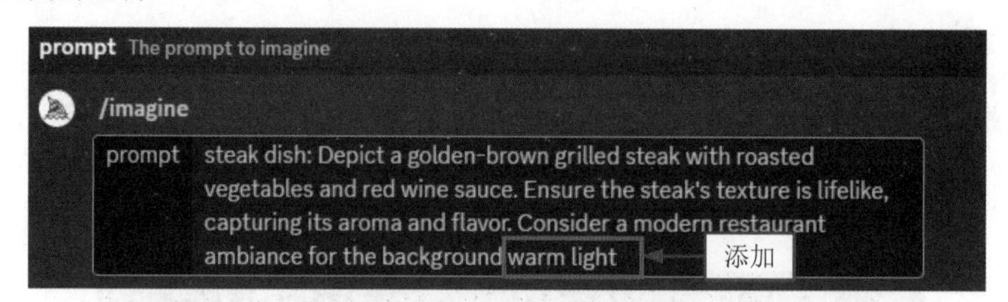

图7-6 添加相应的关键词

STEP 06 生成效果：按 Enter 键确认，生成添加色调后的图片效果，如图 7-7 所示。

steak dish: Depict a golden-brown grilled steak with roasted vegetables and red wine sauce. Ensure the steak's texture is lifelike, capturing its aroma and flavor. Consider a modern restaurant ambiance for the background, warm light --v 5.2 - @heather37 (fast)
U1
U2
U3
U4

图7-7 生成调色后的图片效果

STEP 07 修改尺寸：在 Midjourney 中继续添加指令"--ar 7:4"，如图 7-8 所示，调整画面的比例。

prompt The prompt to imagine
/imagine
prompt steak dish: Depict a golden-brown grilled steak with roasted vegetables and red wine sauce. Ensure the steak's texture is lifelike, capturing its aroma and flavor. Consider a modern restaurant ambiance for the background, warm light --ar 7:4
添加

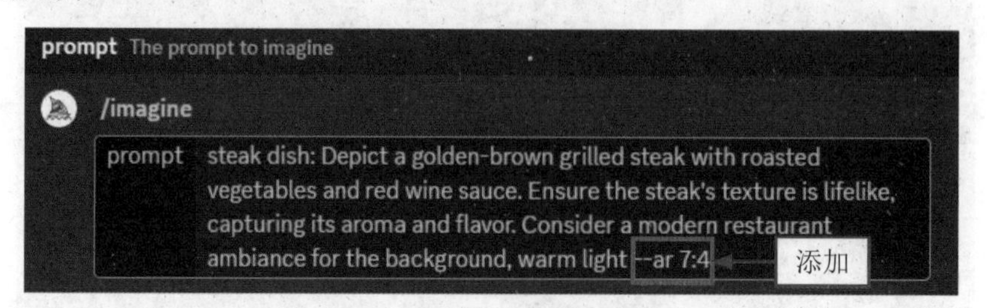

图7-8 添加相应的关键词

STEP 08 生成效果：按 Enter 键确认，生成相应的图片效果，如图 7-9 所示，单击 U1 按钮，放大第 1 张图片，即可得到如图 7-1 所示的最终效果。

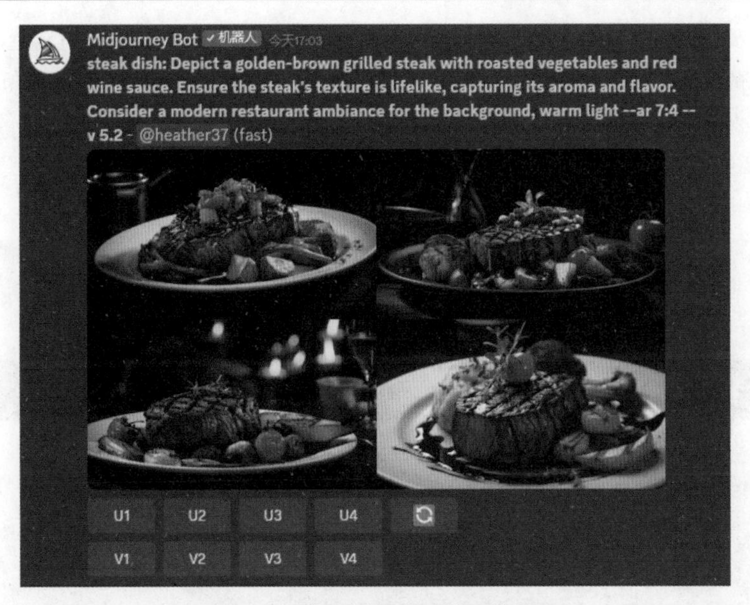
Midjourney Bot ✓机器人 今天17:03
steak dish: Depict a golden-brown grilled steak with roasted vegetables and red wine sauce. Ensure the steak's texture is lifelike, capturing its aroma and flavor. Consider a modern restaurant ambiance for the background, warm light --ar 7:4 --v 5.2 - @heather37 (fast)
U1
U2
U3
U4
V1
V2
V3
V4

图7-9　生成调整尺寸后的图片效果

026 中餐菜品绘画范例

由于中国地域辽阔，中餐因此具备极大的多样性。各个地区的气候、地理和文化差异影响了当地食材的选择和烹饪方法，创作出了丰富多彩的中式菜肴。

中餐强调酸、甜、苦、辣、咸五味的平衡，每道菜肴都追求味觉上的和谐，以及与食材本身的天然味道相结合。图 7-10 所示为中式的辣椒炒肉图片。油亮的肉片在锅中翻炒，通过烟雾营造出热情的烹饪场面，呈现出中餐的特点。

Capture the moment of stir-frying chili pork in a high-contrast photograph.
Highlight the dynamic movement of glistening meat slices in the pan,
showcasing the vibrant red and green hues of the peppers. Create a smoky
effect to evoke a passionate cooking scene, conveying the enticing charm
of spicy cuisine --ar 3:2

图7-10　中餐菜品图片效果

在使用 AI 模型生成中餐菜品的效果图片时，可以尝试以下的关键词选择技巧。

（1）菜品名称：选择具有鲜明特色的中餐菜品名称，这将帮助 AI 更好地理解你的需求，如宫保鸡丁、麻辣火锅、蒸鲜虾饺等。

（2）食材和元素：列举出构成菜品的主要食材和元素，如鸡丁、花生、青椒、辣椒、蘑菇等。

（3）烹饪方式：描述菜品的烹饪方式，这将帮助 AI 捕捉到菜品的质感和外观，如炸、炒、蒸、烤等。

027 日本料理绘画范例

日本料理是指日本独特的烹饪风格和食物文化。它以新鲜、精致和美学为特点，强调保留食材的原汁原味，餐盘的摆放和装饰是日本料理的一部分，追求精致的摆盘和视觉美感。如图 7-11 所示，这是日本的寿司拼盘，主要由三文鱼寿司和饭团构成，精致的拼盘和秀气的刀工呈现出日本料理的独特美感。

在使用 AI 模型生成日本料理的效果图片时，可以尝试以下的关键词选择技巧。

（1）摆盘和装饰：描述食物在盘子上的布局和摆放方式，如可以提到是否希望有带花纹的陶瓷碟子，或者使用竹叶来装饰寿司。

（2）色彩和质感：指定你想要的颜色和整体质感。例如，清爽的寿司可能有明亮的颜色，而烤肉可能会呈现出金黄色的外皮。

（3）背景和氛围：指定图像的背景，以及想要传达的氛围。比如是在传统的日本餐厅还是在户外市场，这些元素将影响图像的整体感觉。

sushi platter. Use soft colors to portray the delicious sashimi slices, and
employ short, fine brushstrokes to outline intricate patterns. Enhance the
freshness of the ingredients through lighting and shadows, crafting an
elegant and enticing ambiance of Japanese cuisine --ar 3:2

图7-11　日本的寿司拼盘

028 法式甜点绘画范例

法式甜点是指源自法国的甜点点心，这些甜点以精致的制作工艺、优雅的外观和丰富的口味闻名。法式甜点需要糕点师傅们耗费大量时间和努力来完成，每一个甜点都经过精心的策划和制作，以确保味道和外观的卓越。

图 7-12 所示为法式甜点，通常以令人赏心悦目的外观为特点，色彩丰富、形状独特，有时甚至带有艺术性的装饰，展现出对美的追求。

Using soft candlelight, capture the dessert cake with a shallow depth of field. Place the cake on an exquisite porcelain plate, highlighting its intricate layers and textures. Create a background blur to evoke a cozy and romantic ambiance, showcasing the delightful and enticing dessert experience. --ar 3:2

图7-12　法式甜点图片效果

在使用 AI 模型生成法式甜点的效果图片时，可以尝试以下的关键词选择技巧。

（1）法式甜点名称：选择一个具有代表性的法式甜点名称，比如玫瑰马卡龙、水果塔、蓝莓法棍等，这将成为绘画的主题。

（2）色彩调板：法式甜点通常采用柔和的粉色、奶油白、巧克力棕等颜色。选择合适的色彩调板，以在绘画中营造出法式甜点的温馨氛围。

（3）食材元素：挑选法式甜点所用的食材元素，如新鲜水果、奶油、巧克力、杏仁等。这些元素可以成为绘画的一部分，突出甜点的精致之处。

第 8 章　平面广告绘画指令与范例

平面广告是一种常见的广告形式，通常以平面图像、文字和设计元素为主要媒介，通过报纸、杂志、海报、传单、网页等媒体传播信息、推广产品或服务；它的目标是通过视觉冲击力吸引消费者。本章介绍几种常见的平面广告设计的 AI 绘画指令与范例。

029 指令应用步骤

扫码看视频

平面广告在设计图像和文字时，需合理划分信息层次，将主要信息放在显眼的位置，使用不同字号、颜色和排版方式来强调不同信息的重要性，做到图像与文字相呼应。

在利用 AI 绘图工具生成平面广告时，需要突出产品的特点以及功效。如图 8-1 所示，这是护肤品类的平面广告图片，干净的背景营造出优雅精致的感觉，并在左上角注明功效，达到广告的宣传效果。

图8-1　护肤品的平面广告图片效果

下面以 AI 生成护肤品类平面广告的过程为例，介绍平面广告的绘图指令应用操作步骤。

STEP 01 选择指令：在 Midjourney 下面的输入框中输入“/”，在弹出的上拉列表中选择 describe（描述）指令，如图 8-2 所示。

STEP 02 上传图片：执行上一步操作后，在弹出的界面中单击上传按钮，如图 8-3 所示。

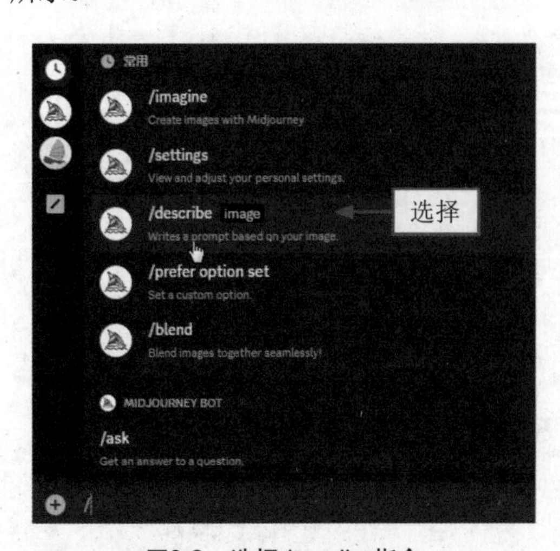

图8-2　选择describe指令

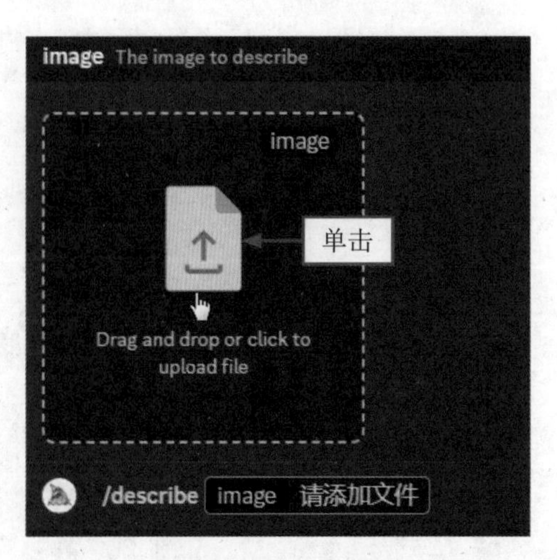

图8-3　单击上传按钮

STEP 03 选择图片：执行上一步操作后，弹出“打开”对话框，选择相应的图片，如图 8-4 所示。

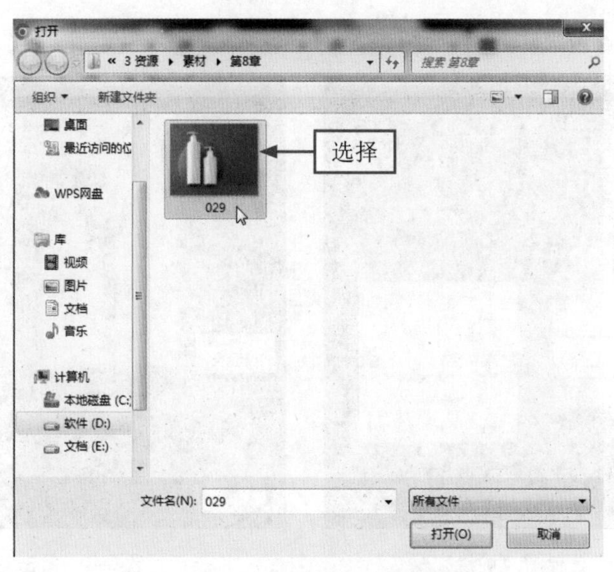
打开
« 3 资源 ▸ 素材 ▸ 第8章
搜索 第8章
组织 ▾
新建文件夹
桌面
最近访问的位
WPS网盘
库
视频
图片
文档
音乐
计算机
本地磁盘 (C:)
软件 (D:)
文档 (E:)
029
选择
文件名(N): 029
所有文件
打开(O)
取消
图8-4　选择相应的图片

STEP 04 完成添加：单击“打开”按钮，将图片添加到 Midjourney 的输入框中，如图 8-5 所示，按两次 Enter 键确认。

STEP 05 生成提示词：执行上一步操作后，Midjourney 会根据用户上传的图片生成 4 段提示词，如图 8-6 所示。用户可以通过复制提示词或单击下面的 1 ～ 4 按钮，以该图片为模板生成新的图片效果。

image The image to describe
添加
image: 029.png
/describe image 029.png
图8-5　将图片添加到Midjourney的输入框中

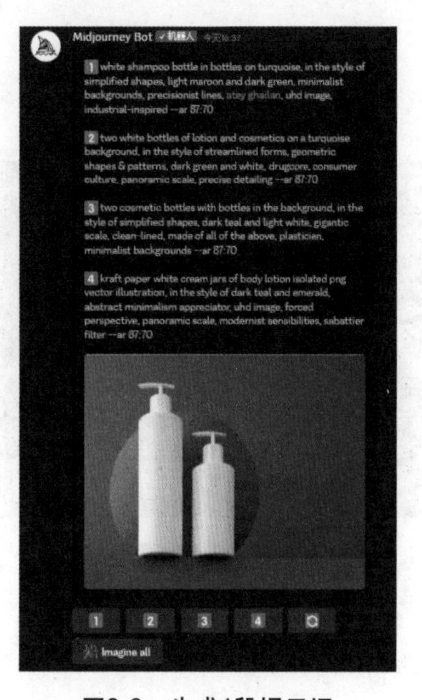
Midjourney Bot 机器人
1 white shampoo bottle in bottles on turquoise, in the style of simplified shapes, light maroon and dark green, minimalist backgrounds, precisionist lines, uhd image, industrial-inspired --ar 87:70
2 two white bottles of lotion and cosmetics on a turquoise background, in the style of streamlined forms, geometric shapes & patterns, dark green and white, drugcore, consumer culture, panoramic scale, precise detailing --ar 87:70
3 two cosmetic bottles with bottles in the background, in the style of simplified shapes, dark teal and light white, gigantic scale, clean-lined, made of all of the above, plasticien, minimalist backgrounds --ar 87:70
4 kraft paper white cream jars of body lotion isolated png vector illustration, in the style of dark teal and emerald, abstract minimalism appreciator, uhd image, forced perspective, panoramic scale, modernist sensibilities, sabattier filter --ar 87:70
1
2
3
4
Imagine all
图8-6　生成4段提示词

STEP 06 复制图片链接：单击生成的图片，在弹出的预览图中右击，在弹出的快捷菜单中选择“复制图片地址”命令，如图 8-7 所示，复制图片链接。

STEP 07 重新生成：执行上一步操作后，在图片下方单击 1 按钮，如图 8-8 所示。

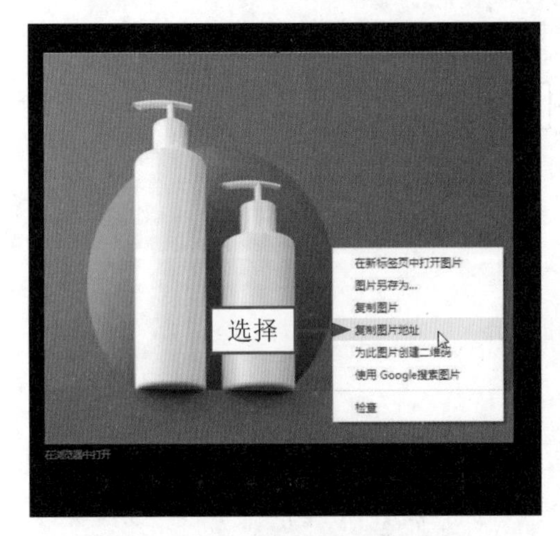

图8-7　选择“复制图片地址”命令

图8-8　单击1按钮

STEP 08 添加链接：执行上一步操作后，弹出 Imagine This!（想象一下！）对话框，在 PROMPT 文本框中的关键词前面粘贴复制的图片链接，如图 8-9 所示。需要注意的是，图片链接和关键词中间要添加一个空格。

STEP 09 生成图片：单击“提交”按钮，以参考图为模板生成 4 张图片，如图 8-10 所示。

图8-9　粘贴复制的图片链接

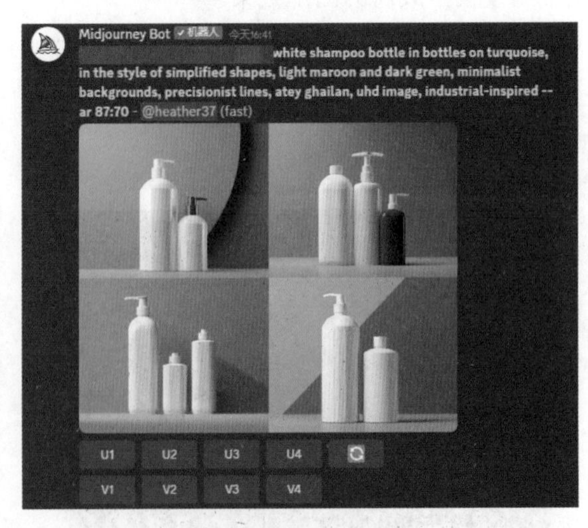

图8-10　生成4张图片

STEP 10 添加风格：在使用特写构图的图片描述词后面添加关键词“Marketing Concept Style 3D effects”（大意为：营销概念风格，3D 效果），按 Enter 键确认，即可为护肤品使用营销概念风格，使画面的视觉效果更加突出，效果如图 8-11 所示。

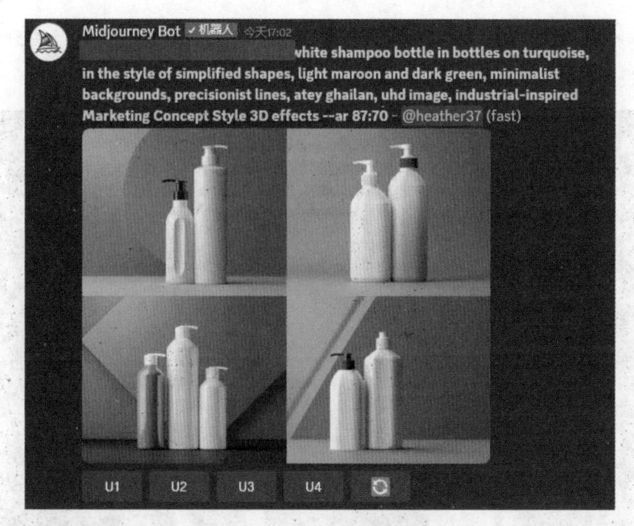

Midjourney Bot ✓机器人 今天17:02
white shampoo bottle in bottles on turquoise, in the style of simplified shapes, light maroon and dark green, minimalist backgrounds, precisionist lines, atey ghailan, uhd image, industrial-inspired Marketing Concept Style 3D effects --ar 87:70 - @heather37 (fast)
U1
U2
U3
U4

图8-11　生成4张图片

STEP 11　添加背景：在粘贴的内容后面添加关键词“Surrounded by plants and stones”（被植物和石头包围），按 Enter 键确认，即可为护肤品主体添加植物和石头背景，效果如图 8-12 所示。

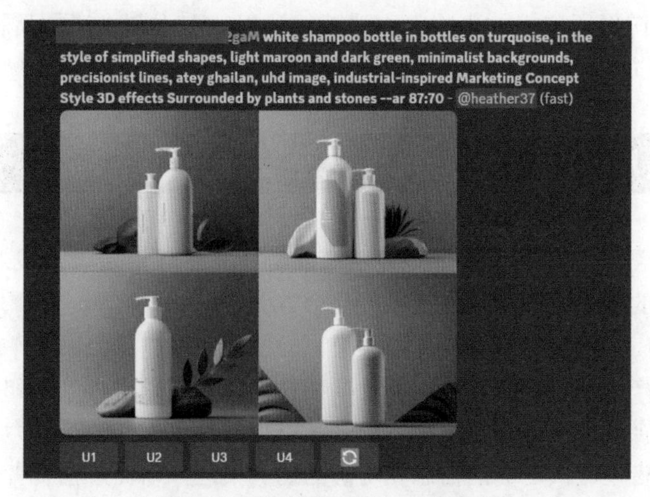

2gaM white shampoo bottle in bottles on turquoise, in the style of simplified shapes, light maroon and dark green, minimalist backgrounds, precisionist lines, atey ghailan, uhd image, industrial-inspired Marketing Concept Style 3D effects Surrounded by plants and stones --ar 87:70 - @heather37 (fast)
U1
U2
U3
U4

图8-12　生成4张护肤品主体图片

STEP 12　修改尺寸：将原来的尺寸参数“--ar 87:70”改为“--ar 3:2”，调整图片的尺寸，如图 8-13 所示。

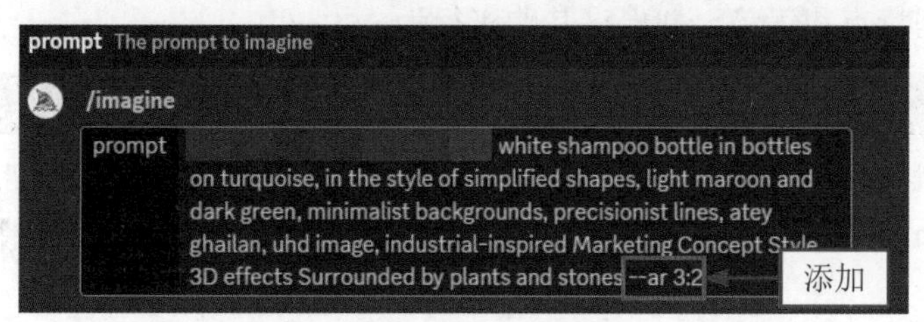

prompt The prompt to imagine
/imagine
prompt
white shampoo bottle in bottles on turquoise, in the style of simplified shapes, light maroon and dark green, minimalist backgrounds, precisionist lines, atey ghailan, uhd image, industrial-inspired Marketing Concept Style 3D effects Surrounded by plants and stones --ar 3:2
添加

图8-13　添加关键词

STEP 13 放大效果：按 Enter 键确认，生成调整尺寸后的图片，效果如图 8-14 所示。单击 U3 按钮，可以对图片进行放大，获取大图效果。

white shampoo bottle in bottles on turquoise, in the style of simplified shapes, light maroon and dark green, minimalist backgrounds, precisionist lines, atey ghailan, uhd image, industrial-inspired Marketing Concept Style 3D effects Surrounded by plants and stones --ar 3:2 - @heather37 (fast)

图8-14　生成调整尺寸后的图片

在生成的主图上添加文案，文案可以介绍产品的特点、活动的细节以及服务的优势等，使客户对图像所代表的事物有更清晰的认识。在主图中添加品牌名称、标语或口号等文案，可以更好地建立品牌形象，最终效果如图 8-1 所示。

030 家电广告绘画范例

家电广告通常以生动形象的方式展示产品特性，引导消费者形成对产品的好感和认知。家电广告的制作要点主要包括以下几个方面。

（1）要明确广告的目标受众和传播渠道。

（2）要突出产品的特点和优势，并且要结合消费者需求进行表现和描述。

（3）要选择合适的宣传语言和视觉形式，以吸引目标受众的注意力。

（4）要在广告中提供足够的信息和明确的购买渠道，以促进消费者的购买行为。

（5）在制作广告时要注意符合相关法律法规和道德准则，确保广告的真实性和可靠性。

图 8-15 所示为一个家电广告，主要用于放在移动端的店铺首页进行展示，让消费者了解该店铺的特点和优势，并促进其购买行为。

专家指点

需要注意的是，Midjourney 是无法生成广告文案的，可以使用 Photoshop、Adobe Pagemaker、CDR（CorelDRAW）、AI（Adobe Illustrator）等软件来添加广告文字。

a rainbow colored backdrop with several appliances
aflutter,in the style of xu beihong, realistic,detailed rendering,
website, silver and redenvironmental awareness,illustrated
advertisements, circuitry --ar 3:2

图8-15　家电广告图片效果

031 数码广告绘画范例

数码广告是为了推广和宣传数码产品而制作的平面广告，通常会突出产品的各种功能和特性，例如高像素摄像头、快速处理器、大内存等，帮助消费者了解产品在性能和功能方面的优势。

如图 8-16 所示，这是某品牌手机广告，通过现代感的蓝色背景与手机屏幕中的画面相结合，体现出简约创新的科技感；形似地球的水滴体现数码产品的特点，不仅能通过手机互联网与全球建立联系，同时可以做到能源的节约。

an iphone and an aqua background, in the style of dynamic and
energetic, puzzle-like elements, water and land fusion,
technological marvels, hd, light white and white, cryengine --ar 3:2

图8-16　数码广告图片效果

032 家居广告绘画范例

家居广告图展示家具、灯具、装饰品等。例如，一张家居广告图中可能包含一张舒适的沙发、一盏现代感十足的台灯、一幅抽象画等。家居广告图通常注重设计与实用性的结合，色彩和材质的搭配也十分关键。

图 8-17 所示为用 AI 生成的家居广告图片，灰色的色调能够营造温馨的家庭氛围。

home furniture, home furniture, sofa furniture, in the style of
minimalist: spare simplicity, light gray and dark azure, beijing east
village, light violet and yellow, opacity and translucency,
minimalistic symmetry, pattern and decoration movement --ar 3:4

图8-17 AI生成的家居广告图片效果

在使用 AI 模型生成家居广告的效果图片时，可以尝试以下的关键词技巧。

（1）inviting ambiance（温馨氛围）：创造一个邀请观众进入空间的氛围，利用温暖的照明和舒适的设置让观众感到宾至如归。

（2）textural diversity（质感多样）：强调家具中所使用的材料的多样质感，如柔软的织物、光滑的金属和自然的木材，以增加深度和触觉趣味。

（3）personalized t93

ouch（个性化风格）：融入反映业主个性和喜好的元素，如独特的装饰品和个性化的艺术品，为空间注入个性。

第 9 章　平面设计指令与范例

平面设计可以应用于各种媒体，如广告、标志、海报、包装等，旨在通过设计元素的布局、颜色、字体等来传达特定的信息和情感。在平面设计中，设计师需要考虑诸多因素，包括布局、色彩、字体选择、图形元素的使用等，以确保设计能够有效地传达所需的信息。本章介绍几种常见的平面设计的 AI 绘画指令与范例。

033 指令应用步骤

扫码看视频

平面设计是一种创意领域，涉及使用图像、文字和其他视觉元素来传达信息、表达概念以及创造视觉吸引力。

Logo 设计就属于平面设计的一个重要领域。Logo 是一个简洁而具有辨识度的图形，通常由文字、图形元素或它们的组合构成。Logo 的设计目标是创造一个能够在观众脑海中留下深刻印象的标识。

图 9-1 所示为某美妆店的 Logo 设计图，以美妆笔为本体，金色流动的柔美线条体现出美妆如同魔法一般，具有神奇的能力，能够给人的面貌带来焕然一新的效果，表达出美妆的含义。

图9-1 美妆店Logo图片效果

下面以 AI 生成美妆店 Logo 图片过程为例，介绍平面设计的指令应用操作步骤。

STEP 01 输入关键词：在 Midjourney 下面的输入框中输入"/"，在弹出的上拉列表中选择 imagine 指令，通过 imagine 指令输入相应的关键词，如图 9-2 所示。

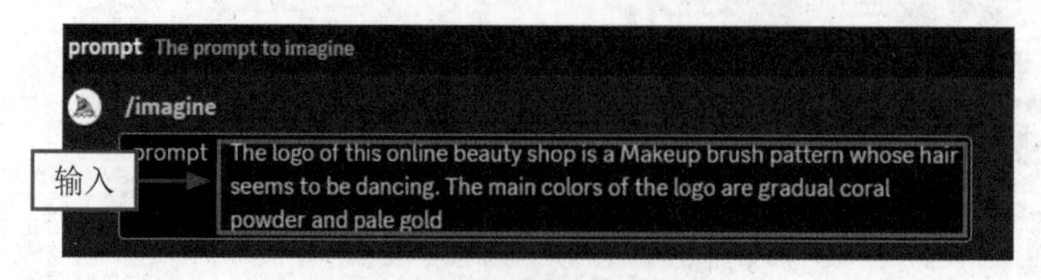
prompt The prompt to imagine
/imagine
prompt
The logo of this online beauty shop is a Makeup brush pattern whose hair seems to be dancing. The main colors of the logo are gradual coral powder and pale gold
输入

图9-2 输入相应的关键词

STEP 02 生成初始图片：按 Enter 键确认，即可使用 imagine 指令生成 4 张美妆店 Logo 的初始图片，如图 9-3 所示。

STEP 03 添加风格：在图 9-3 使用的关键词的后面，添加风格关键词，如"Minimalism Style"（极简主义风格），如图 9-4 所示。

Midjourney Bot ✓机器人
The logo of this online beauty shop is a Makeup brush pattern whose hair seems to be dancing. The main colors of the logo are gradual coral powder and pale gold - @heather37 (fast)
U1
U2
U3
U4

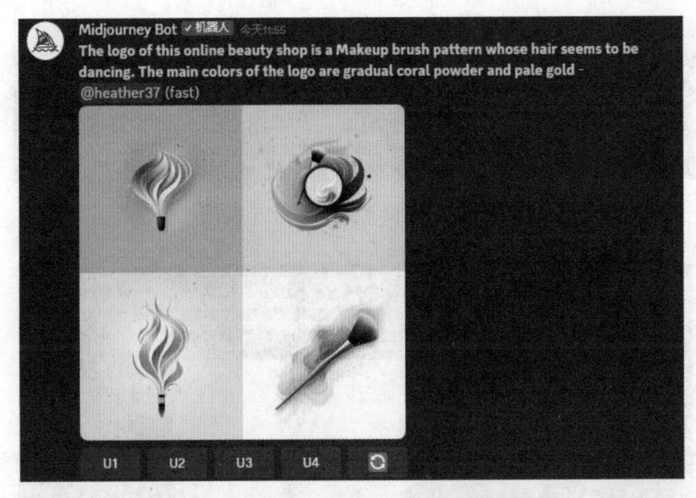

图9-3　生成4张美妆店Logo的初始图片

prompt The prompt to imagine
/imagine
prompt The logo of this online beauty shop is a Makeup brush pattern whose hair seems to be dancing. The main colors of the logo are gradual coral powder and pale gold , Minimalism Style
添加

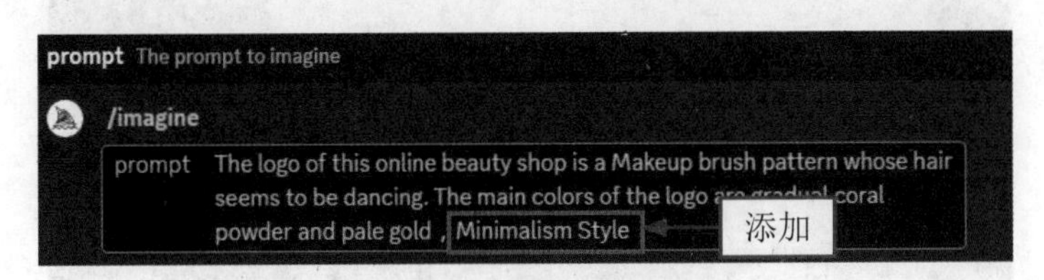

图9-4　添加风格关键词

STEP 04 生成图片：执行上一步操作后，按 Enter 键确认，即可为图片添加画面风格，使画面的视觉效果更加突出，如图 9-5 所示。

The logo of this online beauty shop is a Makeup brush pattern whose hair seems to be dancing. The main colors of the logo are gradual coral powder and pale gold , Minimalism Style - @heather37 (fast)
U1
U2
U3
U4

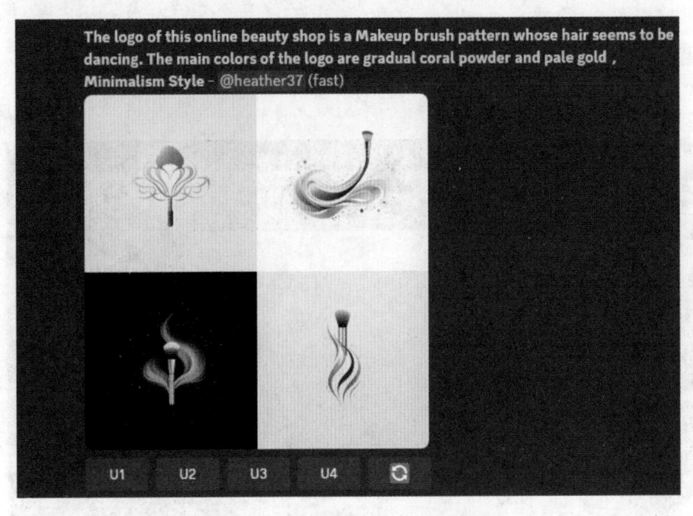

图9-5　为图片添加画面风格

STEP 05 添加参数：在 imagine 指令的后面粘贴上图中的关键词，并添加参数的对应关键词，如“4K --ar 4:3”，如图 9-6 所示。

STEP 06 生成图片：执行上一步操作后，按 Enter 键确认，即可设置美妆店 Logo 的参数，效果如图 9-7 所示。

prompt The prompt to imagine
/imagine
prompt The logo of this online beauty shop is a Makeup brush pattern whose hair seems to be dancing. The main colors of the logo are gradual c
powder and pale gold , Minimalism Style 4K --ar 4:3
添加

图9-6 添加参数的对应关键词

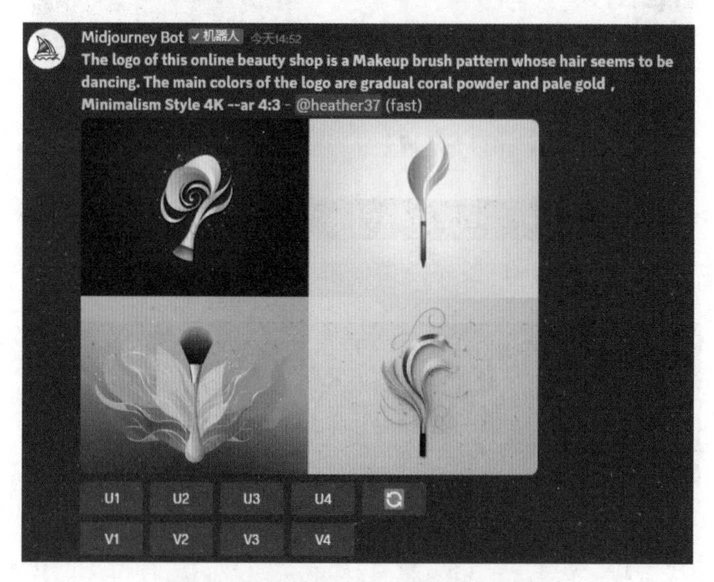
Midjourney Bot ✓机器人 今天14:52
The logo of this online beauty shop is a Makeup brush pattern whose hair seems to be dancing. The main colors of the logo are gradual coral powder and pale gold , Minimalism Style 4K --ar 4:3 - @heather37 (fast)
U1
U2
U3
U4
V1
V2
V3
V4

图9-7 设置美妆店Logo参数后的效果

STEP 07 调整图片：单击上一步生成的 4 张图中某张图对应的 V 按钮，如 V4 按钮，在弹出的对话框中单击“提交”按钮，执行操作后，会根据第 4 张图重新生成 4 张图片，如图 9-8 所示。单击 U1 按钮，放大第 1 张图片，即可得到如图 9-1 所示的最终效果。

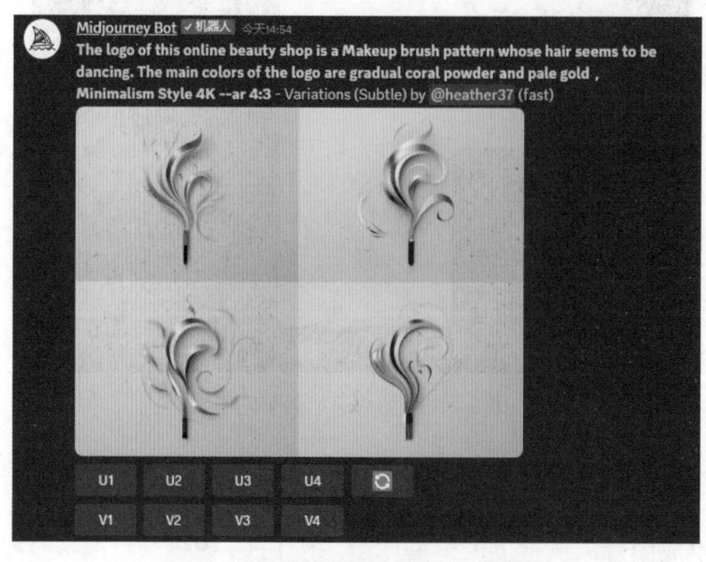
Midjourney Bot ✓机器人 今天14:54
The logo of this online beauty shop is a Makeup brush pattern whose hair seems to be dancing. The main colors of the logo are gradual coral powder and pale gold , Minimalism Style 4K --ar 4:3 - Variations (Subtle) by @heather37 (fast)
U1
U2
U3
U4
V1
V2
V3
V4

图9-8 根据第4张图重新生成4张图片

034 包装设计范例

包装设计是在产品生产过程中，为了提升品牌形象和产品吸引力，通过图形、色彩、文字等设计元素，在产品包装上进行的创意设计。其目的是使产品在市场上更具竞争力，吸引目标受众的注意，同时传达产品的特点、价值和定位，效果如图 9-9 所示。

The painting theme is the packaging design of natural organic tea gift box, with a light green background depicting a tea plantation landscape. The logo combines tea leaf and teacup elements, highlighting the brand value. --ar 3:2

图9-9　包装设计图片效果

035 名片设计范例

名片设计是一种将个人或公司信息以及品牌特色融入小尺寸卡片的创意过程。名片通常包括姓名、联系方式、职务、公司标识和其他重要信息；它不仅是商务交流的工具，也是展示品牌形象的窗口。设计师通过选择合适的颜色、字体、图案和布局，以及创造独特的视觉元素，来呈现专业、引人注目的名片，效果如图 9-10 所示。

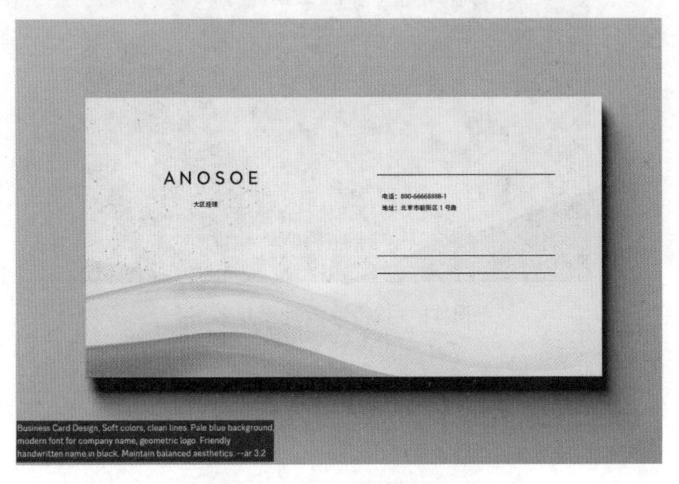
ANOSOE
Business Card Design, Soft colors, clean lines. Pale blue background, modern font for company name, geometric logo. Friendly handwritten name in black. Maintain balanced aesthetics. --ar 3:2

图9-10　名片设计图片效果

在使用 AI 模型设计名片时，可以尝试以下的关键词选择技巧。

（1）了解品牌和产品：在开始绘画之前，了解产品的特性、品牌的价值观以及目标市场，这有助于你在设计中传达正确的信息和情感。

（2）明确目标受众：确定产品的目标受众，这有助于你选择适当的颜色、图像和风格。例如，针对儿童的产品可能需要更明亮、多彩的设计。

（3）简洁而有力：包装设计通常需要简洁明了的视觉效果，以吸引消费者的注意并传达核心信息；要避免过于复杂的元素，保持设计简单且易于理解。

036 宣传单设计范例

宣传单是为了推广特定产品、服务、活动或品牌而制作的一种宣传资料，通常是单页的设计，包含文字、图像和布局等元素，旨在吸引目标受众的注意并传达相关信息。

图 9-11 所示为用 AI 生成的某健康生活工作坊的宣传单，以各类健康的绿色水果为背景，正中央的设计用于突出健康生活工作坊的呼吁口号，整体画面十分和谐。

新鲜
水果
Create a flyer for the Health Lifestyle Workshop,
featuring the date 9/9, green-blue color scheme,
images of fruits, yoga, and clear fonts. --ar 3:4

图9-11　宣传单设计图片效果

第 10 章　海报设计指令与范例

海报设计是指将视觉元素和文字信息融合在一起，创造出引人注目且有效传达信息的视觉作品；通过色彩、图像、形状和排版等元素，创造视觉上引人注目的整体效果。本章介绍几种常见的海报设计的 AI 绘画指令与范例。

037 指令应用步骤

扫码看视频

海报设计通常使用鲜艳、对比明显的颜色，以及吸引眼球的图像、插图或图片，从而在人群中脱颖而出；同时，海报设计需要考虑布局，合理安排标题、副标题、图片、表格等元素，适当的视觉层次能够引导观众的目光，确保信息传达的有序性。

图 10-1 所示为某演唱会海报设计的图片效果，以蓝色为主色调，凸显演唱会的主题，并以各种彩带和鲜花营造演唱会的热情氛围，同时加以吉他为点缀，强调演唱会“摇滚”的主题。

图10-1　演唱会海报设计的图片效果

下面以 AI 生成演唱会海报图片的过程为例，介绍海报设计的指令应用操作步骤。

STEP 01 了解信息：在 ChatGPT 的输入框中输入“什么是海报”，按 Enter 键发送关键词，ChatGPT 的回答如图 10-2 所示。

STEP 02 继续提问：继续向 ChatGPT 提问，在 ChatGPT 中输入“海报可以用于哪些场景”，随后，ChatGPT 列举了海报的多个应用场景，如图 10-3 所示。

STEP 03 获取关键词：训练 ChatGPT 了解了海报的信息和种类后，在 ChatGPT 中输入“请根据‘演唱会海报’生成 10 个关键词”，ChatGPT 的回答如图 10-4 所示。

什么是海报

海报通常是一种用于传达信息、宣传活动或推广事件、产品、服务等的视觉工具。它是一种以图像和文字相结合的形式，旨在通过视觉吸引力吸引人们的注意并传达特定的信息。海报可以用于各种不同的用途，如电影宣传、音乐会、展览、政治活动、产品推广等。

典型的海报通常包括以下要素：

1. **图像/插图：**一个引人注目的图像或插图，通常与海报所要传达的信息相关联。
2. **标题：**简明扼要的标题，用于概括海报的主题或目的。
3. **副标题：**可能会进一步解释标题，提供更多的信息。
4. **正文/说明：**更详细的文字内容，解释活动、事件或产品的相关细节，可能包括日期、时间、地点、内容等。
5. **品牌标识：**如果海报用于产品宣传，可能会包括品牌标志、商标等。
6. **联系信息：**如果适用，可以提供有关获取更多信息或参与活动的联系方式。
7. **设计元素：**背景、颜色、排版等设计元素，以增加海报的视觉吸引力和艺术性。

海报的设计可以根据不同的目的和受众进行调整。一个成功的海报应该能够吸引目标受众的注意，同时清楚地传达所需的信息。在设计海报时，要考虑到布局、颜色、字体选择、图像质量等因素，以确保最终的海报具有吸引力和有效性。

图10-2　ChatGPT对“什么是海报”的回答

海报可以用于哪些场景

海报可以用于各种不同的场景和目的，以下是一些常见的应用场景：

1. **电影宣传：**电影海报是宣传新电影的重要方式之一，通过吸引人们的眼球来提高观众的兴趣。
2. **音乐会和演出：**艺术家、乐队或演出者可以使用海报来宣传音乐会、音乐节、戏剧演出等活动。
3. **展览和艺术活动：**美术馆、画廊和艺术家可以利用海报来宣传艺术展览、画展和艺术活动。
4. **政治活动：**政治团体、政治候选人可以使用海报来传达他们的政策、口号和政治议程。
5. **产品推广：**商家可以设计海报来宣传新产品、促销活动或特别优惠。
6. **社会活动：**慈善机构、志愿者组织可以使用海报来宣传筹款活动、社区活动和社会问题。
7. **教育活动：**学校、大学和培训机构可以使用海报来宣传讲座、研讨会、课程等教育活动。
8. **体育赛事：**体育俱乐部、体育赛事组织者可以利用海报来宣传比赛、比赛日程等。
9. **旅游和旅行：**旅行社、旅游目的地可以使用海报来展示美丽的景点和旅游体验。
10. **节日庆典：**庆祝活动、节日庆典可以通过海报来宣传活动的日期、庆祝方式等。
11. **社交活动：**婚礼、生日派对等社交活动可以使用海报来邀请客人和提供重要信息。
12. **环境保护和社会运动：**环保组织、社会运动可以通过海报来传达关于环境问题、社会问题和倡导行动的信息。

总之，海报是一种非常多功能的传达工具，适用于各种不同的情境和目的，它可以通过视觉和文字元素来引起人们的兴趣并传达重要信息。

图10-3　ChatGPT列举海报的应用场景

请根据'演唱会海报'生成10个关键词
当涉及到"演唱会海报"，以下是可能的关键词：
1. 演唱会
2. 海报设计
3. 艺人/乐队
4. 活动日期
5. 音乐节
6. 演出地点
7. 音乐表演
8. 节目亮点
9. 票务信息
10. 舞台效果

图10-4　ChatGPT生成的关键词

STEP 04 得到英文：提取合适的关键词，将这些关键词使用百度翻译转换成英文，如图 10-5 所示。

图10-5　将关键词转换成英文

STEP 05 选择指令：在 Midjourney 下面的输入框中输入"/"，在弹出的上拉列表中选择 imagine 指令，如图 10-6 所示。

图10-6　选择imagine指令

STEP 06 输入关键词：在 Midjourney 中通过 imagine 指令输入翻译好的英文关键词，如图 10-7 所示。

图10-7　输入翻译好的英文关键词

STEP 07 生成图片：按 Enter 键确认，Midjourney 将生成 4 张对应的海报图片，效果如图 10-8 所示。

STEP 08 修改尺寸：继续在关键词的后面添加指令"--ar 3:4"，如图 10-9 所示，改变图片的原始尺寸。

STEP 09 生成图片：按 Enter 键确认，即可生成改变尺寸后的演唱会海报，如图 10-10 所示。

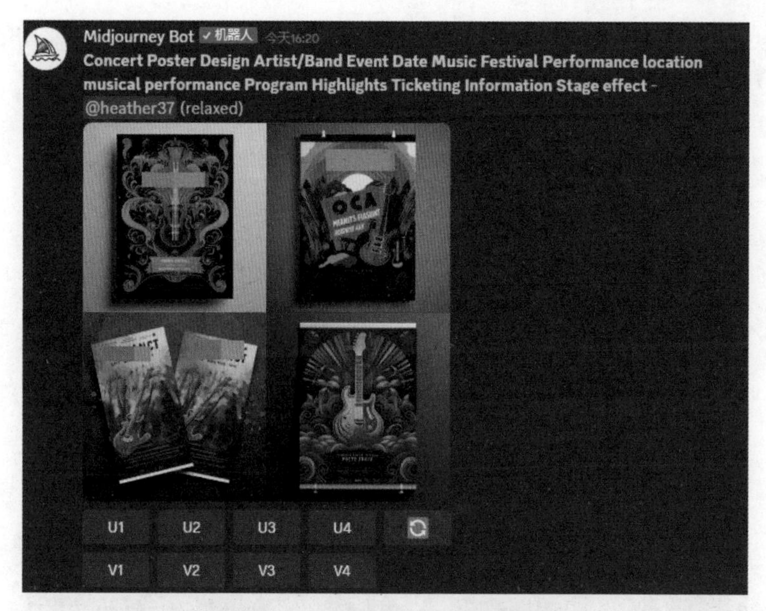
Midjourney Bot ✓机器人 今天16:20
Concert Poster Design Artist/Band Event Date Music Festival Performance location musical performance Program Highlights Ticketing Information Stage effect - @heather37 (relaxed)
U1
U2
U3
U4
V1
V2
V3
V4

图10-8　生成4张对应的海报图片

prompt The prompt to imagine
/imagine
prompt Concert Poster Design Artist/Band Event Date Music Festival Performance location musical performance Program Highlights Ticketing Information Stage effect --ar 3:4
添加

图10-9　添加相应指令

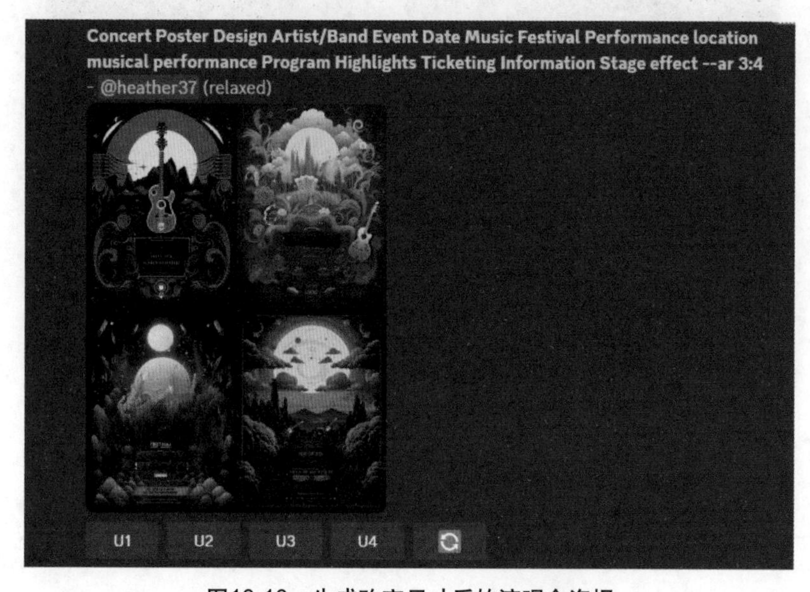
Concert Poster Design Artist/Band Event Date Music Festival Performance location musical performance Program Highlights Ticketing Information Stage effect --ar 3:4 - @heather37 (relaxed)
U1
U2
U3
U4

图10-10　生成改变尺寸后的演唱会海报

STEP 10 放大效果：单击 U2 按钮，选择第 2 张图片进行放大，随后 Midjourney 将在第 2 张图片的基础上进行更加精细的刻画，效果如图 10-11 所示。

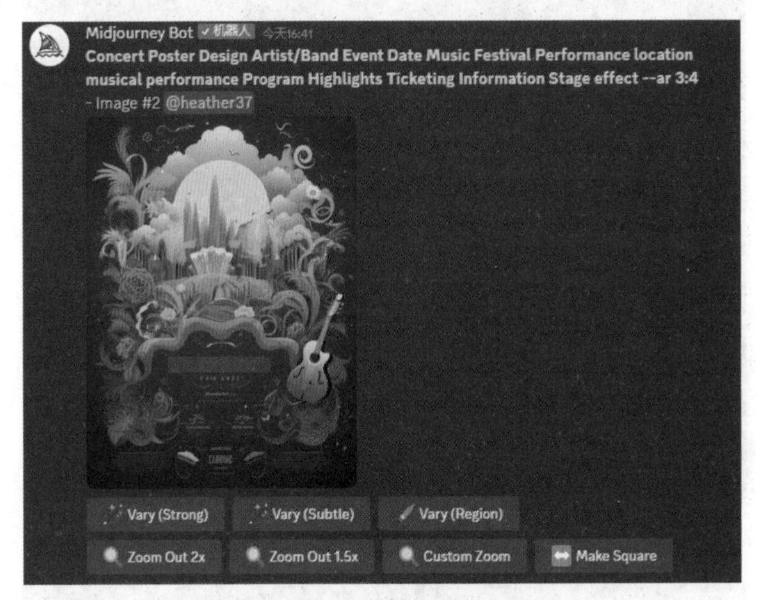

图10-11 放大后的图片效果

STEP 11 打开链接：单击图片显示大图效果，在弹出的窗口中单击“在浏览器中打开”链接，如图 10-12 所示。

图10-12 单击“在浏览器中打开”链接

STEP 12 保存图片：执行上一步操作后，即可在浏览器中预览更大的图片效果；在图片上右击，在弹出的快捷菜单中选择“图片另存为”命令，如图 10-13 所示，即可保存图片。

在新标签页中打开图片
图片另存为...
复制图片
复制图片地址
为此图片创建二维码
使用 Google搜索图片
检查
选择

图10-13　选择“图片另存为”命令

随后，在图片的基础上修改文字，即可得到如图 10-1 所示的最终效果。

038 艺术展览海报范例

艺术展览海报是用于宣传和推广艺术展览的一种视觉宣传工具，通常用于画廊、博物馆、展览馆和线上平台展示和宣传艺术展览。海报通过视觉上的吸引力和艺术元素的展示，为观众提供展览的概要，鼓励观众参与和体验艺术展览，效果如图 10-14 所示。

第10届梅溪湖国际艺术展
Artist name, exhibition theme, exhibition date, exhibition location/gallery, art style, exhibition highlights/key works, opening ceremony information, list of participating artists, art sales information, visit time,art exhibition poster --ar 3:4

图10-14　艺术展览海报图片效果

在使用 AI 模型设计艺术展览海报的效果图片时，可以尝试以下的关键词技巧。

（1）审视展览主题：了解展览的主题、内容和情感，以便传达正确的信息。

（2）确定海报风格：根据展览的性质，选择合适的艺术风格，例如抽象、写实、现代等。

（3）构思创意：提炼展览主题的核心元素，创造独特的视觉概念，可以是象征性的图像、符号或场景。

039 电影海报范例

电影海报是用于宣传和推广电影的一种视觉宣传工具，通常用于在电影院、媒体渠道和线上平台展示和宣传电影。海报的设计和内容旨在引起观众的兴趣，并且能够让观众了解更多相关信息。

电影海报在电影行业中扮演着重要的角色，它们不仅是吸引观众的工具，也是电影的品牌宣传和市场推广的一部分，效果如图 10-15 所示。

Create sci-fi movie poster with futuristic city backdrop, protagonist wielding energy weapon, emphasizing tension. Blue-purple palette, modern futuristic font. --ar 4:3

图10-15　电影海报图片效果

在使用 AI 模型设计电影海报的效果图片时，可以尝试以下的关键词技巧。

（1）理解电影主题和情感：在开始设计之前，了解电影的故事情节、主题、情感和氛围非常重要。海报应该能够通过图像传达电影的基本要素，以吸引潜在观众。

（2）创造独特的视觉元素：尝试设计独特、引人注目的视觉元素，如独特的图形、符号或图案，以增强海报的辨识度。

（3）选择适当的颜色调色板：色彩对于传达情感和氛围至关重要，选择适合电影主题的颜色调色板，确保颜色搭配和谐，能够引起观众的共鸣。

040 手机海报范例

手机海报在社交媒体、移动应用程序、网站和电子邮件等数字媒体平台上广泛使用，以便快速传播信息；它们可以用于各种目的，如宣传音乐会、电影、产品发布、特别促销、活动通知、教育项目等，效果如图 10-16 所示。

店内手机大促
每满1000减100
This phone features a full screen design, with a front camera located above the screen, 3D curved glass on the back, metal frame, high-quality main camera and flash on the back, power and volume buttons on the side, USB-C interface and speakers on the bottom , This phone is placed on the table , 8K --ar 16:9

图10-16　手机海报图片效果

在使用 AI 模型设计手机海报的效果图片时，可以尝试以下的关键词技巧。

（1）颜色和调色板：可以使用明亮的颜色关键词来增加活力；或采用冷暖色调来传达特定的情感；也可以尝试使用梦幻色调或黑白效果。

（2）布局和构图：设计一个吸引人的布局，确保信息清晰可见；或创建对称或不对称的布局，以引起视觉兴趣。同时，可以通过使用层次感和透视来增强深度。

（3）文字和字体：使用不同的字体大小和样式来突出重要信息，还要确保文本与背景颜色形成足够的对比度，以提高可读性。

第 11 章 封面设计指令与范例

封面设计是指在书籍、杂志、音乐专辑、电影、软件等各种媒体产品的封面部分所展示的视觉设计。在利用 AI 模型进行封面设计时，要注重利用视觉元素，如图像、文字、颜色等，来传达产品的核心信息、主题、风格以吸引目标受众的注意力。本章介绍几种常见的封面设计的 AI 绘画指令与范例。

041 指令应用步骤

扫码看视频

封面设计在吸引读者、塑造品牌形象以及传达主题等方面起着关键作用。杂志在封面设计中十分常见，杂志封面通常包括吸引人的图像、标题、标志、日期以及一些引人入胜的信息，旨在吸引读者的注意并引发他们对杂志内容的兴趣。杂志封面效果如图 11-1 所示。

以下是设计杂志封面时应注意的要点。

（1）鲜明的主题：封面应该清楚地传达杂志的主题或特点。无论是时尚、科技、艺术还是健康，都应该通过图像和标题来表达出来。

（2）引人注目的图像：选择一个吸引人眼球的图像，能够一眼引发读者的兴趣。图像应与杂志主题相关，并在视觉上吸引人。

（3）突出的标志：杂志的标志或标识应该在封面上明显可见，以加强品牌识别。它可以放置在顶部、底部或侧边，取决于设计布局。

图11-1　杂志封面设计图片效果

下面以 AI 生成杂志封面图片过程为例，介绍封面设计的指令应用操作步骤。

STEP 01 提出问题：在 ChatGPT 的输入框中输入关键词“假如你是一位 AI 绘画师，请为我提供一段时尚杂志的 AI 绘画指令”，ChatGPT 的回答如图 11-2 所示。

STEP 02 提出要求：继续在 ChatGPT 的输入框中输入关键词“请根据上述 AI 指令，为我描述一幅杂志封面，30 字左右”，ChatGPT 的回答如图 11-3 所示。

STEP 03 得到英文：在 ChatGPT 的输入框中输入关键词“请翻译为英文”，ChatGPT 即可将前面生成的关键词翻译为英文，如图 11-4 所示。

假如你是一位AI绘画师，请为我提供一段时尚杂志的AI绘画指令

当然，我可以为您提供一段创造时尚杂志封面的AI绘画指令。请注意，由于我是文本AI，无法直接进行绘画操作，但我可以为您描述一个可能的绘画场景，供您参考和实际操作。

绘画指令：时尚杂志封面

背景与布局：
在画布的中心位置，绘制一个高挑的女性模特身影。背景采用浅色调，例如粉色或淡蓝色，以营造出时尚和优雅的氛围。

模特形象：
模特身着一件流行的设计师连衣裙，裙子以金属色调为主，如银色或金色，展现出未来感。她的发型造型新颖，可以是高贵的盘发或时髦的短发。妆容精致，突出眼部，配以鲜艳的口红，增强时尚感。

配饰与细节：
模特佩戴大胆夸张的耳环和手链，突显个性。在她手中，可以握着一个充满创意的手包，为整个画面增添趣味。另外，可以在画布的一角添加一些散落的珠宝和化妆品，以及一部时尚的智能手机，展现现代生活元素。

标题与标志：
在画布的顶部，使用时尚的字体写上杂志的名称，可以使用大胆的粗体字体，并选用黑色或金色作为字体颜色，以突显品牌的独特性。在底部添加杂志的标志和标语，例如"探索未来的时尚趋势"。

效果与修饰：
使用柔和的光影效果，突出模特的轮廓和服装的质感。可以在背景中添加一些抽象的流线形状，以增强未来感和科技感。另外，适当运用色彩渐变和阴影效果，使整个画面更具层次感。

请根据上述指令，进行创作，创造出一个充满时尚和创意的杂志封面绘画作品。记得根据自己的风格和创意进行调整，以创造出独特的作品！

图11-2　ChatGPT生成的相关回答

请根据上述AI指令，为我描述一幅杂志封面，30字左右

封面中，高挑模特身着金属连衣裙，短发时尚前卫。背景浅粉色，配饰夸张，字体大胆，呈现未来感与现代生活。

图11-3　得到ChatGPT提供的关键词

请翻译为英文

The cover features a tall model in a metallic dress with edgy short hair. The background is a light pink, bold accessories, futuristic font, showcasing a blend of future and contemporary lifestyle.

图11-4　将关键词翻译成英文

STEP 04 选择指令：在 Midjourney 下面的输入框中输入“/”，在弹出的上拉列表中选择 imagine 指令，如图 11-5 所示。

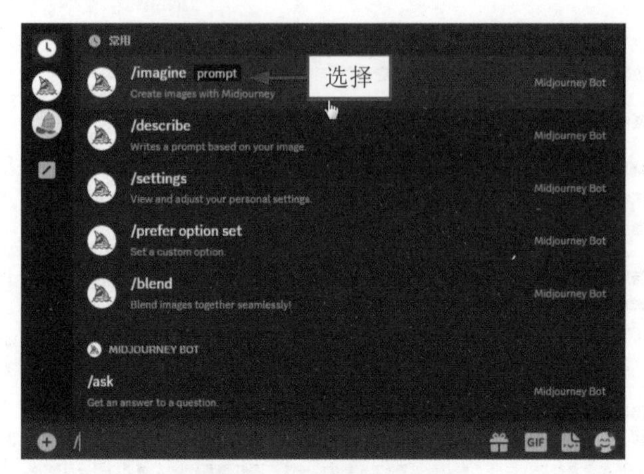
/imagine prompt
Create images with Midjourney
选择
Midjourney Bot
/describe
Writes a prompt based on your image.
/settings
View and adjust your personal settings.
/prefer option set
Set a custom option.
/blend
Blend images together seamlessly!
MIDJOURNEY BOT
/ask
Get an answer to a question.

图11-5 选择imagine指令

STEP 05 添加风格：在 Midjourney 中通过 imagine 指令输入翻译好的英文关键词，并在其后面添加杂志风格“Fashion Magazine Style（时尚杂志风格）”，如图 11-6 所示。

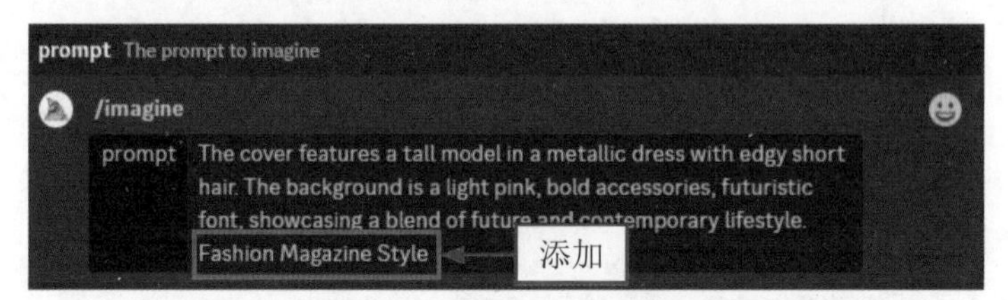
prompt The prompt to imagine
/imagine
prompt The cover features a tall model in a metallic dress with edgy short hair. The background is a light pink, bold accessories, futuristic font, showcasing a blend of future and contemporary lifestyle.
Fashion Magazine Style
添加

图11-6 添加相应的关键词

STEP 06 生成效果：按 Enter 键确认，生成添加风格后的图片效果，如图 11-7 所示。

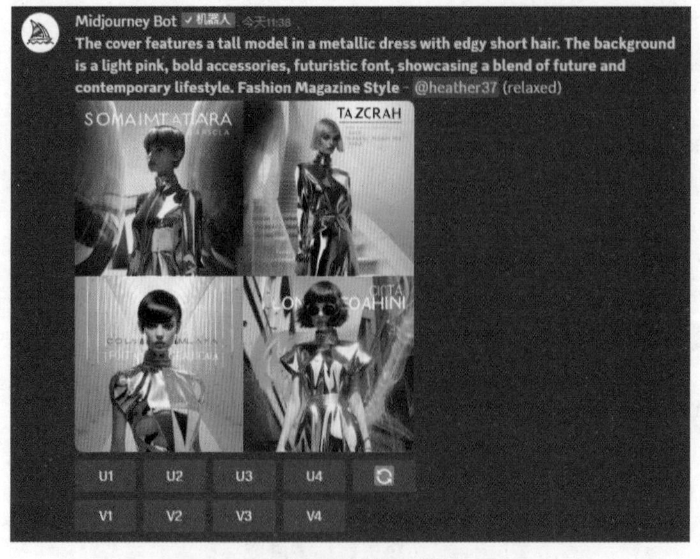
Midjourney Bot
The cover features a tall model in a metallic dress with edgy short hair. The background is a light pink, bold accessories, futuristic font, showcasing a blend of future and contemporary lifestyle. Fashion Magazine Style - @heather37 (relaxed)
U1
U2
U3
U4
V1
V2
V3
V4

图11-7 生成添加风格后的图片效果

STEP 07 提升创造力：继续在 Midjourney 的关键词后面添加指令“--s 750”，让画面更富有创造力，按 Enter 键确认，生成相应的图片效果，如图 11-8 所示。

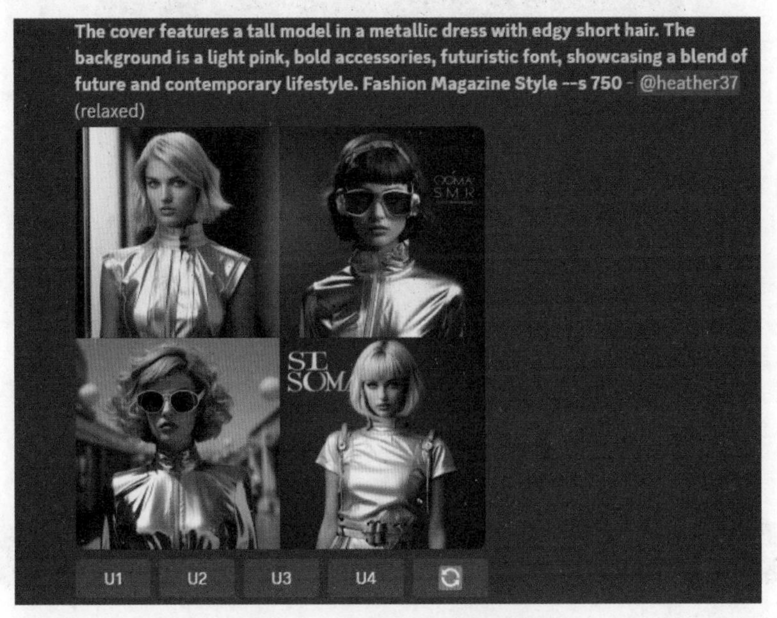
The cover features a tall model in a metallic dress with edgy short hair. The background is a light pink, bold accessories, futuristic font, showcasing a blend of future and contemporary lifestyle. Fashion Magazine Style --s 750 - @heather37 (relaxed)
U1
U2
U3
U4

图11-8　生成相应的图片效果

STEP 08 修改尺寸：继续添加指令“--ar 3:4”，调整画面的比例，按 Enter 键确认，生成相应的图片效果，如图 11-9 所示。

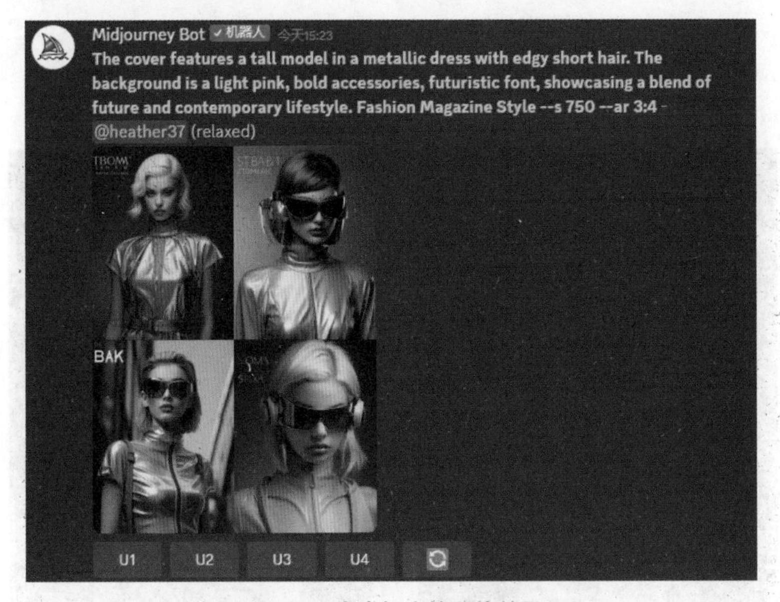
Midjourney Bot ✓机器人 今天15:23
The cover features a tall model in a metallic dress with edgy short hair. The background is a light pink, bold accessories, futuristic font, showcasing a blend of future and contemporary lifestyle. Fashion Magazine Style --s 750 --ar 3:4 - @heather37 (relaxed)
U1
U2
U3
U4

图11-9　生成相应的图片效果

STEP 09 放大效果：单击 U1 按钮，选择第 1 张图片进行放大，随后 Midjourney 将在第 1 张图片的基础上进行更加精细的刻画，效果如图 11-10 所示。

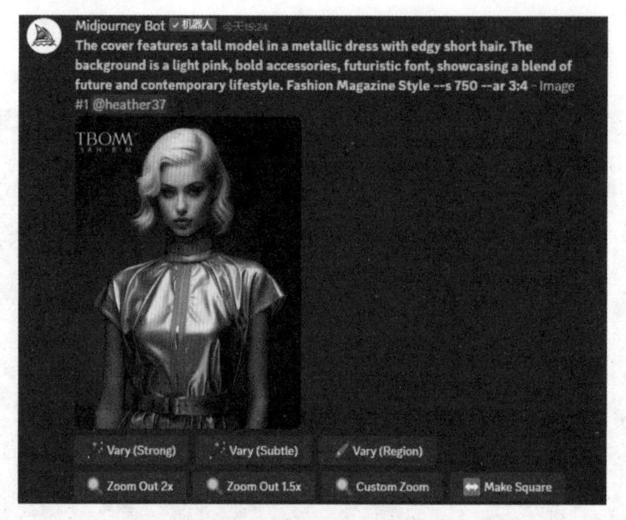
Midjourney Bot ✓机器人 今天15:24
The cover features a tall model in a metallic dress with edgy short hair. The background is a light pink, bold accessories, futuristic font, showcasing a blend of future and contemporary lifestyle. Fashion Magazine Style --s 750 --ar 3:4 - Image #1 @heather37
TBOM
Vary (Strong)
Vary (Subtle)
Vary (Region)
Zoom Out 2x
Zoom Out 1.5x
Custom Zoom
Make Square

图11-10　放大后的图片效果

042 专辑封面设计范例

专辑封面设计是为音乐专辑（如音乐专辑、单曲等）制作的封面设计，这些设计通常需要在视觉上捕捉音乐的风格、情感和主题。专辑封面设计可以通过艺术性的图像、配色方案和排版，将音乐的特点传达给观众，同时也是建立音乐品牌和形象的一部分，能够引导听众对音乐内容的预期。

专辑封面设计的特点在于需要与音乐内容紧密配合，以及在视觉上表现出音乐的情感和风格，效果如图 11-11 所示。

Create rock album cover: Dark street, rocking band performing wildly, red-blue neon lights, conveying energy and rebellion. --ar 2:3

图11-11　专辑封面图片效果

在通过 AI 模型设计专辑封面时，选择关键词的相关要点如下。

（1）了解音乐风格和主题：首先要理解专辑的音乐风格和主题，封面需要与音乐内容相呼应，传达出音乐的情感和氛围。

（2）独特性和创意：设计一个独特且引人注目的封面能够吸引听众的注意力，要尝试探索不同的想法，避免平凡的设计。

（3）色彩和配色方案：色彩对于表达情感和氛围至关重要，要选择适合音乐风格的配色方案，考虑颜色的情感联想。

043 游戏封面设计范例

游戏封面设计是指电子游戏的封面设计，通常用于游戏的包装、宣传材料、在线商店和广告等方面。游戏封面在设计上有一些特点，以吸引潜在玩家的注意并传达游戏的特征和情感。

例如，游戏封面通常反映游戏的艺术风格，这有助于玩家识别游戏的类型；卡通游戏可能有明亮的色彩和卡通角色，而恐怖游戏可能有阴暗的色调和恐怖元素。游戏封面需要突出显示游戏的主要角色、主题，这有助于玩家了解游戏的核心内容，效果如图 11-12 所示。

益智探险游戏
A bright game cover that emphasizes the adventure theme of the game. On the cover, depict a heroic protagonist, contrasting with the mysterious background. Highlight game name --ar 3:4

益智探险游戏

图11-12　游戏封面设计图片效果

在通过 AI 模型设计游戏封面时，选择关键词的相关要点如下。

（1）艺术风格：选择与游戏风格相符的艺术风格，以确保封面与游戏一致，例如卡通、写实、奇幻等。

（2）主要角色和元素：突出游戏中的主要角色、场景或关键元素，这有助于玩家识别游戏和与之建立联系。

（3）情感传达：封面应传达游戏的情感，如刺激、冒险、紧张等，以吸引与玩家情感共鸣的目标受众。

044 图书封面设计范例

封面设计是针对图书的封面部分所进行的视觉设计，其目的是通过封面的图像、排版和色彩等元素，吸引读者的注意力，准确地传达图书的主题、情感和风格。

图书封面设计需要充分考虑目标读者群体，以及小说内容的特点，创造一个能够引发情感共鸣并激发阅读兴趣的封面。通常，小说封面设计会注重创意性、独特性和与内容相关性，效果如图 11-13 所示。

星海迷航
Design a book cover for a science fiction space adventure novel titled "Stellar Seekers." The cover should showcase the theme of exploring the unknown universe and the spirit of adventure. In the center of the cover, depict a spaceship soaring through space, with its thrusters emitting blue beams of light. The background should feature galaxies and the vast expanse of stars. In the distance, the silhouette of a mysterious planet can be seen. The overall color scheme should revolve around deep space black and cosmic blue to enhance the sci-fi atmosphere, Image size is 260×185mm

图11-13　图书封面设计图片效果

在通过 AI 模型设计小说封面时，选择关键词的相关要点如下。

（1）创造独特性：尝试设计独特且令人印象深刻的元素，避免使用过于常见的图像或构图。

（2）使用符号和隐喻：使用符号和隐喻可以增加封面的深度和复杂性。将故事中的重要元素转化为图像，让读者可以在封面上找到暗示和线索。

（3）注意色彩和情感：色彩在情感传达方面起着重要作用，不同的颜色可以引发不同的情感和联想。

第 12 章 影视作品绘画指令与范例

在电影等影视作品中，经常需要通过角色设计、场景布置和添加背景元素来增加影视作品的视觉吸引力、情感表达和故事叙述。如今，AI（人工智能）技术也能够做到辅助影视作品进行绘画，如设计角色形象、角色服装、场景道具等。本章介绍几种常见的影视作品的 AI 绘画指令与范例。

045 指令应用步骤

扫码看视频

通过人工智能技术，如计算机视觉和图像生成算法，可以创造影视作品中的视觉效果或艺术品，如创建虚拟场景、特效、角色设计、背景绘画等。

例如，影视制作中的特效可以借助人工智能来生成逼真的虚拟环境，如星球、城市、森林等。AI 也可以用于创造特殊生物、外星人或奇幻角色的设计。

图 12-1 所示为用 AI 绘制的影视作品中的科幻场景，到处耸立着高楼大厦的城市上空，出现了巨大的城堡，天空中围绕着恐怖的乌云，营造出迷幻的氛围。

图12-1　AI绘制的科幻影视作品照片效果

下面以 AI 生成科幻影视作品图片过程为例，介绍影视作品的 AI 绘画指令的应用操作步骤。

STEP 01 提出问题：在 ChatGPT 的输入框中输入“假如你是一位 AI 绘画师，请为我提供一段科幻影视画面的 AI 绘画指令，30 字左右”，稍等片刻，ChatGPT 会给出相应的回答，如图 12-2 所示。

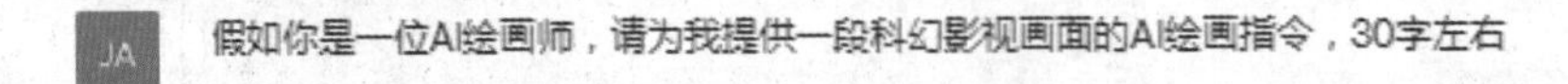
JA
假如你是一位AI绘画师，请为我提供一段科幻影视画面的AI绘画指令，30字左右

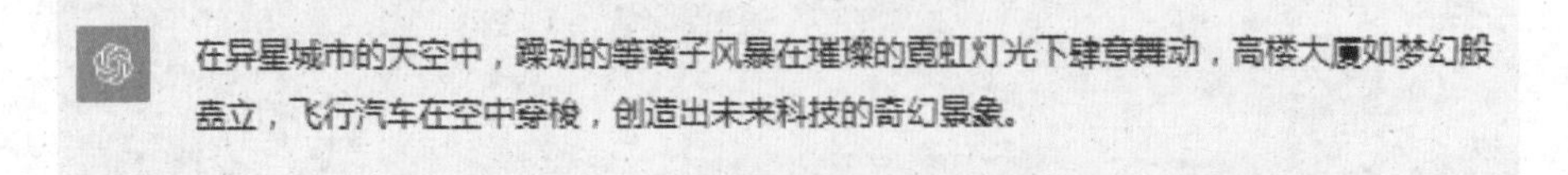
在异星城市的天空中，躁动的等离子风暴在璀璨的霓虹灯光下肆意舞动，高楼大厦如梦幻般矗立，飞行汽车在空中穿梭，创造出未来科技的奇幻景象。

图12-2　ChatGPT给出相应的回答

STEP 02 得到英文：在 ChatGPT 中继续输入“请翻译为英文”，让 ChatGPT 提供翻译帮助，在新的指令下，ChatGPT 会按照要求给出英文翻译，如图 12-3 所示。

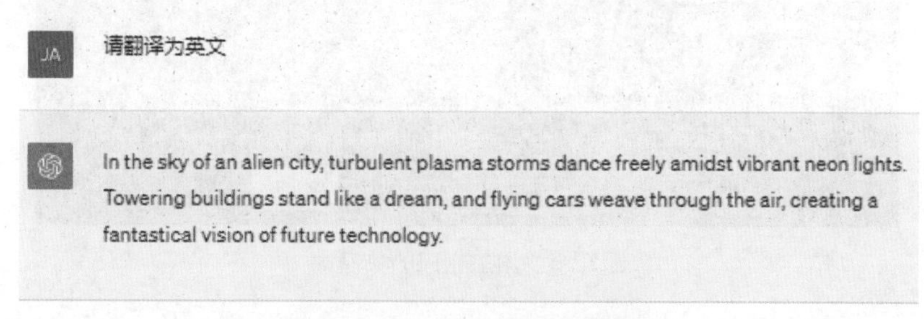
JA
请翻译为英文
In the sky of an alien city, turbulent plasma storms dance freely amidst vibrant neon lights. Towering buildings stand like a dream, and flying cars weave through the air, creating a fantastical vision of future technology.

图12-3　ChatGPT给出英文翻译

STEP 03 输入关键词：在 Midjourney 下面的输入框中输入“/”，在弹出的上拉列表中选择 imagine 指令，并通过 imagine 指令输入翻译好的英文关键词，如图 12-4 所示。

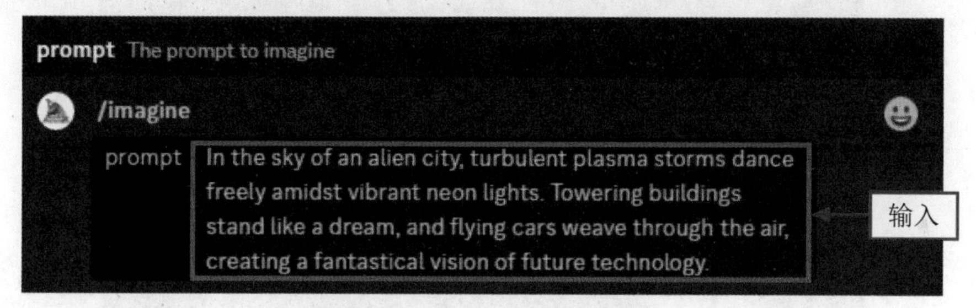
prompt The prompt to imagine
/imagine
prompt
In the sky of an alien city, turbulent plasma storms dance freely amidst vibrant neon lights. Towering buildings stand like a dream, and flying cars weave through the air, creating a fantastical vision of future technology.
输入

图12-4　输入相应的关键词

STEP 04 生成图片：按 Enter 键确认，Midjourney 将生成 4 张对应的科幻影视图片，如图 12-5 所示。

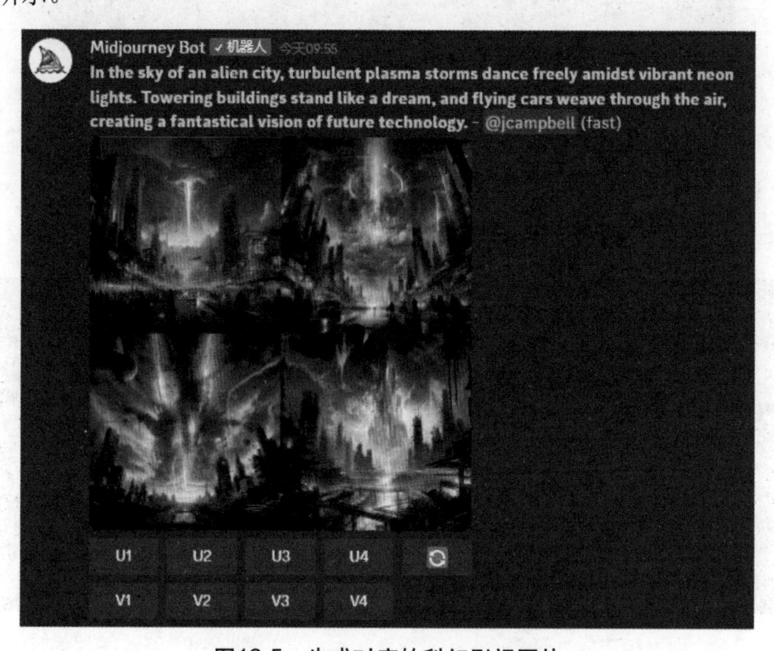
Midjourney Bot ✓机器人
In the sky of an alien city, turbulent plasma storms dance freely amidst vibrant neon lights. Towering buildings stand like a dream, and flying cars weave through the air, creating a fantastical vision of future technology. - @jcampbell (fast)
U1
U2
U3
U4
V1
V2
V3
V4

图12-5　生成对应的科幻影视图片

STEP 05 添加风格：在 Midjourney 中添加关键词“Modern style of technology”（科技现代风格），如图 12-6 所示，调整画面的风格。

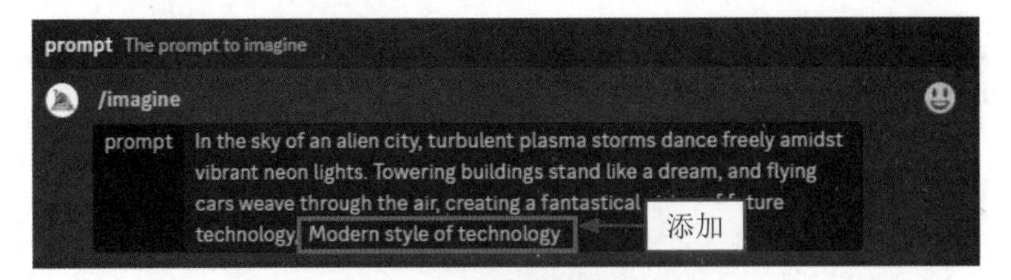
prompt The prompt to imagine
/imagine
prompt In the sky of an alien city, turbulent plasma storms dance freely amidst vibrant neon lights. Towering buildings stand like a dream, and flying cars weave through the air, creating a fantastical
technology, Modern style of technology
添加

图12-6　添加相应的关键词

STEP 06 生成效果：按 Enter 键确认，生成添加风格后的图片效果，如图 12-7 所示。

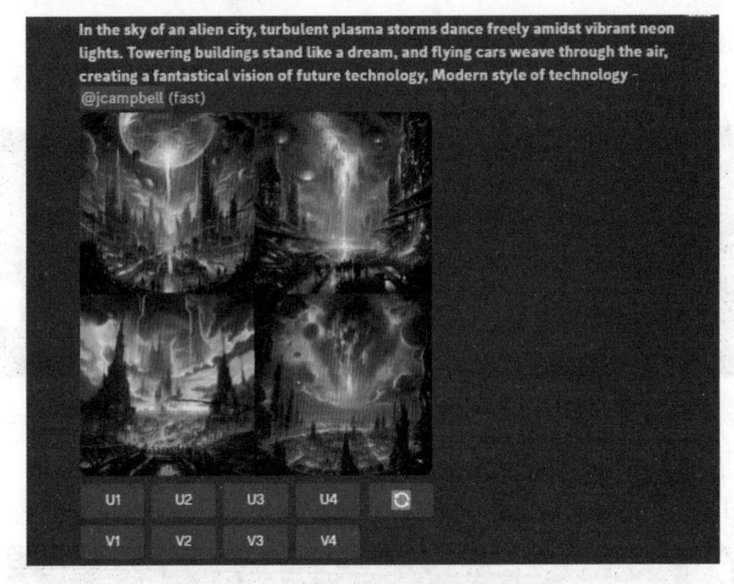
In the sky of an alien city, turbulent plasma storms dance freely amidst vibrant neon lights. Towering buildings stand like a dream, and flying cars weave through the air, creating a fantastical vision of future technology, Modern style of technology -
@jcampbell (fast)
U1
U2
U3
U4
V1
V2
V3
V4

图12-7　生成添加风格后的图片效果

STEP 07 重新生成：若想要在原图上进行细微的修改，可以单击 V4 按钮，弹出 Remix Prompt（混音提示）对话框，如图 12-8 所示。

STEP 08 修改尺寸：添加指令“--ar 4:3”，如图 12-9 所示，可以修改图片的尺寸。

Remix Prompt
该表单将提交至 Midjourney Bot。请勿分享密码和其他任何敏感信息。
NEW PROMPT FOR IMAGE #4
In the sky of an alien city, turbulent plasma storms dance freely amidst vibrant neon lights. Towering buildings stand like a dream, and flying cars weave
3750
取消
提交

图12-8　弹出相应的对话框

Remix Prompt
该表单将提交至 Midjourney Bot。请勿分享密码和其他任何敏感信息。
NEW PROMPT FOR IMAGE #4
through the air, creating a
vision of
future technology, Moder
--ar
4:3
修改
3741
取消
提交

图12-9　修改图片的尺寸

STEP 09 得到效果：在如图 12-9 所示的对话框中单击“提交”按钮，即可重新生成相应的图片，效果如图 12-10 所示，单击 U3 按钮，放大第 3 张图片，即可得到如图 12-1 所示的最终效果。

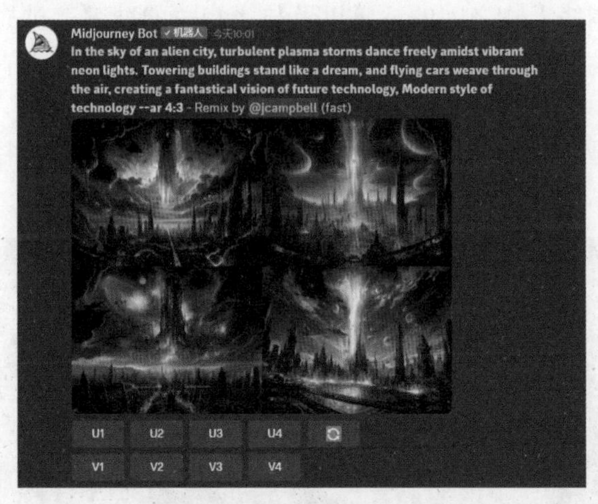
Midjourney Bot ✓机器人 今天10:01
In the sky of an alien city, turbulent plasma storms dance freely amidst vibrant neon lights. Towering buildings stand like a dream, and flying cars weave through the air, creating a fantastical vision of future technology, Modern style of technology --ar 4:3 - Remix by @jcampbell (fast)
U1
U2
U3
U4
V1
V2
V3
V4

图12-10　重新生成相应的图片

046 喜剧电影绘画范例

喜剧电影是一种以幽默、滑稽和引人发笑为主要目的的电影，这类电影旨在通过夸张、讽刺的情节、对话和角色表现来引发观众的笑声。

喜剧电影常常使用夸张的情节、角色表现和情感反应来制造滑稽效果，使观众在看到角色互动的情节画面而感到欢乐。如图 12-11 所示，小狗戴上厨师帽，居然在动手做饭，这种夸张的情节能够引发喜剧效果。

Comedy movie: A mischievous little dog sneaks into the kitchen and discovers a pile of bananas. It puts on a chef's hat, holds a wooden spoon, and walks through the bananas like a little chef, funny and cute. The family in the kitchen corner looked at the funny scene in surprise. --ar 4:3

图12-11　喜剧电影图片效果

047 爱情电影绘画范例

爱情电影主要围绕人物之间的情感以及与之相关的冲突、挑战和发展展开。这类电影可以涵盖多种情感和关系，从浪漫、感人到复杂、戏剧性的情感都可以成为爱情电影的内容。

爱情电影常常通过细致的场景描写、音乐、摄影等元素营造氛围，使观众投入情感。如图 12-12 所示，牵手走在海边的情侣，漫步在橘红色调的夕阳下，呈现出浪漫的氛围。

Love movie: A pair of young people stroll hand in hand on the beach
under the golden sunset, the waves gently brushing their footsteps,
and the gradual orange hue of the sky creates a romantic
atmosphere. Emotions fill the breeze. --ar 4:3

图12-12　爱情电影图片效果

048 冒险电影绘画范例

冒险电影是一种以充满刺激、危险和未知情境为特点的电影。这类电影通常通过主人公的冒险旅程、考验和探索来构建故事情节，展示他们在险境中面对困难、挑战和冒险的经历。

冒险电影通常会通过视觉效果和场景来描绘冒险的环境，如丛林、沙漠、山脉等，营造出逼真的情境。如图 12-13 所示，主人公处在灰色调的场景中，前方隐隐约约的山峰营造出诡异的氛围。

Adventure movie: Deep in the forest, moonlight shines on ancient ruins, reflecting mysterious runes. The warrior holds a lantern and embarks on an exploration journey, surrounded by thick fog filled with unknown and challenging elements --ar 4:3

图12-13　冒险电影图片效果

第 13 章　动画作品绘画指令与范例

动画是通过连续播放一系列静止图像来创造运动效果的艺术形式。动画可以应用于多种媒体平台，包括电影、电视、网页、游戏、广告等。本章介绍几种常见的动画作品的 AI 绘画指令与范例。

049 指令应用步骤

扫码看视频

动画行业涵盖了从传统手绘动画到计算机生成动画，从电影、电视节目到网络平台、游戏等多个媒体形式的动画内容，并且具有多样性，可以采用多种风格、技术和形式，从卡通风格到写实风格，从2D动画到3D动画，从短片到长片。

图13-1所示为动画角色的效果图片，以模仿宫崎骏的绘画风格为主，绘制了正在窗台前写信给远方故人的女孩。

图13-1　宫崎骏风格的动画角色效果

下面以AI生成宫崎骏风格动画角色过程为例，介绍AI绘画的指令应用操作步骤。

STEP 01 提出要求：在ChatGPT的输入框中输入关键词“请列出5个宫崎骏风格的题材”，ChatGPT的回答如图13-2所示。

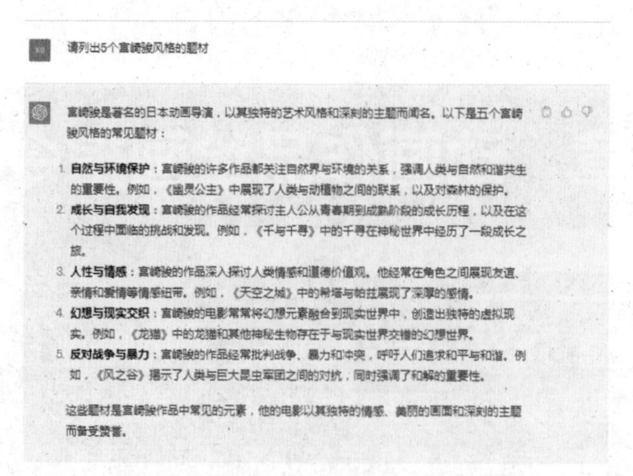
请列出5个宫崎骏风格的题材
宫崎骏是著名的日本动画导演，以其独特的艺术风格和深刻的主题而闻名。以下是五个宫崎骏风格的常见题材：
1. 自然与环境保护：宫崎骏的许多作品都关注自然界与环境的关系，强调人类与自然和谐共生的重要性。例如，《幽灵公主》中展现了人类与动植物之间的联系，以及对森林的保护。
2. 成长与自我发现：宫崎骏的作品经常探讨主人公从青春期到成熟阶段的成长历程，以及在这个过程中面临的挑战和发现。例如，《千与千寻》中的千寻在神秘世界中经历了一段成长之旅。
3. 人性与情感：宫崎骏的作品深入探讨人类情感和道德价值观。他经常在角色之间展现友谊、亲情和爱情等情感纽带。例如，《天空之城》中的希塔与帕兹展现了深厚的感情。
4. 幻想与现实交织：宫崎骏的电影常常将幻想元素融合到现实世界中，创造出独特的虚拟现实。例如，《龙猫》中的龙猫和其他神秘生物存在于与现实世界交错的幻想世界。
5. 反对战争与暴力：宫崎骏的作品经常批判战争、暴力和冲突，呼吁人们追求和平与和谐。例如，《风之谷》揭示了人类与巨大昆虫军团之间的对抗，同时强调了和解的重要性。
这些题材是宫崎骏作品中常见的元素，他的电影以其独特的情感、美丽的画面和深刻的主题而备受赞誉。

图13-2　列出5个宫崎骏动画风格的题材

STEP 02 描绘场景：选择其中一个主题，并在ChatGPT中输入“根据人性与情感的主题，请以一位年轻女性为主体，以关键词的形式描述一个 50 字的场景”，ChatGPT 的回答如图 13-3 所示。

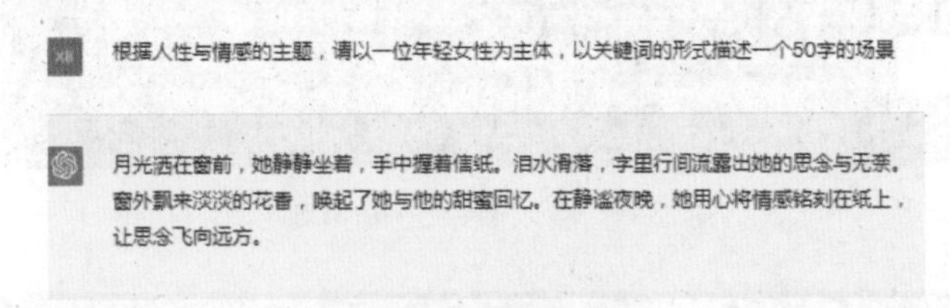
根据人性与情感的主题，请以一位年轻女性为主体，以关键词的形式描述一个50字的场景
月光洒在窗前，她静静坐着，手中握着信纸。泪水滑落，字里行间流露出她的思念与无奈。窗外飘来淡淡的花香，唤起了她与他的甜蜜回忆。在静谧夜晚，她用心将情感铭刻在纸上，让思念飞向远方。

图13-3　生成关键词

STEP 03 得到英文：对生成的关键词进行适当修改，并通过百度翻译转换为英文，如图 13-4 所示。

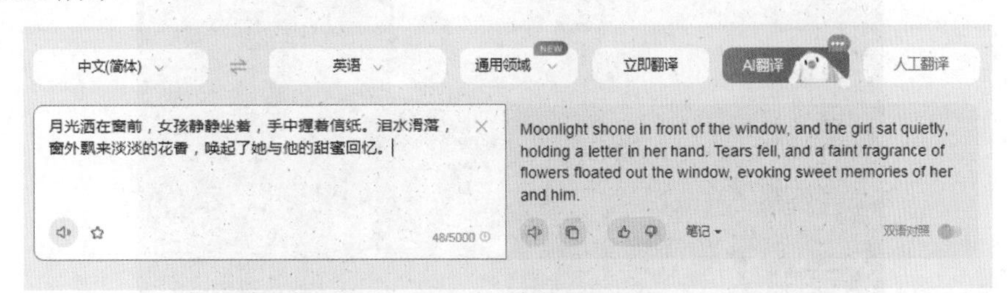
中文(简体)
英语
NEW
通用领域
立即翻译
AI翻译
人工翻译
月光洒在窗前，女孩静静坐着，手中握着信纸。泪水滑落，窗外飘来淡淡的花香，唤起了她与他的甜蜜回忆。
48/5000
Moonlight shone in front of the window, and the girl sat quietly, holding a letter in her hand. Tears fell, and a faint fragrance of flowers floated out the window, evoking sweet memories of her and him.
笔记
双语对照

图13-4　将中文关键词翻译为英文

STEP 04 选择指令：在 Midjourney 下面的输入框中输入“/”，在弹出的上拉列表中选择 imagine 指令，如图 13-5 所示。

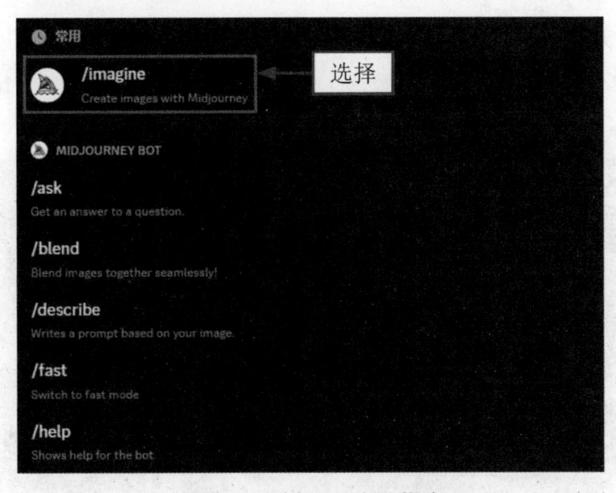
常用
/imagine
Create images with Midjourney
选择
MIDJOURNEY BOT
/ask
Get an answer to a question.
/blend
Blend images together seamlessly!
/describe
Writes a prompt based on your image.
/fast
Switch to fast mode
/help
Shows help for the bot

图13-5　选择imagine指令

STEP 05 输入关键词：通过 imagine 指令输入翻译后的英文关键词，在其中我们可以增删一些细节关键词，并在后方输入指令“--ar 4:3”，如图 13-6 所示，即可更改图片的尺寸。

STEP 06 生成图片：按 Enter 键确认，即可生成更改尺寸后的宫崎骏风格图片，如图 13-7 所示。

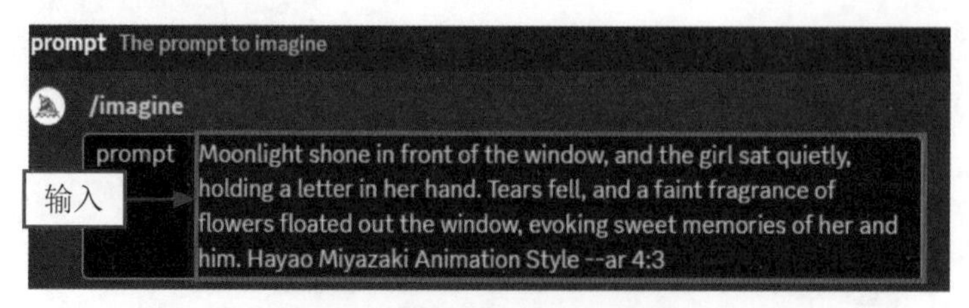
prompt The prompt to imagine
/imagine
prompt
输入
Moonlight shone in front of the window, and the girl sat quietly, holding a letter in her hand. Tears fell, and a faint fragrance of flowers floated out the window, evoking sweet memories of her and him. Hayao Miyazaki Animation Style --ar 4:3

图13-6　输入指令“--ar 4:3”

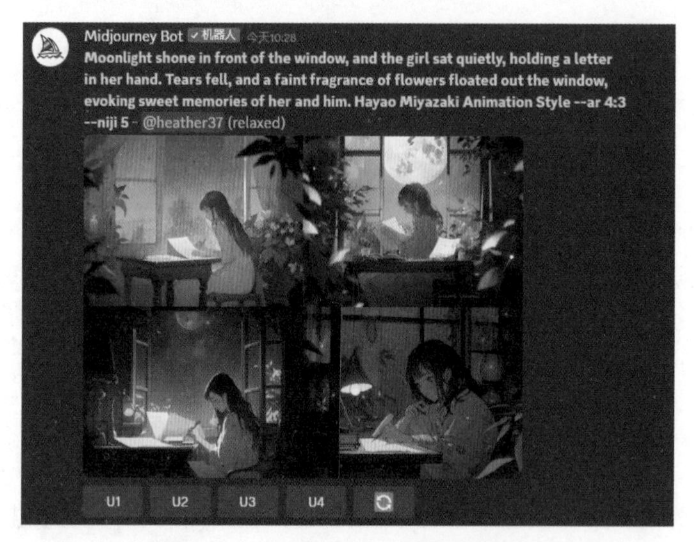
Midjourney Bot ✓机器人 今天10:28
Moonlight shone in front of the window, and the girl sat quietly, holding a letter in her hand. Tears fell, and a faint fragrance of flowers floated out the window, evoking sweet memories of her and him. Hayao Miyazaki Animation Style --ar 4:3 --niji 5 - @heather37 (relaxed)
U1
U2
U3
U4

图13-7　生成宫崎骏风格的图片效果

STEP 07 放大效果：在生成的 4 张图片中选择最合适的 1 张。这里选择第 4 张，单击 U4 按钮，如图 13-8 所示。执行操作后，Midjourney 将在第 4 张图片的基础上进行更加精细的刻画。

Midjourney Bot ✓机器人 今天10:28
Moonlight shone in front of the window, and the girl sat quietly, holding a letter in her hand. Tears fell, and a faint fragrance of flowers floated out the window, evoking sweet memories of her and him. Hayao Miyazaki Animation Style --ar 4:3 --niji 5 - @heather37 (relaxed)
单击
U1
U2
U3
U4
V1
V2
V3
V4

图13-8　单击U4按钮

专家指点

宫崎骏的作品充满了幻想和奇幻元素，他创造了许多独特的生物、场景和概念，这些元素在他的动画中呈现出独特的艺术风格。除了充满幻想以外，宫崎骏的动画作品也十分注重真实感和生动性，动画中的角色和情节往往具有深刻的情感和现实性。

STEP 08 进行修改：如果还需要对图片进行细致修改，可以单击 Vary（Strong）按钮，如图 13-9 所示。

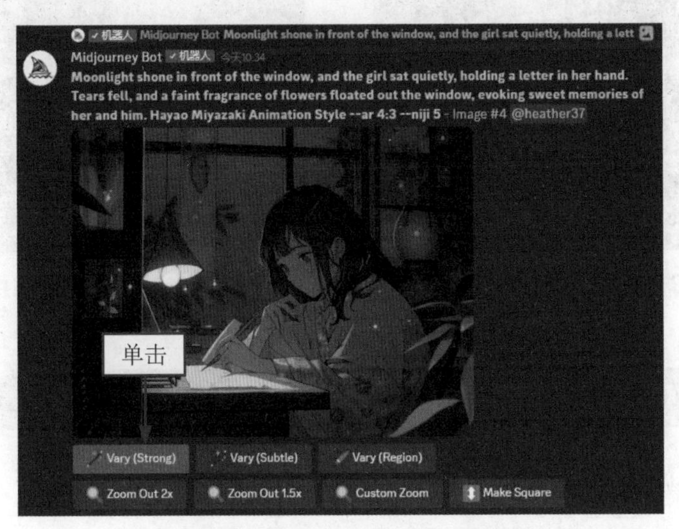
Midjourney Bot
Moonlight shone in front of the window, and the girl sat quietly, holding a letter in her hand. Tears fell, and a faint fragrance of flowers floated out the window, evoking sweet memories of her and him. Hayao Miyazaki Animation Style --ar 4:3 --niji 5 - Image #4 @heather37
单击
Vary (Strong)
Vary (Subtle)
Vary (Region)
Zoom Out 2x
Zoom Out 1.5x
Custom Zoom
Make Square

图13-9　单击Vary（Strong）按钮

STEP 09 弹出提示：执行上一步操作后，弹出 Remix Prompt 对话框，如图 13-10 所示。

STEP 10 修改细节：适当修改其中的某个关键词，如将“letter”（信件）改为“pen”（钢笔），如图 13-11 所示。

Remix Prompt
该表单将提交至 Midjourney Bot。请勿分享密码和其他任何敏感信息。
NEW PROMPT FOR IMAGE #1
Moonlight shone in front of the window, and the girl sat quietly, holding a letter in her hand. Tears fell, and a faint fragrance of flowers floated out the
3748
取消
提交

图13-10　弹出相应的对话框

Remix Prompt
该表单将提交至 Midjourney Bot。请勿分享密码和其他任何敏感信息。
NEW PROMPT FOR IMAGE #1
Moonlight shone in front of the window, and the girl sat quietly, holding a pen
修改
fell,
and a faint fragrance of flowers
3751
取消
提交

图13-11　修改关键词

STEP 11 重新生成：在如图 13-11 所示的对话框中单击“提交”按钮，即可重新生成相应的图片，效果如图 13-12 所示。

STEP 12 放大效果：单击 U2 按钮，放大第 2 张图片，效果如图 13-13 所示。

Midjourney Bot Moonlight shone in front of the window, and the girl sa
Midjourney Bot
Moonlight shone in front of the window, and the girl sat quietly, holding a pen in her hand. Tears fell, and a faint fragrance of flowers floated out the window, evoking sweet memories of her and him. Hayao Miyazaki Animation Style --ar 4:3 --niji 5 - Remix by @heather37 (relaxed)
U1
U2
U3
U4
V1
V2
V3
V4

图13-12　重新生成相应的图片

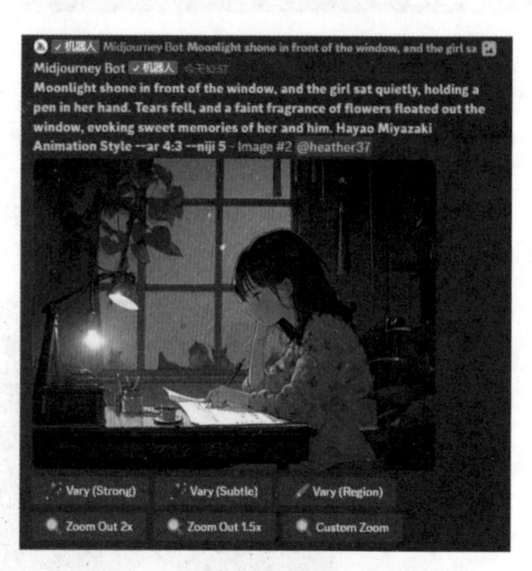
Midjourney Bot Moonlight shone in front of the window, and the girl sa
Midjourney Bot
Moonlight shone in front of the window, and the girl sat quietly, holding a pen in her hand. Tears fell, and a faint fragrance of flowers floated out the window, evoking sweet memories of her and him. Hayao Miyazaki Animation Style --ar 4:3 --niji 5 - Image #2 @heather37
Vary (Strong)
Vary (Subtle)
Vary (Region)
Zoom Out 2x
Zoom Out 1.5x
Custom Zoom

图13-13　放大第2张图片的效果

050 国风动画范例

国风动画是指以中国传统文化、历史、神话、民间故事等为题材，融入中国风格的艺术元素，创作出具有浓郁国风文化特色的动画作品。

国风动画强调中国画的审美，运用水墨画风和线条表现，打造独特的视觉效果，探讨人性、情感和价值观；音乐与声音设计通常也会融入中国传统音乐元素，增强情感共鸣，效果如图 13-14 所示。

an anime character in red dress with flame, in the style of yanjun cheng, necronomicon illustrations, radiant clusters, xu beihong, light gold and red, rotcore, fawncore --ar 3:2 --niji 5

图13-14　国风动画图片效果

在使用 AI 模型生成国风动画的效果图片时，可以尝试以下的关键词技巧。

（1）模仿经典国画的风格：在关键词中添加传统国画的绘图风格，包括线条的运用、水墨的表现、构图等。

（2）传统元素：融入中国传统的服饰、建筑、器物等元素，确保作品呈现浓厚的中国特色。

（3）情感表达：国风动画常常强调情感和人物的内心体验，通过面部表情、姿势等方式凸显角色的情感。

051 CG 动画范例

CG 动画的全称是 computer generated animation（计算机生成动画）。它是使用计算机图形学技术来创建图像、角色和场景，通过逐帧渲染和组合，实现连续的动画效果。

CG 动画可以通过精细的模型、纹理和照明效果实现高度逼真的视觉效果，创造出几乎真实的图像。利用计算机生成的技术，创作者可以在虚拟环境中自由设计和操作角色、场景和相机角度，为创意提供更大的发挥空间。效果如图 13-15 所示。

On the peaceful hills, a huge castle stands tall, with spires and
battlements towering in the blue sky. The waterfall flows gently, the
garden blooms, the knights patrol, creating a classical and romantic
fairy tale world. CG Animation Effects --ar 3:2

图13-15　CG动画图片效果

052 3D 动画范例

3D（三维）动画是一种使用计算机图形学技术创建的动画形式，通过在三维虚拟空间中创建、操控和渲染图像来产生逼真的动态效果。

与传统的 2D 动画（平面动画）不同，3D 动画在虚拟空间中可以呈现出更真实的透视、深度和立体感，使角色、物体和场景能够以三维的方式动态呈现。3D（三维）

动画效果如图 13-16 所示。

Mysterious Caves, Ancient Maps, Hidden Treasures, Fantastic
Creatures, Adventures, Sparkling Gems, Dream Chasing
Adventures, Unknown Mysteries 3D Animation --ar 4:3

图13-16　3D（三维）动画图片效果

第 14 章　插画设计指令与范例

AI 绘画可以应用于插画设计，通过 AI，各种类型的插画可以智能化生成，呈现出独特的视觉效果和审美追求，从而拓宽艺术设计领域的创作维度和带来更多的可能性。插画的风格多样，可以是写实的、卡通化的、抽象的。本章介绍几种常见的插画设计的 AI 绘画指令与范例。

053 指令应用步骤

扫码看视频

水墨画是中国传统绘画的主要形式，以水、墨绘制而成，带有文雅、层次分明的艺术特征。用户在利用 AI 技术生成水墨风格插画的时候，应注意以墨色为主要表现手段，通过墨的浓淡、干湿，笔触的轻重变化来创造丰富的层次感，深浅不一的墨色能够表现出远近、光影和形体的变化。

图 14-1 所示为水墨画风格插画，以深浅变化的墨色塑造山石质感，以流动的笔触勾勒水流。

图14-1 水墨画风格插画效果

下面以 AI 生成水墨画风格插画过程为例，介绍插画设计的指令应用操作步骤。

STEP 01 提出要求：在 ChatGPT 的输入框中输入关键词，如“你现在是一位 AI 绘画师，请提供一些生成水墨插画的指令建议”，ChatGPT 的回答如图 14-2 所示。

STEP 02 整合指令：让 ChatGPT 给出明确的 AI 绘画指令示例，在 ChatGPT 中输入“请整合上述建议，提供一幅绘制山水风景水墨插画的 AI 绘画指令示例，要求写意、传神，字数在 50 字以内”，ChatGPT 给出的回答如图 14-3 所示。

STEP 03 得到英文：让 ChatGPT 为我们提供翻译帮助，在输入框中输入“请将上述的回答翻译成英文”，随后 ChatGPT 给出英文翻译，如图 14-4 所示。

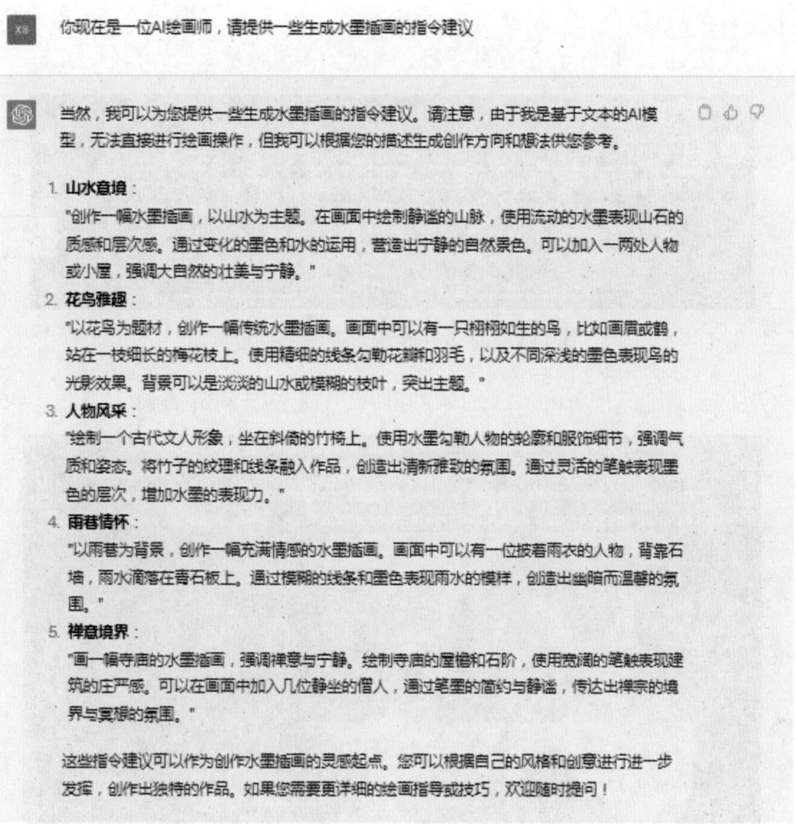

你现在是一位AI绘画师，请提供一些生成水墨插画的指令建议

当然，我可以为您提供一些生成水墨插画的指令建议。请注意，由于我是基于文本的AI模型，无法直接进行绘画操作，但我可以根据您的描述生成创作方向和想法供您参考。

1. **山水意境**：
"创作一幅水墨插画，以山水为主题。在画面中绘制静谧的山脉，使用流动的水墨表现山石的质感和层次感。通过变化的墨色和水的运用，营造出宁静的自然景色。可以加入一两处人物或小屋，强调大自然的壮美与宁静。"
2. **花鸟雅趣**：
"以花鸟为题材，创作一幅传统水墨插画。画面中可以有一只栩栩如生的鸟，比如画眉或鹤，站在一枝细长的梅花枝上。使用精细的线条勾勒花瓣和羽毛，以及不同深浅的墨色表现鸟的光影效果。背景可以是淡淡的山水或模糊的枝叶，突出主题。"
3. **人物风采**：
"绘制一个古代文人形象，坐在斜倚的竹椅上。使用水墨勾勒人物的轮廓和服饰细节，强调气质和姿态。将竹子的纹理和线条融入作品，创造出清新雅致的氛围。通过灵活的笔触表现墨色的层次，增加水墨的表现力。"
4. **雨巷情怀**：
"以雨巷为背景，创作一幅充满情感的水墨插画。画面中可以有一位披着雨衣的人物，背靠石墙，雨水滴落在青石板上。通过模糊的线条和墨色表现雨水的模样，创造出幽暗而温馨的氛围。"
5. **禅意境界**：
"画一幅寺庙的水墨插画，强调禅意与宁静。绘制寺庙的屋檐和石阶，使用宽阔的笔触表现建筑的庄严感。可以在画面中加入几位静坐的僧人，通过笔墨的简约与静谧，传达出禅宗的境界与冥想的氛围。"

这些指令建议可以作为创作水墨插画的灵感起点。您可以根据自己的风格和创意进行进一步发挥，创作出独特的作品。如果您需要更详细的绘画指导或技巧，欢迎随时提问！

图14-2　ChatGPT给出水墨插画的AI绘画指令建议

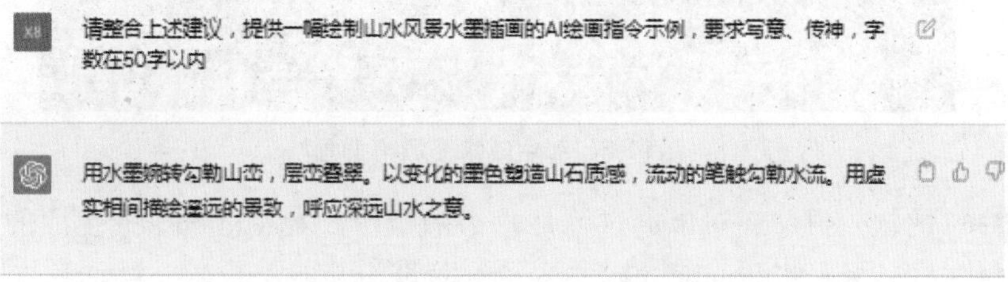

请整合上述建议，提供一幅绘制山水风景水墨插画的AI绘画指令示例，要求写意、传神，字数在50字以内

用水墨婉转勾勒山峦，层峦叠翠。以变化的墨色塑造山石质感，流动的笔触勾勒水流。用虚实相间描绘遥远的景致，呼应深远山水之意。

图14-3　ChatGPT给出的AI绘画指令示例

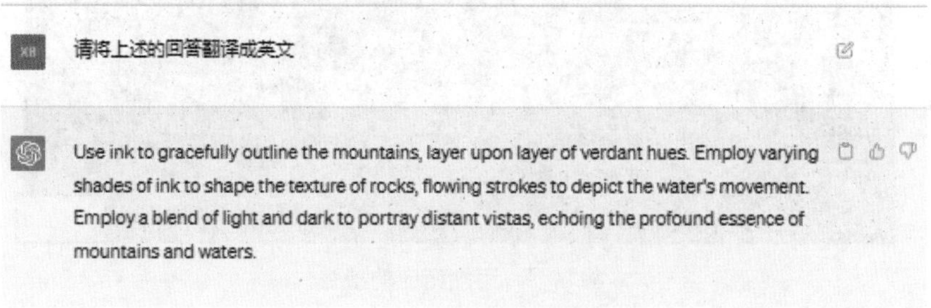

请将上述的回答翻译成英文

Use ink to gracefully outline the mountains, layer upon layer of verdant hues. Employ varying shades of ink to shape the texture of rocks, flowing strokes to depict the water's movement. Employ a blend of light and dark to portray distant vistas, echoing the profound essence of mountains and waters.

图14-4　ChatGPT给出英文翻译

STEP 04 输入关键词：在 Midjourney 中通过 imagine 指令输入 ChatGPT 提供的 AI 绘制水墨画的关键词，并进行适当的增删，如图 14-5 所示。

prompt The prompt to imagine
/imagine
prompt
Use ink to gracefully outline the mountains, layer upon layer of verdant hues. Employ varying shades of ink to shape the texture of rocks, flowing strokes to depict the water's movement. Employ a blend of light and dark to portray distant vistas, echoing the profound essence of mountains and waters.
输入

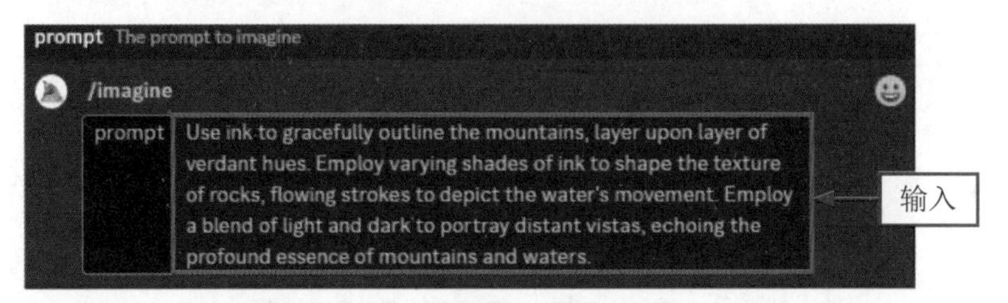

图14-5 输入AI绘制水墨画的关键词

STEP 05 生成图片：按 Enter 键确认，即可生成水墨风格插画，如图 14-6 所示。

Use ink to gracefully outline the mountains, layer upon layer of verdant hues. Employ varying shades of ink to shape the texture of rocks, flowing strokes to depict the water's movement. Employ a blend of light and dark to portray distant vistas, echoing the profound essence of mountains and waters. - @heather37 (relaxed)
U1
U2
U3
U4
V1
V2
V3
V4

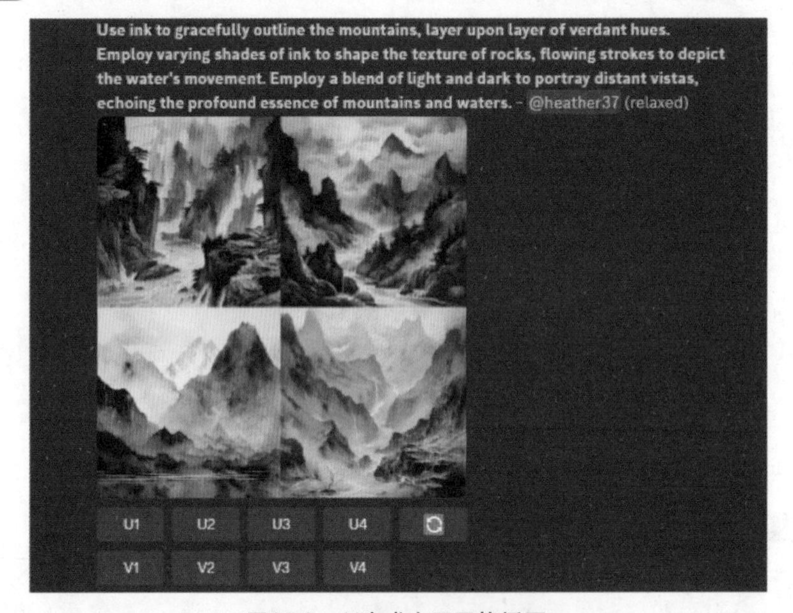

图14-6 AI生成水墨风格插画

STEP 06 优化效果：还可以通过添加指令的操作，对 Midjourney 生成的水墨插画进一步优化。例如在 Midjourney 中输入上一步的关键词，并在关键词后面添加指令“--ar 4:3 --q 2”，如图 14-7 所示，改变图像的比例和增加渲染程度。

prompt The prompt to imagine
/imagine
prompt
Use ink to gracefully outline the mountains, layer upon layer of verdant hues. Employ varying shades of ink to shape the texture of rocks, flowing strokes to depict the water's movement. Employ a blend of light and dark to portray distant vistas, echoing the profound essence of mountains and waters
--ar 4:3 --q 2
添加

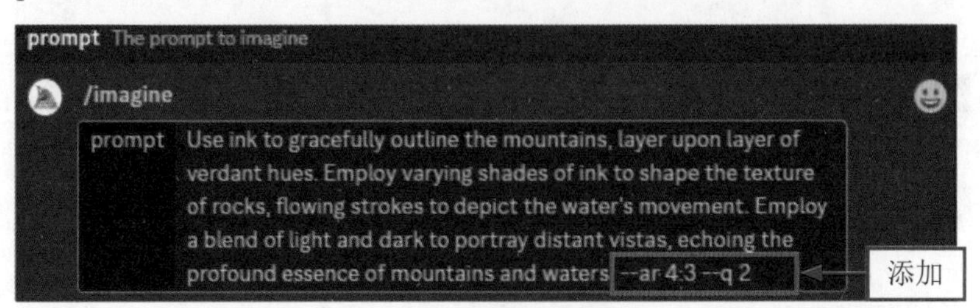

图14-7 添加相应的指令

STEP 07 生成图片：按 Enter 键确认，即可依照指令重新生成相应的插画效果，如图 14-8 所示。单击 U2 按钮，可以对图片进行放大，获取大图效果。

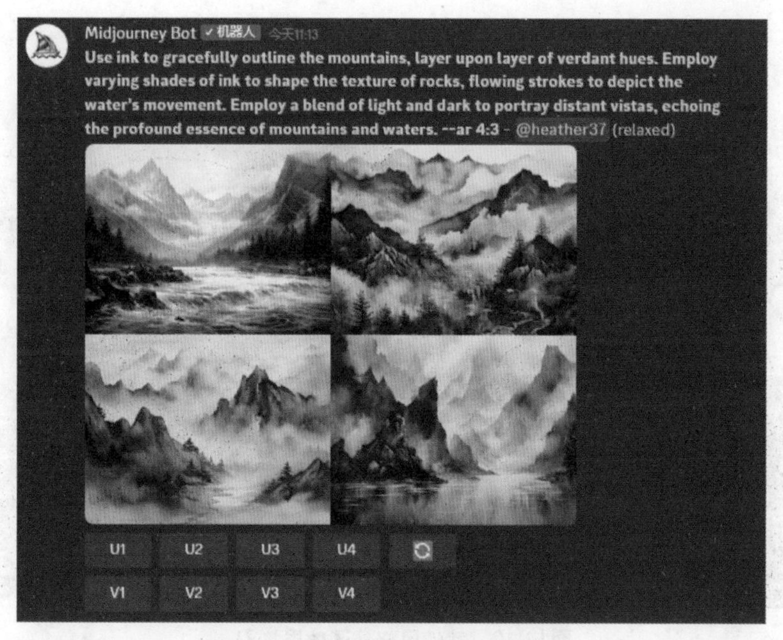
Midjourney Bot ✓机器人 今天11:13
Use ink to gracefully outline the mountains, layer upon layer of verdant hues. Employ varying shades of ink to shape the texture of rocks, flowing strokes to depict the water's movement. Employ a blend of light and dark to portray distant vistas, echoing the profound essence of mountains and waters. --ar 4:3 - @heather37 (relaxed)
U1
U2
U3
U4
V1
V2
V3
V4

图14-8　重新生成相应的插画效果

054 武侠风格插画范例

武侠风格插画是一种以古代武侠小说为灵感，呈现内功高强、剑术高明、英雄豪情等元素的艺术作品。这种风格通常用来描绘剑客、侠客、武士等角色在古代江湖中的冒险、战斗和情感，如图 14-9 所示。

two samurai fighting with swords in the dust, Ink Painting Style, in the style of dark gray and green, nightcore, li shuxing, water and land fusion, wild brushstrokes, uhd image, i can't believe how beautiful this is --ar 125:55 --niji 5

图14-9　武侠风格插画效果（1）

武侠风格的插画作品中常描绘武侠角色施展绝技和高难度的武功动作，插画强调动态感和角色的力量感。

在使用 AI 生成这种风格的插画时，可以添加关键词“martial arts, ink painting,

swordsman, ancient style”（大意为：武侠，水墨，侠客，古风），使插画的效果更加出色，如图 14-10 所示。

a man riding waves and wearing a black jacket with one eye,
martial arts, ink painting style, in the style of kawacy,
mythology-inspired, serene faces, zen-inspired, light blue
and red, heavy use of palette knives, historical genre --niji 5

图14-10　武侠风格插画效果（2）

055 工笔画风格插画范例

工笔画风格插画是一种受到传统中国工笔画艺术影响的创作风格，强调精细的线条和细腻的色彩，常常用于描绘人物、花卉、鸟兽等主题。这种风格要求描绘准确、细致，注重对事物的精细观察和刻画，如图 14-11 所示。

peach blossom, soft illumination, claborate-style painting ,
watercolor, ohara koson style, traditional chinese Ink painting
--ar 16:9

图14-11　工笔画风格插画效果（1）

工笔画风格强调细节的描绘，可以看到画面中的微小元素。在使用 AI 生成这种风格的插画时，可以添加关键词“Fine brushwork, watercolor, traditional painting”（大意为：工笔画，水彩，传统绘画），使插画的效果更加出色，如图 14-12 所示。

otus, soft illumination, claborate-style painting，watercolor, ohara
koson style, traditional chinese Ink painting Fine brushwork,
watercolor, traditional painting --ar 16:9

图14-12　工笔画风格插画效果（2）

工笔画风格插画在艺术和设计中有独特的地位，可以传达细腻、精致的感觉，同时也体现了对传统文化的尊重和创新。这种风格需要插画师具备绘画的精湛技巧和对细节的敏感观察力。如今使用 AI 绘画工具可以快速绘制工笔画风格插画，大大减少了人力资源。

056 国潮风格插画范例

国潮风格插画是指具有浓厚中国元素和现代风格的插画艺术作品，强调传统文化与当代审美的融合，通过描绘生动的情感和场景，让观众感受到浓厚的情感共鸣。国潮风格插画常常采用传统的题材、符号、图案等元素，通过现代的绘画技巧和表现手法进行重新演绎，创造出独特的视觉效果，如图 14-13 所示。

tibetan lion in the clouds art digital art, in the style of graffiti-
inspired illustrations, fantastic grotesque, unique yokai
illustrations, inventive character designs, gray and brown,
vibrant murals, figura serpentinata --ar 3:4

图14-13　国潮风格插画效果（1）

国潮风格的插画作品通常采用饱和度较高的颜色，使作品充满活力和吸引力，如图 14-14 所示。

tibetan lion in the clouds art digital art, in the style of
graffiti-inspired illustrations, fantastic grotesque, unique
yokai illustrations, inventive character designs, gray and
brown, vibrant murals, figura serpentinata --ar 3:4 --niji 5

图14-14　国潮风格插画效果（2）

第 15 章 游戏设计指令与范例

在游戏开发的过程中，AI 绘画可以起到生成游戏角色、场景特效、物品道具、3D 美术设计等作用，从而帮助游戏开发人员提高工作效率，并为其提供更多的创作灵感，本章介绍几种常见的游戏设计的 AI 绘画指令与范例。

057 指令应用步骤

扫码看视频

角色原画是指在游戏策划中对游戏角色进行设计，包括角色属性、配饰、服装等。一般情况下，角色原画的设计人员需要熟练掌握修图软件、计算机绘图语言、色彩原理、光影知识等，而运用 AI 绘画工具可以快速生成角色原画，从而降低设计人员的工作难度。

图 15-1 所示为用 AI 绘制的游戏角色原画。借助 AI 绘画工具，能够设计出游戏角色的外貌、衣着、配饰以及性格等，从角色蓬松的黑发到蓝色眼睛等细节，都能够通过 AI 进行角色设计。

图15-1　AI绘制的游戏角色原画设计效果

下面以 AI 生成角色原画图片过程为例，介绍游戏设计的指令应用操作步骤。

STEP 01 提出要求：在 ChatGPT 中输入关键词“你现在是一位 AI 绘画师，请提供一些生成角色原画的指令建议”，稍等片刻，ChatGPT 会给出相应的回答，如图 15-2 所示。

STEP 02 整合指令：在 ChatGPT 中继续输入关键词“请整合上述建议，提供一个角色原画的 AI 绘画指令示例，字数在 50 字以内”，ChatGPT 给出的回答如图 15-3 所示。

STEP 03 得到英文：让 ChatGPT 为我们提供翻译帮助，在输入框中输入“请翻译为英文”，ChatGPT 给出的回答如图 15-4 所示。

你现在是一位AI绘画师，请提供一些生成角色原画的指令建议

当然，我会尽力帮助你生成一些角色原画的指令建议。在开始创作之前，你需要明确一些关于角色的细节，比如外貌特征、性格特点、背景故事等。以下是一些可能有助于你的角色原画创作的指令建议：

1. **外貌特征**：
   - 描述角色的身高、体型和肤色。
   - 指定他们的发型、发色和发质。
   - 定义他们的面部特征，比如眼睛、鼻子、嘴巴的形状。
2. **服装与装饰**：
   - 决定角色的服装风格，例如现代、古代、未来、奇幻等。
   - 描述角色穿着的衣物类型、颜色和纹理。
   - 提及配饰，如首饰、帽子、披风等。
3. **性格特点**：
   - 详细描述角色的性格，比如勇敢、温柔、坚毅、幽默等。
   - 说明角色的喜好和厌恶，以及他们在不同情境下的反应。
4. **背景故事**：
   - 提供角色的背景故事，包括他们的起源、成长经历和重要事件。
   - 描述他们的目标、愿望和挑战，以及这些因素如何影响他们的行为。
5. **环境与氛围**：
   - 决定角色所处的环境，比如城市、森林、沙漠等。
   - 描述环境的氛围和色调，以便让角色与背景融合。
6. **姿势与动作**：
   - 想象角色的姿势，是站立、坐着还是进行某种动作？
   - 如果可能，描述角色的一些典型动作，以便表现出他们的性格和特点。

图15-2　ChatGPT给出AI绘画指令建议

请整合上述建议，提供一个角色原画的AI绘画指令示例，字数在50字以内

创造一位英勇的战士，高大威武，黑色长发蓬松，蓝眼坚毅。身披古铜色重甲，护胸龙头图案，手持巨剑，站于沙漠，夕阳映照。坚定表情，准备迎接挑战。

图15-3　ChatGPT给出的AI绘画指令示例

请翻译为英文

Create a brave warrior, tall and imposing, with voluminous black hair and determined blue eyes. Adorned in antiqued bronze armor, featuring a chestplate with a dragon motif, wielding a massive sword, standing in a desert, illuminated by the sunset. A resolute expression, prepared to face challenges.

图15-4　ChatGPT提供翻译帮助

STEP 04 输入关键词：在 Midjourney 中通过 imagine 指令输入翻译后的角色原画关键词，并添加指令“--ar 9:19”，如图 15-5 所示，提出绘制图片的要求。

prompt The prompt to imagine
/imagine
prompt
Create a brave warrior, tall and imposing, with voluminous black hair and determined blue eyes. Adorned in antiqued bronze armor, featuring a chestplate with a dragon motif, wielding a massive sword, standing in a desert, illuminated by the sunset. A resolute expression, prepared to face challenges. --ar 9:19
输入

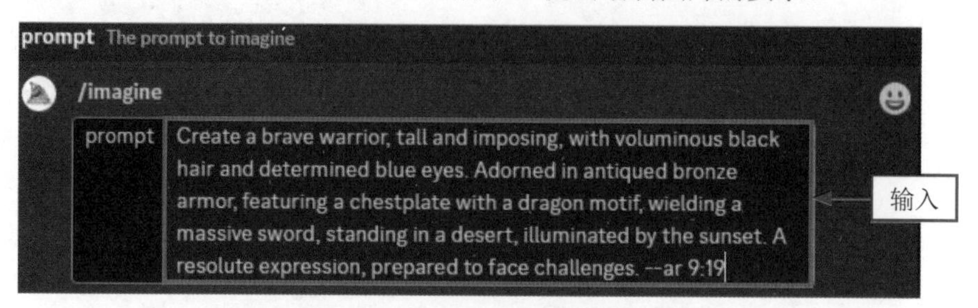

图15-5 输入角色原画关键词

STEP 05 生成图片：按 Enter 键确认，即可依照关键词生成游戏原画，如图 15-6 所示。

Create a brave warrior, tall and imposing, with voluminous black hair and determined blue eyes. Adorned in antiqued bronze armor, featuring a chestplate with a dragon motif, wielding a massive sword, standing in a desert, illuminated by the sunset. A resolute expression, prepared to face challenges. --ar 9:19 -
@heather37 (relaxed)
U1
U2
U3
U4
V1
V2
V3
V4

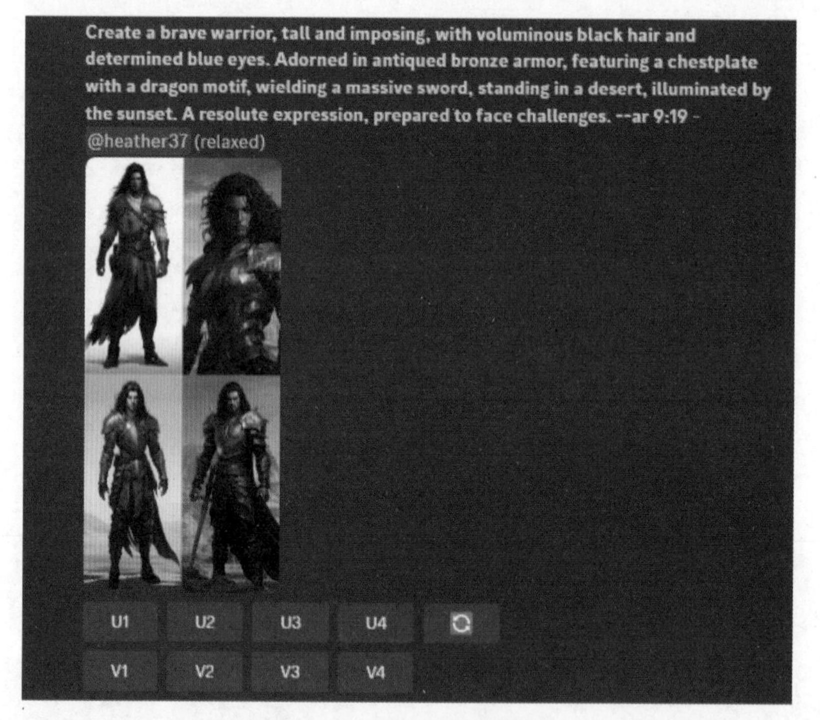

图15-6 生成的游戏原画效果

058 游戏场景设计范例

游戏场景是指游戏中的环境，包括树木、建筑、天空、道路等元素。游戏场景是游戏中不可缺少的部分，它能够使游戏玩家增加游戏体验感，增强玩游戏的乐趣。在用 AI 绘制游戏场景时，可以使用深度、纹理和颜色来创造视觉层次感，使场景更具有立体感和细节，效果如图 15-7 所示。

Ancient magical library, soaring spires with amber-stained glass
windows reflecting starlight. The scent of ancient scrolls wafts from
shelves, candlelight dancing on pages as the elderly librarian walks
serenely --ar 4:3

图15-7　游戏场景效果

059 游戏道具设计范例

游戏道具是指在游戏中用于辅助游戏通关的器具，包括游戏角色的武器和游戏场景中的物品。运用 AI 设计游戏道具，可以使用深度、纹理和颜色来创造视觉层次感，使场景更具有立体感和细节，效果如图 15-8 所示。

A gemstone that shimmers with colors resembling fire, water droplets,
storms, and earth. Players can embed it into their weapons, bestowing
their weapons with the power of the corresponding element, causing
attacks to deal elemental damage --ar 3:2

图15-8　游戏道具效果

060 游戏特效设计范例

游戏特效（game effects）是指游戏中用来增强视觉和听觉体验的感官元素。游戏特效可以通过图形、动画、声音等方式来呈现，它能够使游戏玩家更加沉浸于游戏世界，增加游戏的代入感。下面介绍两种游戏特效。

1．粒子特效

粒子特效（particle effects）是一种通过模拟大量微小的图像元素（粒子）来呈现自然现象和动态效果的特效种类。使用粒子模拟自然现象，如火焰、烟雾、雨、雪等。粒子特效能够创造出华丽的画面，使游戏场景更加生动，效果如图 15-9 所示。

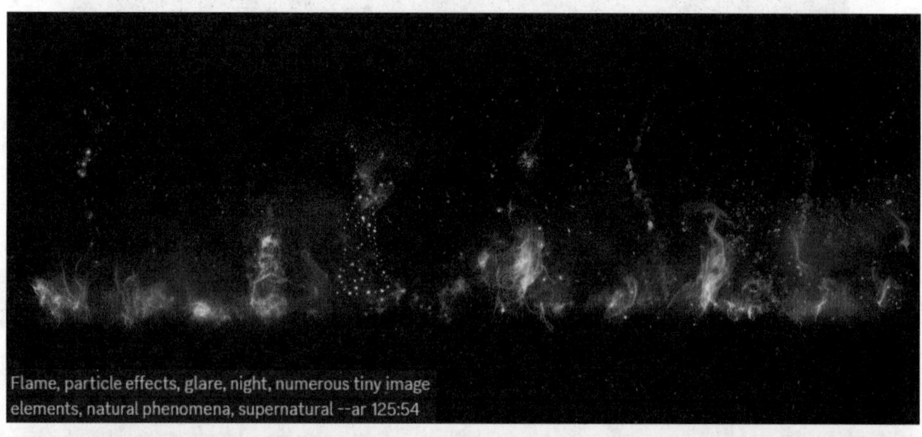
Flame, particle effects, glare, night, numerous tiny image elements, natural phenomena, supernatural --ar 125:54

Lightning, emitters, particle effects, explosions, gravity effects, collisions, numerous small image elements, natural phenomena --ar 16:9

图15-9 粒子特效效果

2．光影特效

光影特效（lighting effects）是一种通过调整光照、阴影和材质属性的特效种类，营造出不同的氛围和情感，例如强烈的光束、晨昏光线、动态天气变化等。光影特效可以使游戏画面更加真实、生动，并且可以改变场景的整体外观，效果如图 15-10 所示。

Game scenes, sunlight, light and shadow effects,
shadows, reflected light --ar 4:3

图15-10 光影特效效果

第 16 章　艺术风格绘画指令与范例

AI 绘画中的艺术风格是指用户在通过 AI 绘画工具生成图片时，所表现出来的美学风格和个人创造性；它通常涵盖了构图、光线、色彩、题材、处理技巧等多种因素，以体现作品的独特视觉语言和作者的审美追求。本章介绍几种不同艺术风格作品的 AI 绘画指令与范例。

061 指令应用步骤

扫码看视频

印象主义（impressionism）是一种强调情感表达和氛围感受的艺术风格，通常选择柔和、温暖的色彩和光线，在构图时注重景深和镜头虚化等视觉效果，以创造出柔和、流动的画面感，从而传递给观众特定的氛围和情绪。

图16-1所示为印象主义风格的AI绘画作品，田野上方的天空用厚重的油彩涂抹，混乱的色彩和天边的黄昏形成一种中西部哥特式风格。

图16-1　印象主义风格图片效果

下面以AI生成印象主义风格图片过程为例，介绍不同艺术风格作品的指令应用操作步骤。

STEP 01 选择指令：在Midjourney下面的输入框中输入“/”，在弹出的上拉列表中选择imagine指令，如图16-2所示。

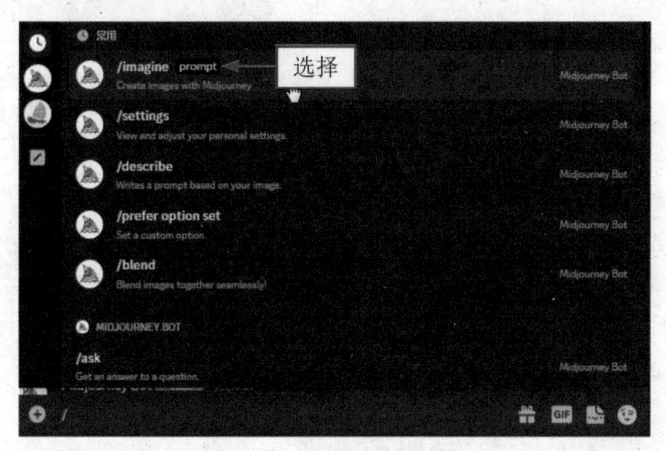

图16-2　选择imagine指令

STEP 02 输入关键词：在Midjourney中调用imagine指令，输入初始的英文关键词，如图16-3所示。

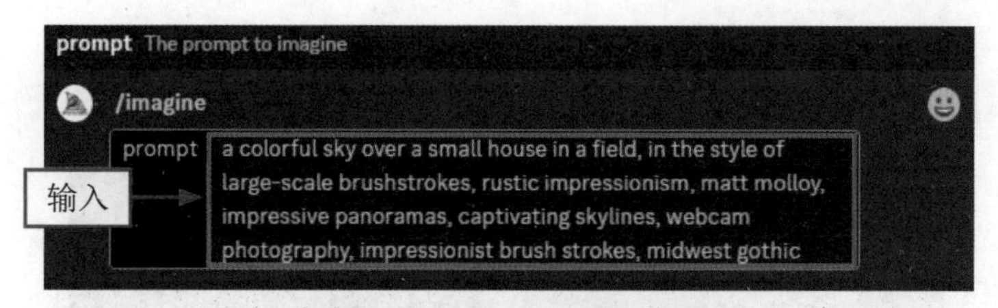
prompt The prompt to imagine
/imagine
prompt
a colorful sky over a small house in a field, in the style of large-scale brushstrokes, rustic impressionism, matt molloy, impressive panoramas, captivating skylines, webcam photography, impressionist brush strokes, midwest gothic
输入

图16-3　输入相应的关键词

STEP 03 生成图片：按 Enter 键确认，即可生成初步的图片效果，如图 16-4 所示。

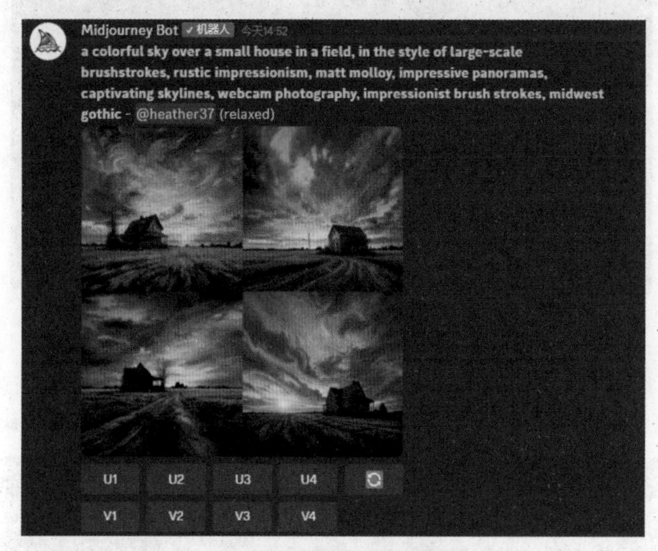
Midjourney Bot ✓机器人 今天14:52
a colorful sky over a small house in a field, in the style of large-scale brushstrokes, rustic impressionism, matt molloy, impressive panoramas, captivating skylines, webcam photography, impressionist brush strokes, midwest gothic - @heather37 (relaxed)
U1 U2 U3 U4
V1 V2 V3 V4

图16-4　初步的图片效果

STEP 04 调整质量：通过 imagine 指令输入上一步骤的关键词，并添加指令“--quality 1”（质量 1），按 Enter 键确认。添加 quality 值后的图片效果如图 16-5 所示。

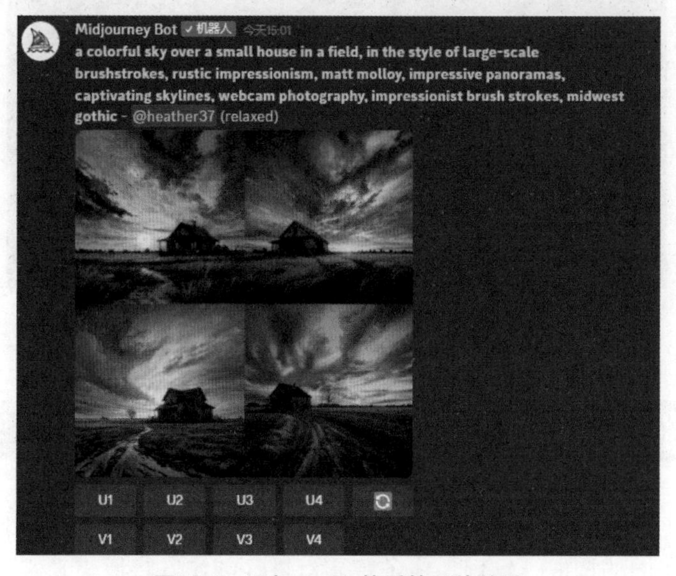
Midjourney Bot ✓机器人 今天15:01
a colorful sky over a small house in a field, in the style of large-scale brushstrokes, rustic impressionism, matt molloy, impressive panoramas, captivating skylines, webcam photography, impressionist brush strokes, midwest gothic - @heather37 (relaxed)
U1 U2 U3 U4
V1 V2 V3 V4

图16-5　添加quality值后的图片效果

STEP 05 更改混乱值：通过 imagine 指令输入上一步骤的关键词，并添加指令“--chaos 50”（混乱 50），按 Enter 键确认。增加混乱值后的图片效果如图 16-6 所示。

a colorful sky over a small house in a field, in the style of large-scale brushstrokes, rustic impressionism, matt molloy, impressive panoramas, captivating skylines, webcam photography, impressionist brush strokes, midwest gothic --chaos 50 - @heather37 (relaxed)
U1
U2
U3
U4

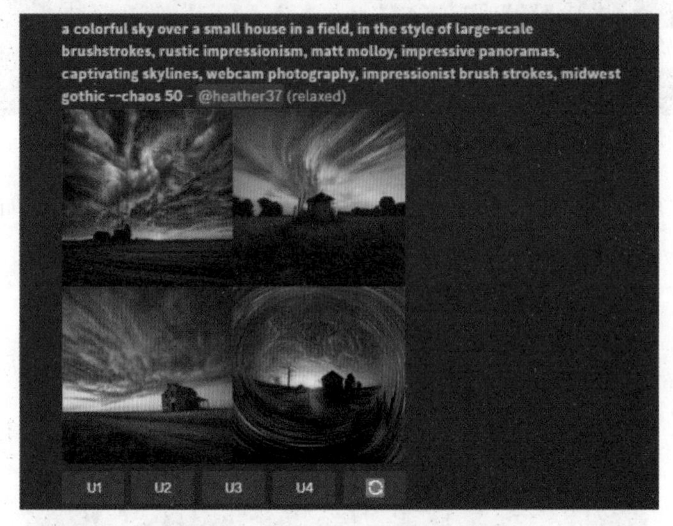

图16-6 增加混乱值后的图片效果

STEP 06 设置比例：在 Midjourney 中通过 imagine 指令输入上一步骤的关键词，并添加指令“--ar 16:9”，按 Enter 键确认。设置画面比例后的图片效果如图 16-7 所示。

a colorful sky over a small house in a field, in the style of large-scale brushstrokes, rustic impressionism, matt molloy, impressive panoramas, captivating skylines, webcam photography, impressionist brush strokes, midwest gothic --chaos 50 --ar 16:9 - @heather37 (relaxed)
U1
U2
U3
U4
V1
V2
V3
V4

图16-7 设置画面比例后的图片效果

062 抽象主义风格范例

抽象主义（abstractionism）是一种以形式、色彩为重点的绘画艺术风格，通过结合主体对象和环境中的构成、纹理、线条等元素进行创作，将原来真实的景象转化为抽象的图像，传达出一种突破传统审美习惯的审美挑战，效果如图 16-8 所示。

a reflection of trees on water, with bright sunset lights in the background, abstractionism, in the style of kaleidoscopic, in the style of graphic symmetry, vibrant colors, flickr, photographic weavings, appropriated images, i can't believe how beautiful this is, graphic and symmetrical --ar 3:2

图16-8　抽象主义风格图片效果

在 AI 绘画中，抽象主义风格的关键词包括：鲜艳的色彩（vibrant colors）、几何形状（geometric shapes）、抽象图案（abstract patterns）、运动和流动（motion and flow）、纹理和层次（texture and layering）。

063　极简主义风格范例

极简主义（minimalism）是一种强调简洁、减少冗余元素的绘画艺术风格，旨在通过精简的形式和结构来表现事物的本质和内在联系，在视觉上追求简约、干净和平静，让画面更加简洁而具有力量感，效果如图 16-9 所示。

photograph shows one rocks in the water, in the style of ethereal minimalism, uhd image, sony alpha a1, ethereal landscape, subtle colours, soothing landscapes, soft atmospheric scenes --ar 3:2

图16-9　极简主义风格图片效果

在 AI 绘画中，极简主义风格的关键词包括：简单（simple）、简洁的线条（clean lines）、极简色彩（minimalist colors）、负空间（negative space）、极简静物（minimal still life）。

064 超现实主义风格范例

超现实主义（surrealism）是指一种挑战常规的艺术风格，追求超越现实，呈现出理性和逻辑之外的景象和感受，效果如图 16-10 所示。超现实主义风格倡导表达非显而易见的想象和情感，强调表现作者的心灵世界和审美态度。

a light sphere in the water, a woman in dark water, in the style of
projection mapping, graceful forms, light white and silver, god rays, in
the style of dreamlike, curved mirrors, backlight, surrealism --ar 16:9

图16-10　超现实主义风格图片效果

在 AI 绘画中，超现实主义风格的关键词包括：梦幻般的（dreamlike）、超现实的风景（surreal landscape）、神秘的生物（mysterious creatures）、扭曲的现实（distorted reality）、超现实的静态物体（surreal still objects）。

◎ 专家指点

超现实主义风格不拘泥于客观存在的对象和形式，而是试图反映人物的内在感受和情绪状态。这类 AI 作品能够为观众带来前所未有的视觉冲击力。

第 17 章　国画作品绘画指令与范例

国画有许多不同的画风和流派，包括工笔、写意、泼墨、山水、花鸟等，每种风格都有其独特的特点和技巧。国画不仅是艺术表现，还具有深刻的文化意义。在使用 AI 绘制国画作品时，了解国画的基本技巧和风格十分重要，这包括了解传统主题、笔法、线条和构图等。本章介绍几种常见的国画作品的 AI 绘画指令与范例。

065 指令应用步骤

扫码看视频

山水画是中国国画中最著名的类型之一，通常以自然景观为主题，如山脉、河流、湖泊和植物，这种类型的画作强调表现自然界的宏伟和壮丽。

图 17-1 所示为用 AI 绘制的山水画作品，运用了国画传统的水墨笔触，勾勒出渐变的天色和层层山峦，营造出宁静和谐的氛围。

图17-1　AI绘制的山水画图片效果

下面以 AI 生成山水画图片过程为例，介绍国画作品的指令应用操作步骤。

STEP 01 提出问题：在 ChatGPT 中输入关键词“假如你是一位 AI 绘画师，请为我提供一段山水画 AI 绘画指令”，ChatGPT 的回答如图 17-2 所示。

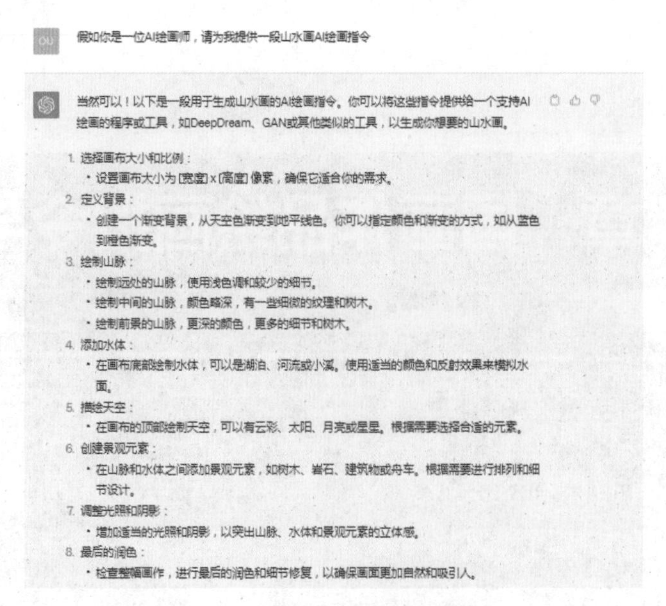

假如你是一位AI绘画师，请为我提供一段山水画AI绘画指令

当然可以！以下是一段用于生成山水画的AI绘画指令。你可以将这些指令提供给一个支持AI绘画的程序或工具，如DeepDream、GAN或其他类似的工具，以生成你想要的山水画。

1. 选择画布大小和比例：
   - 设置画布大小为 [宽度] x [高度] 像素，确保它适合你的需求。
2. 定义背景：
   - 创建一个渐变背景，从天空色渐变到地平线色。你可以指定颜色和渐变的方式，如从蓝色到橙色渐变。
3. 绘制山脉：
   - 绘制远处的山脉，使用浅色调和较少的细节。
   - 绘制中间的山脉，颜色略深，有一些细微的纹理和树木。
   - 绘制前景的山脉，更深的颜色，更多的细节和树木。
4. 添加水体：
   - 在画布底部绘制水体，可以是湖泊、河流或小溪。使用适当的颜色和反射效果来模拟水面。
5. 描绘天空：
   - 在画布的顶部绘制天空，可以有云彩、太阳、月亮或星星。根据需要选择合适的元素。
6. 创建景观元素：
   - 在山脉和水体之间添加景观元素，如树木、岩石、建筑物或舟车。根据需要进行排列和细节设计。
7. 调整光照和阴影：
   - 增加适当的光照和阴影，以突出山脉、水体和景观元素的立体感。
8. 最后的润色：
   - 检查整幅画作，进行最后的润色和细节修复，以确保画面更加自然和吸引人。

图17-2　ChatGPT生成的相关回答

STEP 02 提出要求：继续在 ChatGPT 中输入关键词“请整合上述建议，为我提供一段山水画的 AI 绘画指令，40 字左右”，ChatGPT 的回答如图 17-3 所示。

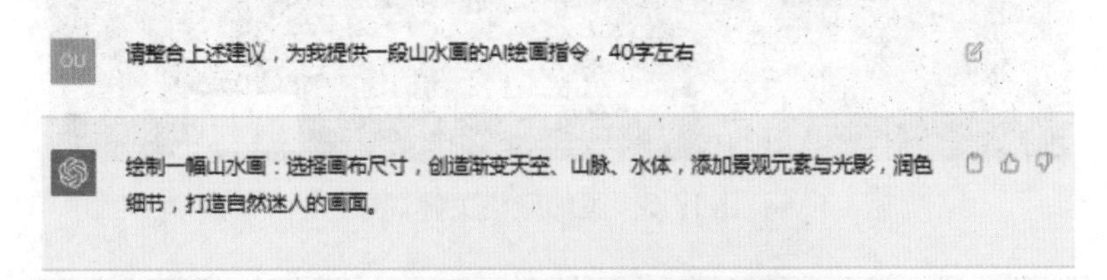
OU
请整合上述建议，为我提供一段山水画的AI绘画指令，40字左右
绘制一幅山水画：选择画布尺寸，创造渐变天空、山脉、水体，添加景观元素与光影，润色细节，打造自然迷人的画面。

图17-3　得到ChatGPT提供的关键词

STEP 03 得到英文：在 ChatGPT 中输入关键词“请翻译为英文”，ChatGPT 即可将前面生成的关键词翻译为英文，如图 17-4 所示。

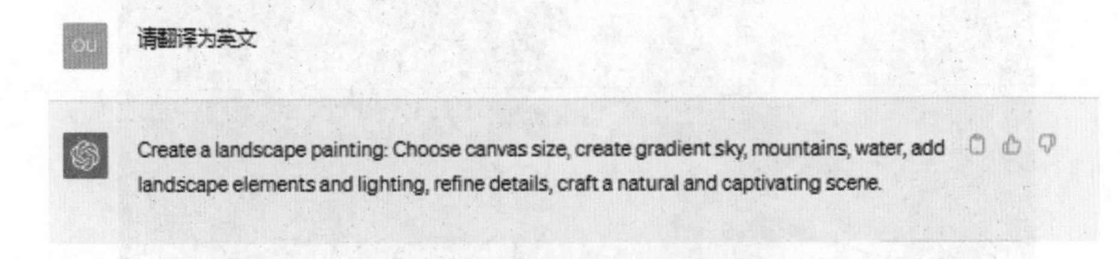
OU
请翻译为英文
Create a landscape painting: Choose canvas size, create gradient sky, mountains, water, add landscape elements and lighting, refine details, craft a natural and captivating scene.

图17-4　将关键词翻译成英文

STEP 04 选择指令：在 Midjourney 下面的输入框中输入“/”，在弹出的上拉列表中选择 imagine 指令，如图 17-5 所示。

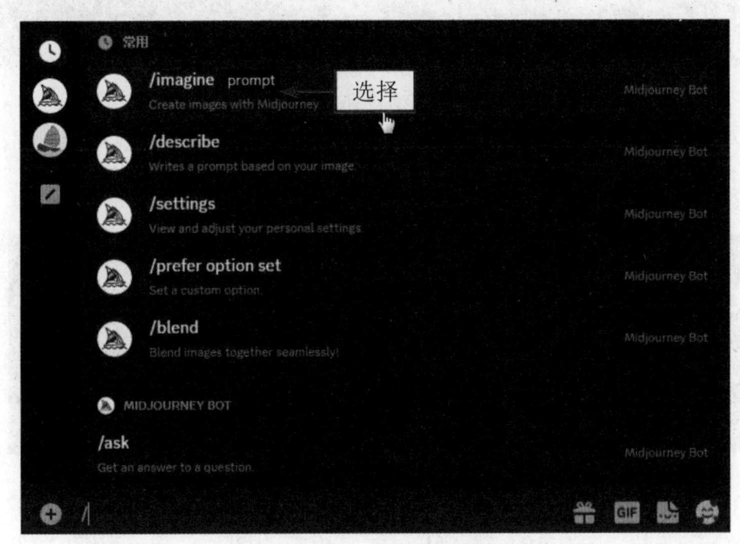
常用
/imagine prompt
Create images with Midjourney
选择
Midjourney Bot
/describe
Writes a prompt based on your image.
Midjourney Bot
/settings
View and adjust your personal settings.
Midjourney Bot
/prefer option set
Set a custom option.
Midjourney Bot
/blend
Blend images together seamlessly!
Midjourney Bot
MIDJOURNEY BOT
/ask
Get an answer to a question.
Midjourney Bot
/
GIF

图17-5　选择imagine指令

STEP 05 添加风格：在 Midjourney 中通过 imagine 指令输入翻译好的英文关键词，并在其后面添加风格关键词“Color Ink Painting Style”（彩色水墨画风格），如图 17-6 所示。

STEP 06 生成效果：按 Enter 键确认，生成添加风格后的图片效果，如图 17-7 所示。

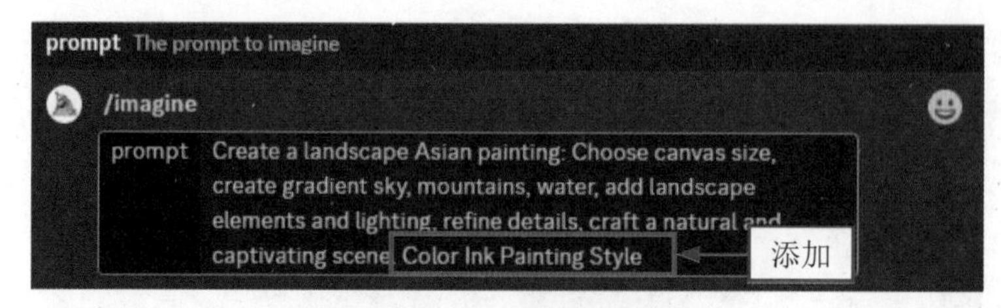
prompt The prompt to imagine
/imagine
prompt Create a landscape Asian painting: Choose canvas size, create gradient sky, mountains, water, add landscape elements and lighting, refine details, craft a natural and captivating scene Color Ink Painting Style
添加

图17-6 添加风格关键词

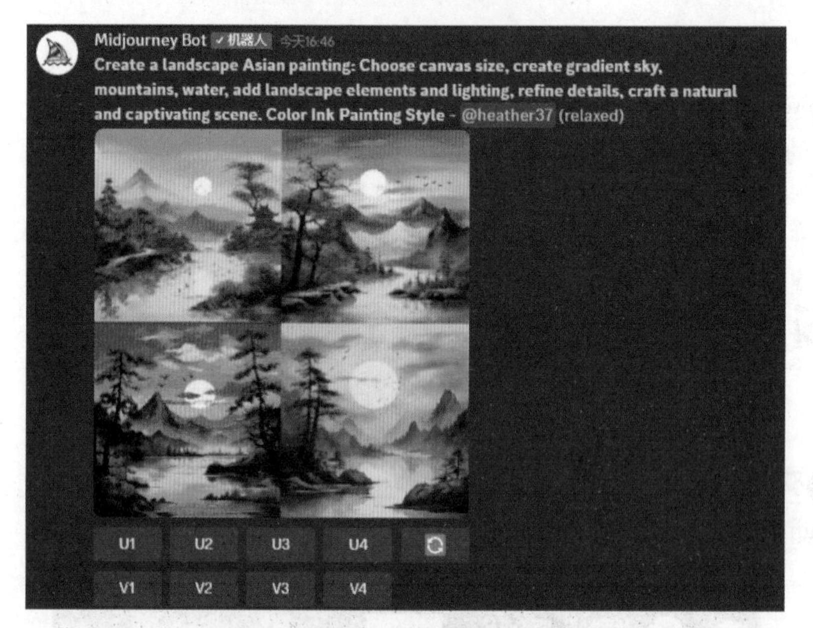
Midjourney Bot ✓机器人 今天16:46
Create a landscape Asian painting: Choose canvas size, create gradient sky, mountains, water, add landscape elements and lighting, refine details, craft a natural and captivating scene. Color Ink Painting Style - @heather37 (relaxed)
U1
U2
U3
U4
V1
V2
V3
V4

图17-7 生成添加风格后的图片效果

STEP 07 提升创造力：在 Midjourney 中通过 imagine 指令输入上一步骤的英文关键词，并继续添加指令“--s 50”，让画面更富有创造力，如图 17-8 所示。

prompt The prompt to imagine
/imagine
prompt Create a landscape Asian painting: Choose canvas size, create gradient sky, mountains, water, add landscape elements and lighting, refine details, craft a natural and captivating scene. Color Ink Painting Style --s 50
添加

图17-8 添加相应的关键词

STEP 08 生成图片：按 Enter 键确认，生成相应的图片效果，如图 17-9 所示。

STEP 09 修改尺寸：继续在上一步骤后添加指令“--ar 16:9”，调整画面的比例，按 Enter 键确认，生成相应的图片效果，如图 17-10 所示。单击 U1 按钮，放大第 1 张图片，即可得到如图 17-1 所示的最终效果。

Create a landscape Asian painting: Choose canvas size, create gradient sky, mountains, water, add landscape elements and lighting, refine details, craft a natural and captivating scene. Color Ink Painting Style --s 50 - @heather37 (relaxed)
U1
U2
U3
U4
V1
V2
V3
V4

图17-9　生成相应的图片效果

Create a landscape Asian painting: Choose canvas size, create gradient sky, mountains, water, add landscape elements and lighting, refine details, craft a natural and captivating scene. Color Ink Painting Style --s 50 --ar 16:9 - @heather37 (relaxed)
U1
U2
U3
U4
V1
V2
V3
V4

图17-10　生成相应的图片效果

066 花鸟画范例

花鸟画注重表现花卉和鸟类的美，以及它们在自然环境中的生活。这种类型的画作通常用于表达自然之美和生命之美。

花鸟画的风格可以多种多样，从工笔到写意，从细腻到大胆。在使用 AI 绘制花鸟画时，应尽量强调色彩和线条的细微变化，以展示花卉和鸟类的精细纹理，效果如图

17-11 所示。

Asian flower and bird painting, which includes a colorful peacock displaying
its beautiful feathers, as well as cherry blossom trees and tender green
bamboo blooming around it. Ensure vibrant colors, rich details, and maintain
a harmonious composition elaborate-style painting style --ar 3:2

图17-11 花鸟画图片效果

067 竹石画范例

竹石画以竹子和石头为主题，强调中国文化中的坚韧和永恒；竹子代表坚韧，石头代表永恒。在使用 AI 绘制竹石画时，应尽量保持简约、朴素的风格，强调线条的流畅和墨绿色的质感，效果如图 17-12 所示。

Asian bamboo and stone painting, with a soft ink color as the main focus, centered
around a thick and short bamboo and several smooth stones. Bamboo should
appear emerald green, while stones should be predominantly gray black,
highlighting the texture. The overall atmosphere should be peaceful, natural, and
full of Eastern charm. --ar 3:2

图17-12 竹石画图片效果

068　虫鱼画范例

虫鱼画以昆虫和鱼类为主题，强调捕捉这些生物的特质和美。虫鱼画通常会展示更多的细节，描绘出昆虫和鱼类的各种姿态和特征。

虫鱼画风格多变，可以包括写实、写意和泼墨等不同风格。在使用 AI 绘制虫鱼画时，可以通过线条和纹理来强调虫鱼的生动性，效果如图 17-13 所示。

Asian insect fish painting with light blue ink as the background. There are many small carp in the lake. When taken from above, there are several flying dragonflies and some lotus leaves around. The overall image should convey a peaceful, harmonious, and natural atmosphere --ar 3:2

图17-13　虫鱼画图片效果

第 18 章　油画作品绘画指令与范例

油画是一种使用油性颜料在画布上创造艺术图像的绘画形式，以其丰富的色彩、持久性、可塑性和艺术表现力而著称，被广泛用于绘制各种类型的艺术作品，从写实的风景到抽象地表达主题。在利用 AI 绘图工具创作油画作品时，需要注意油画作品的塑性和调性等特点。本章介绍几种不同风格的油画作品的 AI 绘画指令与范例。

069 指令应用步骤

扫码看视频

油画具有广泛的艺术表现力，艺术家可以通过油画的色彩、构图和笔触来传达喜悦、哀伤、孤独、爱情等情感。同时，不同风格的油画作品，其象征的含义也不太一样，这些作品反映了艺术家自身的见解和故事。

图 18-1 所示为用 AI 绘制的梵高风格的静物油画作品，AI 通过模仿艺术家梵高作画时的笔触，用同样的色彩搭配和构图绘制了一幅向日葵。

图18-1　AI绘制的静物油画作品效果

下面以 AI 生成静物风格的油画作品过程图片为例，介绍油画作品的指令应用操作步骤。

STEP 01 提出问题：在 ChatGPT 中输入关键词，如“你现在是一位 AI 绘画师，请提供一些生成油画风格作品的指令建议”，ChatGPT 的回答如图 18-2 所示。

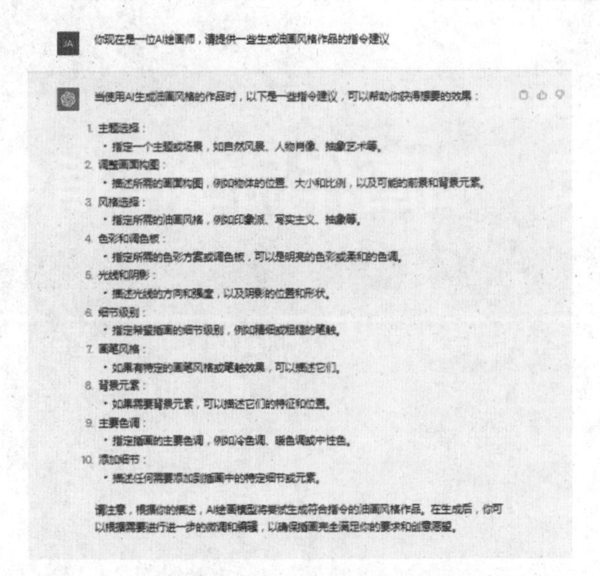
你现在是一位AI绘画师，请提供一些生成油画风格作品的指令建议
当使用AI生成油画风格的作品时，以下是一些指令建议，可以帮助你获得想要的效果：
1. 主题选择：
• 指定一个主题或场景，如自然风景、人物肖像、抽象艺术等。
2. 调整画面构图：
• 描述所需的画面构图，例如物体的位置、大小和比例，以及可能的前景和背景元素。
3. 风格选择：
• 指定所需的油画风格，例如印象派、写实主义、抽象等。
4. 色彩和调色板：
• 指定所需的色彩方案或调色板，可以是明亮的色彩或柔和的色调。
5. 光线和阴影：
• 描述光线的方向和强度，以及阴影的位置和形状。
6. 细节级别：
• 指定希望插画的细节级别，例如精细或粗糙的笔触。
7. 画笔风格：
• 如果有特定的画笔风格或笔触效果，可以描述它们。
8. 背景元素：
• 如果需要背景元素，可以描述它们的特征和位置。
9. 主要色调：
• 指定插画的主要色调，例如冷色调、暖色调或中性色。
10. 添加细节：
• 描述任何需要添加到插画中的特定细节或元素。
请注意，根据你的描述，AI绘画模型将尝试生成符合指令的油画风格作品。在生成后，你可以根据需要进行进一步的微调和编辑，以确保插画完全满足你的要求和创意愿望。

图18-2　ChatGPT给出油画风格的AI绘画指令建议

STEP 02 整合指令：让 ChatGPT 给出明确的 AI 绘画指令示例。如在 ChatGPT 的输入框中输入“请结合上述建议，提供一幅静物油画的 AI 绘画指令示例，模仿梵高的绘画风格，字数在 50 字以内”，ChatGPT 给出的 AI 绘画指令示例如图 18-3 所示。

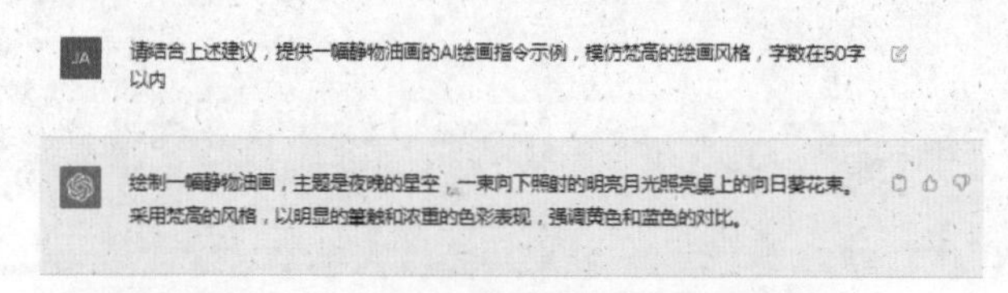
JA
请结合上述建议，提供一幅静物油画的AI绘画指令示例，模仿梵高的绘画风格，字数在50字以内
绘制一幅静物油画，主题是夜晚的星空，一束向下照射的明亮月光照亮桌上的向日葵花束。采用梵高的风格，以明显的笔触和浓重的色彩表现，强调黄色和蓝色的对比。

图18-3　ChatGPT给出的AI绘画指令建议

STEP 03 得到英文：让 ChatGPT 为我们提供翻译帮助，在其输入框中继续输入“请翻译成英文”，ChatGPT 给出英文翻译，如图 18-4 所示。

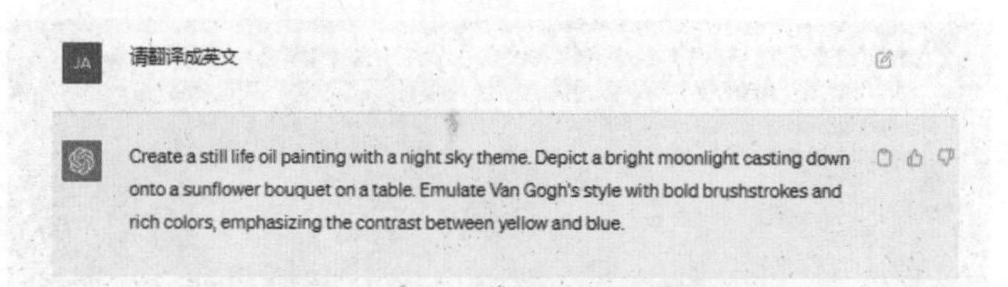
JA
请翻译成英文
Create a still life oil painting with a night sky theme. Depict a bright moonlight casting down onto a sunflower bouquet on a table. Emulate Van Gogh's style with bold brushstrokes and rich colors, emphasizing the contrast between yellow and blue.

图18-4　ChatGPT给出英文翻译

STEP 04 输入关键词：在 Midjourney 中通过 imagine 指令输入 ChatGPT 提供的 AI 绘制静物油画的关键词，如图 18-5 所示。

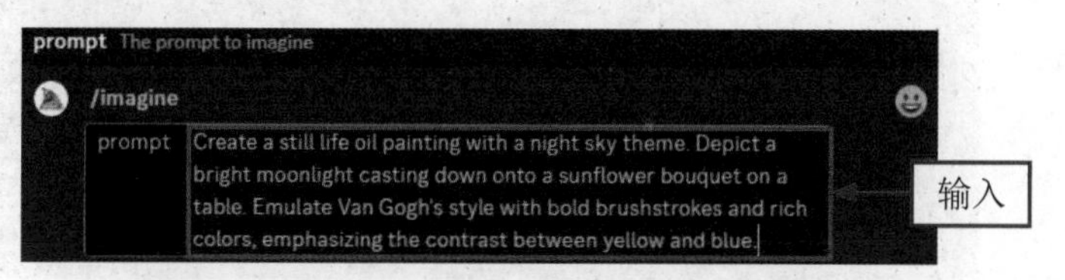
prompt The prompt to imagine
/imagine
prompt
Create a still life oil painting with a night sky theme. Depict a bright moonlight casting down onto a sunflower bouquet on a table. Emulate Van Gogh's style with bold brushstrokes and rich colors, emphasizing the contrast between yellow and blue.
输入

图18-5　输入AI绘制静物油画作品的关键词

STEP 05 生成图片：按 Enter 键确认，即可生成静物油画作品，效果如图 18-6 所示。

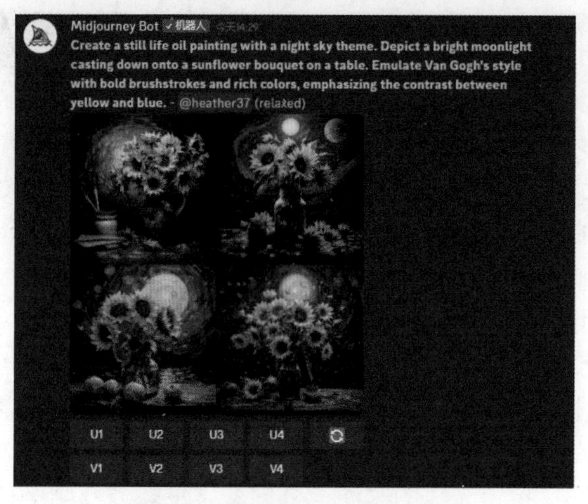
Midjourney Bot
机器人
Create a still life oil painting with a night sky theme. Depict a bright moonlight casting down onto a sunflower bouquet on a table. Emulate Van Gogh's style with bold brushstrokes and rich colors, emphasizing the contrast between yellow and blue. - @heather37 (relaxed)
U1
U2
U3
U4
V1
V2
V3
V4

图18-6　生成静物油画作品效果

STEP 06 更改尺寸：在关键词的后面添加指令“--ar 16:9”，即可改变比例，如图 18-7 所示。

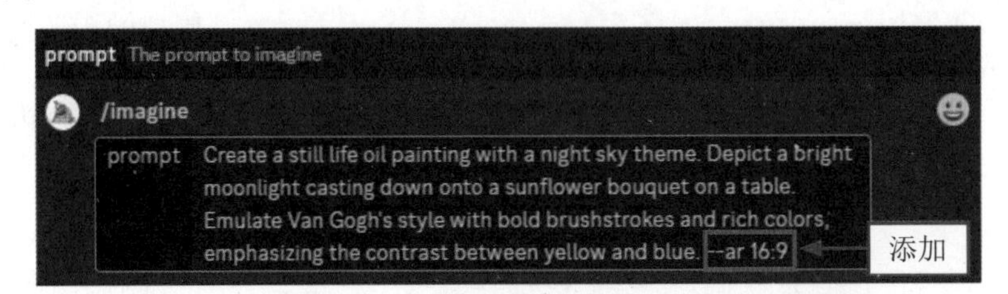
prompt The prompt to imagine
/imagine
prompt Create a still life oil painting with a night sky theme. Depict a bright moonlight casting down onto a sunflower bouquet on a table. Emulate Van Gogh's style with bold brushstrokes and rich colors, emphasizing the contrast between yellow and blue. --ar 16:9
添加

图18-7 在关键词后面添加指令

STEP 07 生成图片：按 Enter 键确认，即可按照关键词生成静物油画作品，效果如图 18-8 所示。单击 U3 按钮，放大第 3 张图片，即可得到如图 18-1 所示的最终效果。

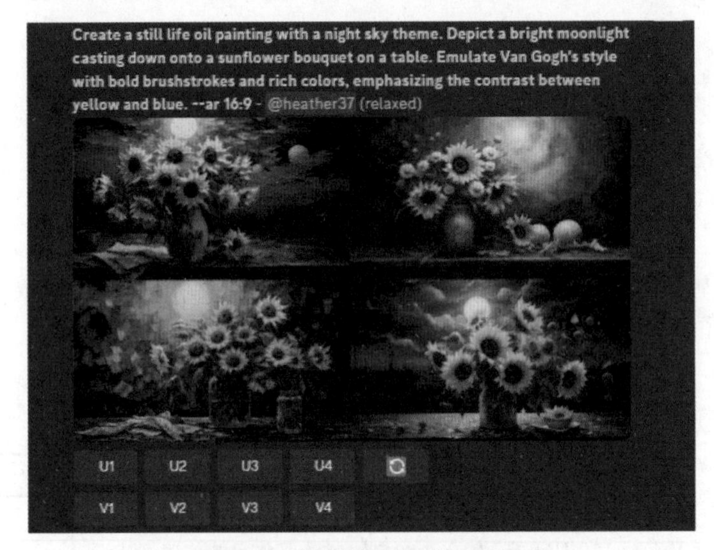
Create a still life oil painting with a night sky theme. Depict a bright moonlight casting down onto a sunflower bouquet on a table. Emulate Van Gogh's style with bold brushstrokes and rich colors, emphasizing the contrast between yellow and blue. --ar 16:9 - @heather37 (relaxed)
U1
U2
U3
U4
V1
V2
V3
V4

图18-8 生成静物油画作品效果

070 风景油画范例

风景油画是一种绘画艺术形式，主要以自然景色和环境为主题，通过油画技法来表现景色、风光、地理景观或城市风景等。这些绘画通常以户外风景或室内场景为灵感，可以包括山脉、湖泊、森林、海滨、田园、城市街景等各种元素，效果如图 18-9 所示。

风景油画最具特点的是允许艺术家使用丰富的色彩调色板，表现出风景的多样性和光影效果，这使得艺术家能够创造出富有深度和层次感的画面。

在使用 AI 模型绘制风景油画作品时，可以尝试以下的关键词选择技巧。

（1）色彩和氛围：描述所需的色彩调色板和氛围，例如明亮的夏季日光、秋天的金黄色调或宁静的夜晚景色。

（2）光线和阴影：指定光线的来源、方向和强度，以及阴影的形状和位置，这有助于创造出更加真实和生动的效果。

（3）画笔风格：描述特定的画笔风格或笔触效果。例如，梵高的浓厚油彩和明显的笔触是其标志性特点之一。

In the style of Vincent van Gogh, create a night scene, a blue starry sky as the
backdrop with a small village below, houses and a church with bright yellow stars on
their roofs, and a foreground of a wheat field with flowing golden wheat waves,
portraying the tranquility and mystery of the night. --ar 16:9

图18-9　风景油画作品效果

071 肖像油画范例

肖像油画以绘制或描绘个人或群体的肖像为主题，通常是一个或多个人物，这些人物可以是真实的人物或虚构的人物。

肖像油画旨在捕捉和表现人物的外貌、性格和情感，同时非常注重细节和精确度。艺术家努力捕捉被描绘人物的面部特征、皮肤质地、眼睛、嘴巴等细节，以呈现生动的肖像，效果如图 18-10 所示。

Create a portrait oil painting, mimicking Leonardo da Vinci's painting style. The
subject is a female standing against a natural landscape backdrop. In the
composition, the female is on the left, with hills and a lake in the background. Use
soft colors, emphasize lighting and shadows. Please highlight facial features and
intricate details of the female. Vivid colors,Bright and lively --ar 3:2

图18-10　肖像油画作品效果

在使用 AI 模型绘制肖像油画作品时，可以尝试以下的关键词选择技巧。

（1）画面构图：描述所需的画面构图，包括头部、身体、肖像的角度和位置。

（2）风格选择：指定所需的肖像油画风格，如写实主义、印象派、抽象等。

（3）肖像表情和特征：描述肖像的表情、眼睛、嘴巴、鼻子、发型等特征，以确保生成的肖像与所期望的一致。

072 抽象油画范例

抽象油画的特点是通过非具象、非传统的方式来表达艺术家的情感、观念和创意，而不是通过直接的图像或物象来传达信息。例如，画家可以使用抽象的形状、线条、颜色和纹理来构建画面，让观众去解读和感受，效果如图 18-11 所示。

Generate an abstract oil painting in the style of Picasso. The composition features vibrant colors and geometric shapes, using bright blue, red, and yellow. White circles and black lines in the background enhance contrast. Emphasize dynamic shapes and lines. --ar 3:2

图18-11　抽象油画作品效果

在使用 AI 模型绘制抽象油画作品时，可以尝试以下的关键词选择技巧。

（1）指定抽象主题：描述所需的抽象主题或概念，如情感、思想、运动或音乐等。

（2）色彩选择：指定所需的色彩调色板，可以是明亮、鲜艳的颜色，或是柔和、渐变的色调，强调特定颜色或色彩对比。

（3）形状和线条：描述所需的形状和线条元素，可以是几何形状、曲线、斑点、涂抹或笔触。

第 19 章　黑白艺术绘画指令与范例

黑白艺术，也被称为单色艺术或灰度艺术，是一种艺术形式，它主要使用黑色、白色和灰色来表现图像、绘画、摄影或其他视觉媒体。与彩色艺术相比,黑白艺术通常更加抽象和极简,因为它剥离了色彩的影响，侧重于构图、形状、对比度和光影等因素，以传达情感和思想。本章介绍几种常见的黑白艺术作品的 AI 绘画指令与范例。

073 指令应用步骤

扫码看视频

黑白艺术经常强调光影效果，通过明暗的对比来塑造物体的形状和纹理。在黑白艺术中，构图非常重要，艺术家需要精心安排元素的位置和比例，以创造视觉上的平衡和吸引力。在利用AI绘制黑白艺术作品时，要注重构图和光影，这是表现黑白艺术作品的关键。

图19-1所示为用AI绘制的以梨为主题的黑白素描作品，通过光影来绘制出梨的立体形态，展现出梨在篮子中的静物状态。

图19-1 用AI绘制的黑白素描作品效果

下面以AI生成水果黑白素描图片过程为例，介绍黑白艺术的指令应用操作步骤。

STEP 01 提出问题：在ChatGPT的输入框中输入关键词"黑白素描是什么"，ChatGPT的回答如图19-2所示。

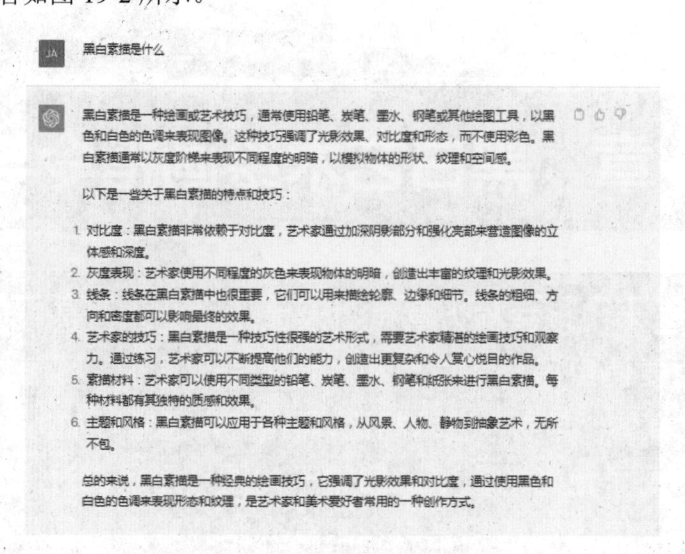
JA
黑白素描是什么
黑白素描是一种绘画或艺术技巧，通常使用铅笔、炭笔、墨水、钢笔或其他绘图工具，以黑色和白色的色调来表现图像。这种技巧强调了光影效果、对比度和形态，而不使用彩色。黑白素描通常以灰度阶梯来表现不同程度的明暗，以模拟物体的形状、纹理和空间感。
以下是一些关于黑白素描的特点和技巧：
1. 对比度：黑白素描非常依赖于对比度，艺术家通过加深阴影部分和强化亮部来营造图像的立体感和深度。
2. 灰度表现：艺术家使用不同程度的灰色来表现物体的明暗，创造出丰富的纹理和光影效果。
3. 线条：线条在黑白素描中也很重要，它们可以用来描绘轮廓、边缘和细节。线条的粗细、方向和密度都可以影响最终的效果。
4. 艺术家的技巧：黑白素描是一种技巧性很强的艺术形式，需要艺术家精湛的绘画技巧和观察力。通过练习，艺术家可以不断提高他们的能力，创造出更复杂和令人赏心悦目的作品。
5. 素描材料：艺术家可以使用不同类型的铅笔、炭笔、墨水、钢笔和纸张来进行黑白素描。每种材料都有其独特的质感和效果。
6. 主题和风格：黑白素描可以应用于各种主题和风格，从风景、人物、静物到抽象艺术，无所不包。
总的来说，黑白素描是一种经典的绘画技巧，它强调了光影效果和对比度，通过使用黑色和白色的色调来表现形态和纹理，是艺术家和美术爱好者常用的一种创作方式。

图19-2 ChatGPT生成的相关回答

STEP 02 输入要求：继续在 ChatGPT 中输入关键词“假如你是一位 AI 绘画师，请为我提供一段黑白素描的 AI 绘画指令”，ChatGPT 的回答如图 19-3 所示。

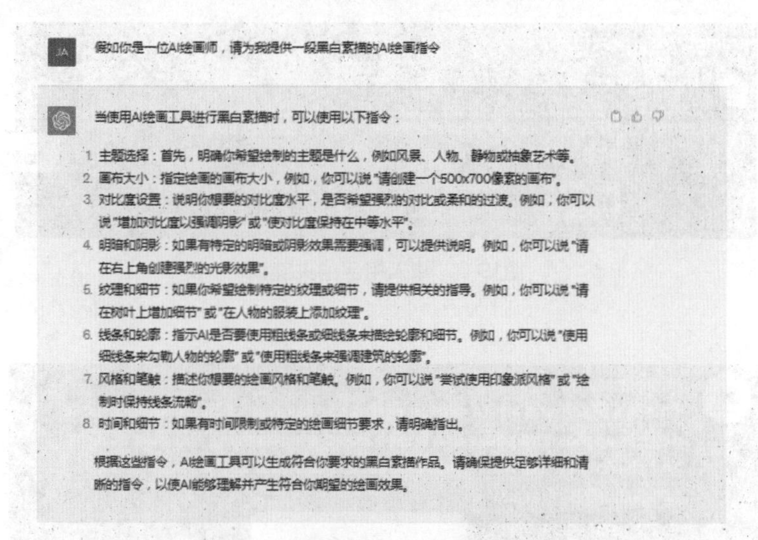
JA
假如你是一位AI绘画师，请为我提供一段黑白素描的AI绘画指令
当使用AI绘画工具进行黑白素描时，可以使用以下指令：
1. 主题选择：首先，明确你希望绘制的主题是什么，例如风景、人物、静物或抽象艺术等。
2. 画布大小：指定绘画的画布大小，例如，你可以说"请创建一个500x700像素的画布"。
3. 对比度设置：说明你想要的对比度水平，是否希望强烈的对比或柔和的过渡。例如，你可以说"增加对比度以强调阴影"或"使对比度保持在中等水平"。
4. 明暗和阴影：如果有特定的明暗或阴影效果需要强调，可以提供说明。例如，你可以说"请在右上角创建强烈的光影效果"。
5. 纹理和细节：如果你希望绘制特定的纹理或细节，请提供相关的指导。例如，你可以说"请在树叶上增加细节"或"在人物的服装上添加纹理"。
6. 线条和轮廓：指示AI是否要使用粗线条或细线条来描绘轮廓和细节。例如，你可以说"使用细线条来勾勒人物的轮廓"或"使用粗线条来强调建筑的轮廓"。
7. 风格和笔触：描述你想要的绘画风格和笔触。例如，你可以说"尝试使用印象派风格"或"绘制时保持线条流畅"。
8. 时间和细节：如果有时间限制或特定的绘画细节要求，请明确指出。
根据这些指令，AI绘画工具可以生成符合你要求的黑白素描作品。请确保提供足够详细和清晰的指令，以使AI能够理解并产生符合你期望的绘画效果。

图19-3 得到ChatGPT提供的关键词

STEP 03 整合指令：继续在 ChatGPT 中输入关键词“请根据上述 AI 指令，为我描述一幅水果黑白素描作品，30 字左右”，ChatGPT 的回答如图 19-4 所示。

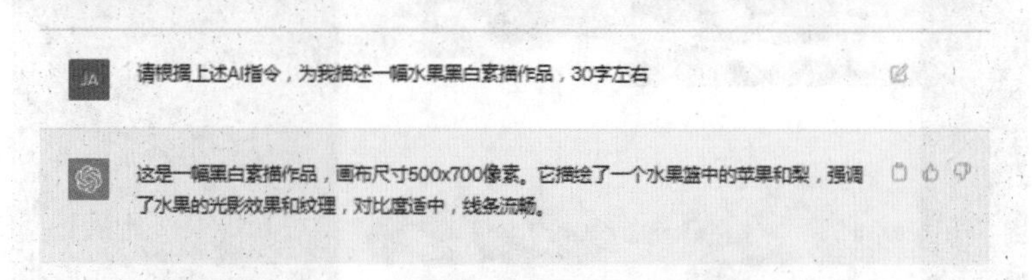
JA
请根据上述AI指令，为我描述一幅水果黑白素描作品，30字左右
这是一幅黑白素描作品，画布尺寸500x700像素。它描绘了一个水果篮中的苹果和梨，强调了水果的光影效果和纹理，对比度适中，线条流畅。

图19-4 ChatGPT生成的相关回答

STEP 04 得到英文：在 ChatGPT 中输入关键词“请翻译为英文”，ChatGPT 即可将前面生成的关键词翻译为英文，如图 19-5 所示。

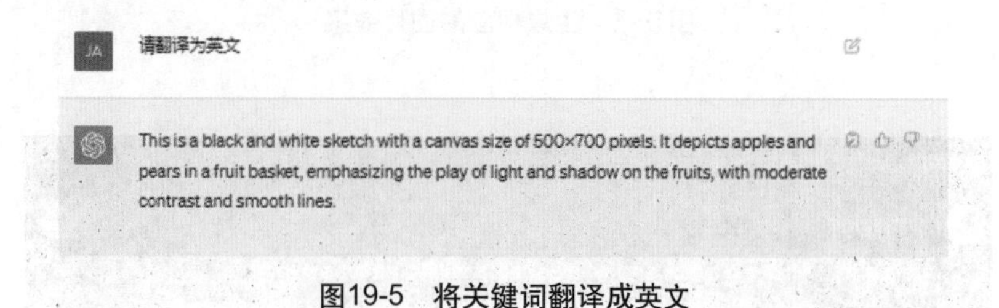
JA
请翻译为英文
This is a black and white sketch with a canvas size of 500×700 pixels. It depicts apples and pears in a fruit basket, emphasizing the play of light and shadow on the fruits, with moderate contrast and smooth lines.

图19-5 将关键词翻译成英文

STEP 05 输入关键词：在 Midjourney 中通过 imagine 指令输入翻译好的英文关键词，如图 19-6 所示。

STEP 06 生成效果：按 Enter 键确认，生成添加黑白素描的图片效果，如图 19-7 所示。

STEP 07 修改尺寸：继续添加指令“--ar 3:2”，调整画面的比例，如图 19-8 所示。

STEP 08 生成效果：按 Enter 键确认，生成更改尺寸后的图片效果，如图 19-9 所示。

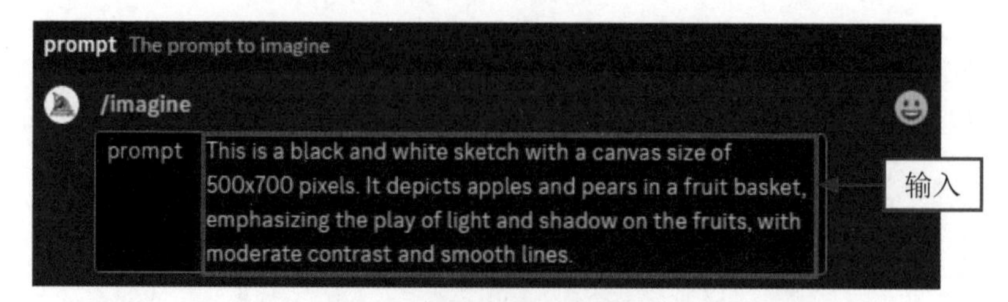
prompt The prompt to imagine
/imagine
prompt
This is a black and white sketch with a canvas size of 500x700 pixels. It depicts apples and pears in a fruit basket, emphasizing the play of light and shadow on the fruits, with moderate contrast and smooth lines.
输入

图19-6　输入相应的关键词

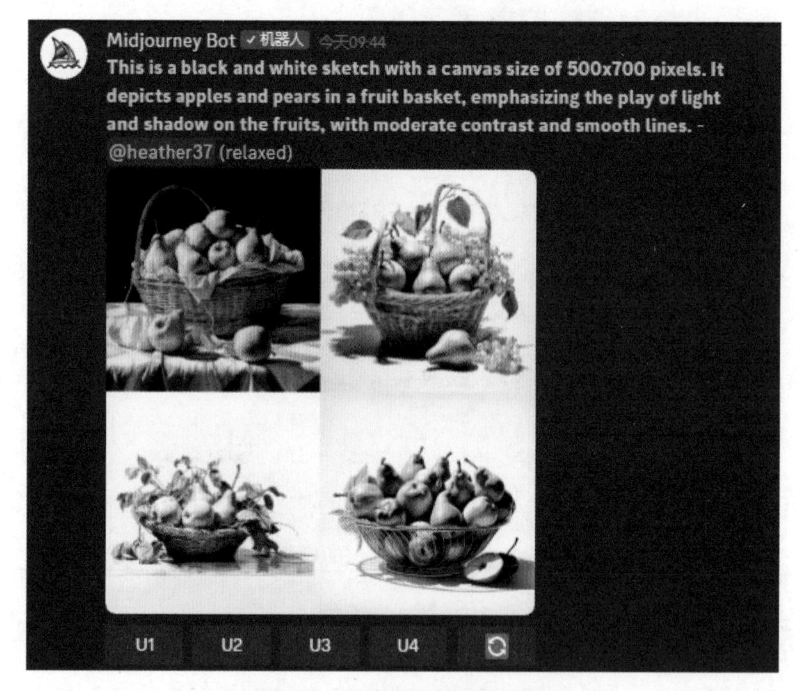
Midjourney Bot ✓机器人 今天09:44
This is a black and white sketch with a canvas size of 500x700 pixels. It depicts apples and pears in a fruit basket, emphasizing the play of light and shadow on the fruits, with moderate contrast and smooth lines. - @heather37 (relaxed)
U1
U2
U3
U4

图19-7　生成相应的图片效果

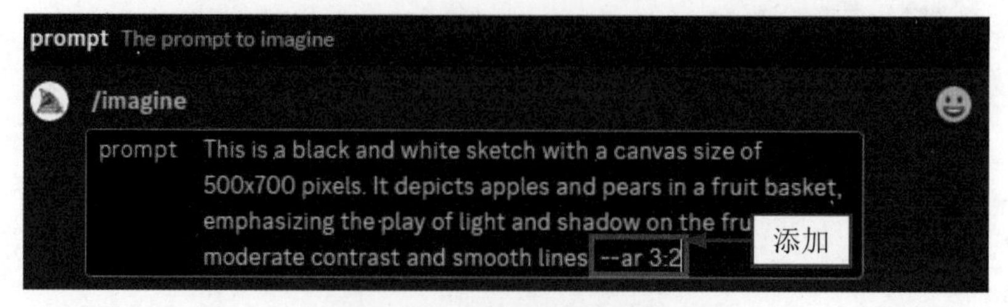
prompt The prompt to imagine
/imagine
prompt
This is a black and white sketch with a canvas size of 500x700 pixels. It depicts apples and pears in a fruit basket, emphasizing the play of light and shadow on the fru
moderate contrast and smooth lines
--ar 3:2
添加

图19-8　添加相应的指令

This is a black and white sketch with a canvas size of 500x700 pixels. It depicts apples and pears in a fruit basket, emphasizing the play of light and shadow on the fruits, with moderate contrast and smooth lines. --ar 3:2 - @heather37 (relaxed)
U1
U2
U3
U4
V1
V2
V3
V4

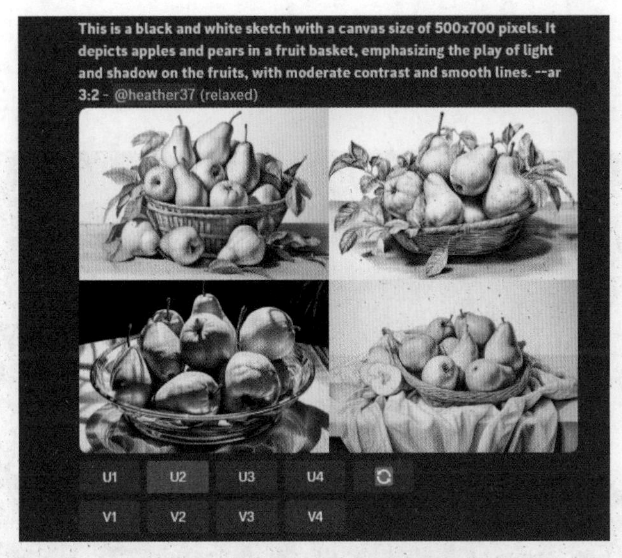

图19-9　生成更改尺寸后的图片效果

STEP 09 放大效果：单击 U1 按钮，选择第 1 张图片进行放大，随后 Midjourney 将在第 1 张图片的基础上进行更加精细的刻画，效果如图 19-10 所示。

Midjourney Bot ✓机器人
This is a black and white sketch with a canvas size of 500x700 pixels. It depicts apples and pears in a fruit basket, emphasizing the play of light and shadow on the fruits, with moderate contrast and smooth lines. --ar 3:2 - Image #2 @heather37
Vary (Strong)
Vary (Subtle)
Vary (Region)
Zoom Out 2x
Zoom Out 1.5x
Custom Zoom
Make Square

图19-10　放大后的图片效果

074 黑白摄影范例

黑白摄影是一种使用黑白色调来表现图像的摄影形式。与彩色摄影不同，黑白摄影将场景中的各种颜色转化为不同的灰度阶段，以在图像中表现出明暗和对比度。

黑白摄影能更好地捕捉细节和纹理，因为没有色彩干扰，观众可以更清晰地看到图像中的细微差别。同时，黑白摄影更加抽象和艺术化，强调构图、线条和形状，效果如图 19-11 所示。

Black and white photography, urban night scenery, light and shadow comparison, urban streets, high-rise buildings, busy streets, sidewalks, architectural contours, modern urban scenery, --ar 3:2

图19-11　黑白摄影图片效果

075 黑白水墨画范例

黑白水墨画以其独特的审美特点和文化内涵而闻名，常被用来表达深刻的艺术和哲学思考。黑白水墨画通常只使用墨汁和水，创造出明暗对比的效果，没有其他色彩。

在使用 AI 生成这种风格的插画时，可以添加关键词“Freshness Chinese ink wash style”（清新中国水墨画风格），使水墨画的特点更突出，效果如图 19-12 所示。

Landscape scenery Reflection Water ripples Bare trees Serenity Light and shadow Beauty of nature Hand-drawn effect Mist Flowing water Contrast Elegance Stillness and motion Freshness Chinese ink wash style --ar 3:2

图19-12　黑白水墨画图片效果

076 黑白版画范例

版画是一种充满技术挑战和创意表现力的艺术形式，艺术家可以通过版画技术表达独特的视觉和情感。

在使用 AI 生成黑白版画时，可以添加关键词 “Black and white portrait, woodblock print”（大意为：黑白人像，木版印刷），使版画的效果更加有特色，效果如图 19-13 所示。

Black and white portrait, woodblock print, please use high contrast
to highlight facial features. Ensure clear details and express the
emotions and traits of the subject --ar 3:2

图19-13　黑白版画图片效果

第 20 章　景观设计指令与范例

景观设计主要是改善室外环境的外观与质量，在关键词的描述上需要考虑色彩、纹理、形状和比例等因素，例如，通过描述建筑物的纹理、植被、人物等来丰富景观的布局场景。本章介绍几种常见的景观设计的 AI 绘画指令与范例。

077 指令应用步骤

扫码看视频

在景观设计中，景观设计师必须考虑如何使室外空间更实用，这包括规划道路、步道、广场、花园、庭院等，以满足人们的需求，例如休闲、娱乐、社交和运动。同理，利用AI设计景观图时，应当考虑空间的实用性。

图20-1所示为用AI绘制的商场景观设计图，在主入口处添加引人注目的标志性建筑元素，与大型玻璃幕墙相结合，营造通透明亮的氛围。

图20-1　AI绘制的商场景观设计照片效果

下面以AI生成商场景观设计图过程为例，介绍景观设计的指令应用操作步骤。

STEP 01 提出问题：在ChatGPT的输入框中输入关键词“假如你是一位AI绘画师，请为我提供一段商场景观设计图的AI指令”，ChatGPT的回答如图20-2所示。

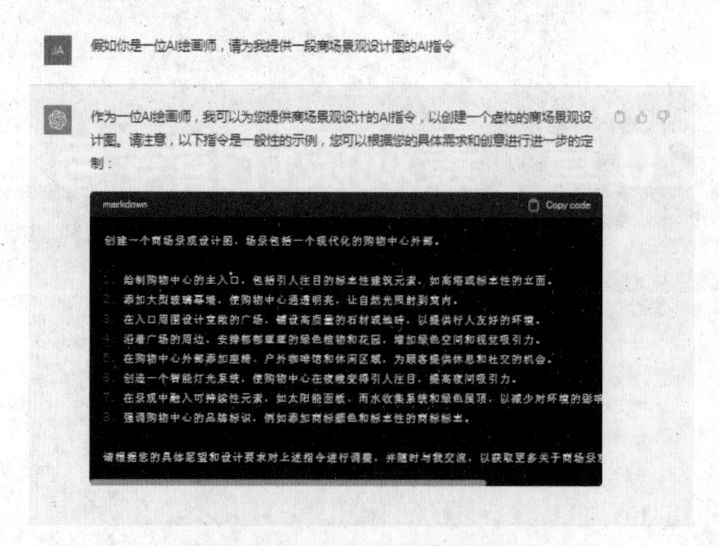
JA
假如你是一位AI绘画师，请为我提供一段商场景观设计图的AI指令
作为一位AI绘画师，我可以为您提供商场景观设计的AI指令，以创建一个虚构的商场景观设计图。请注意，以下指令是一般性的示例，您可以根据您的具体需求和创意进行进一步的定制：
markdown
Copy code
创建一个商场景观设计图，场景包括一个现代化的购物中心外部。
1. 绘制购物中心的主入口，包括引人注目的标志性建筑元素，如高塔或标志性的立面。
2. 添加大型玻璃幕墙，使购物中心通透明亮，让自然光照射到室内。
3. 在入口周围设计宽敞的广场，铺设高质量的石材或地砖，以提供行人友好的环境。
4. 沿着广场的周边，安排郁郁葱葱的绿色植物和花园，增加绿色空间和视觉吸引力。
5. 在购物中心外部添加座椅、户外咖啡馆和休闲区域，为顾客提供休息和社交的机会。
6. 创造一个智能灯光系统，使购物中心在夜晚变得引人注目，提高夜间吸引力。
7. 在景观中融入可持续性元素，如太阳能面板、雨水收集系统和绿色屋顶，以减少对环境的影响
8. 强调购物中心的品牌标识，例如添加商标颜色和标志性的商标标志。
请根据您的具体愿望和设计要求对上述指令进行调整，并随时与我交流，以获取更多关于商场景

图20-2　ChatGPT生成的相关回答

STEP 02 整合指令：继续在 ChatGPT 中输入关键词“请整合上述 AI 指令，为我提供一段商场景观设计图的实例，40 字左右”，ChatGPT 的回答如图 20-3 所示。

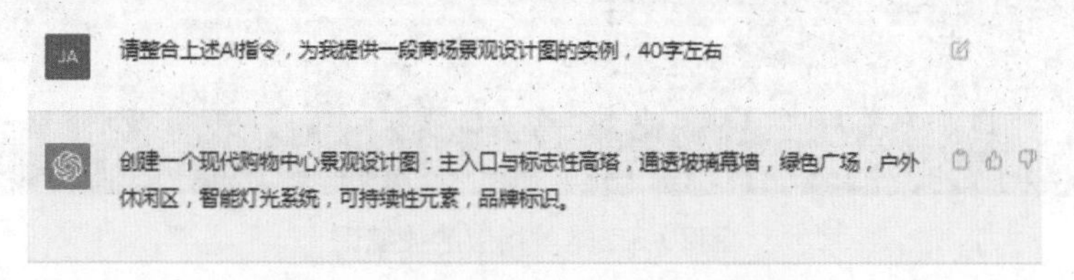
请整合上述AI指令，为我提供一段商场景观设计图的实例，40字左右
创建一个现代购物中心景观设计图：主入口与标志性高塔，通透玻璃幕墙，绿色广场，户外休闲区，智能灯光系统，可持续性元素，品牌标识。

图20-3　得到ChatGPT提供的关键词

STEP 03 得到英文：在 ChatGPT 中输入关键词“请翻译为英文”，ChatGPT 即可将前面生成的关键词翻译为英文，如图 20-4 所示。

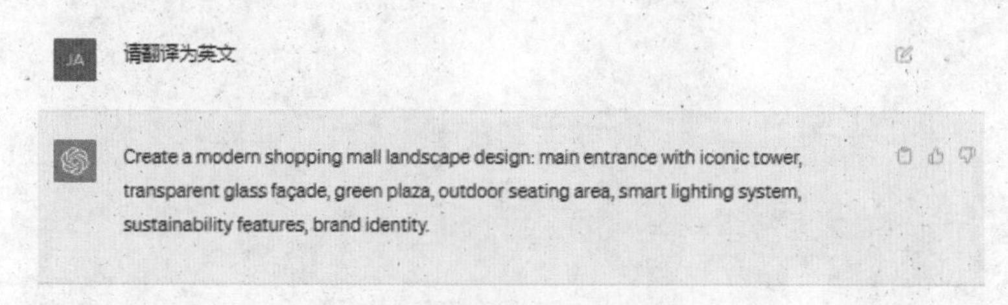
请翻译为英文
Create a modern shopping mall landscape design: main entrance with iconic tower, transparent glass façade, green plaza, outdoor seating area, smart lighting system, sustainability features, brand identity.

图20-4　将关键词翻译成英文

STEP 04 选择指令：在 Midjourney 下面的输入框中输入“/”，在弹出的上拉列表中选择 imagine 指令，如图 20-5 所示。

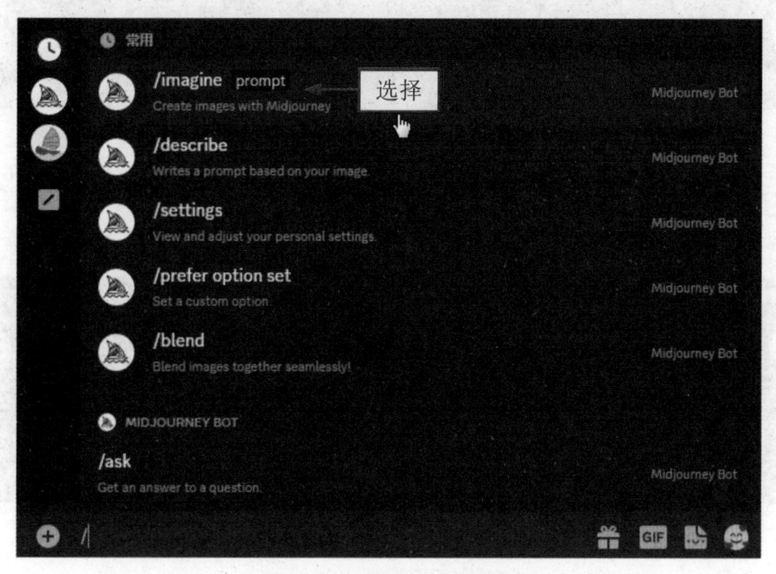
常用
/imagine prompt
Create images with Midjourney
选择
/describe
Writes a prompt based on your image.
/settings
View and adjust your personal settings.
/prefer option set
Set a custom option
/blend
Blend images together seamlessly!
MIDJOURNEY BOT
/ask
Get an answer to a question.
Midjourney Bot
/

图20-5　选择imagine指令

STEP 05 输入关键词：在 Midjourney 中通过 imagine 指令输入翻译好的英文关键词，如图 20-6 所示。

STEP 06 生成效果：按 Enter 键确认，生成初步的图片效果，如图 20-7 所示。

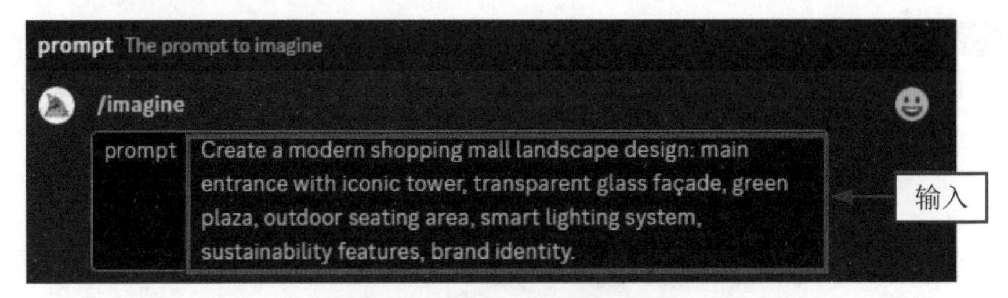

prompt The prompt to imagine
/imagine
prompt Create a modern shopping mall landscape design: main entrance with iconic tower, transparent glass façade, green plaza, outdoor seating area, smart lighting system, sustainability features, brand identity.
输入

图20-6 输入相应的关键词

Midjourney Bot ✓机器人 今天14:51
Create a modern shopping mall landscape design: main entrance with iconic tower, transparent glass façade, green plaza, outdoor seating area, smart lighting system, sustainability features, brand identity. - @heather37 (relaxed)
U1 U2 U3 U4
V1 V2 V3 V4

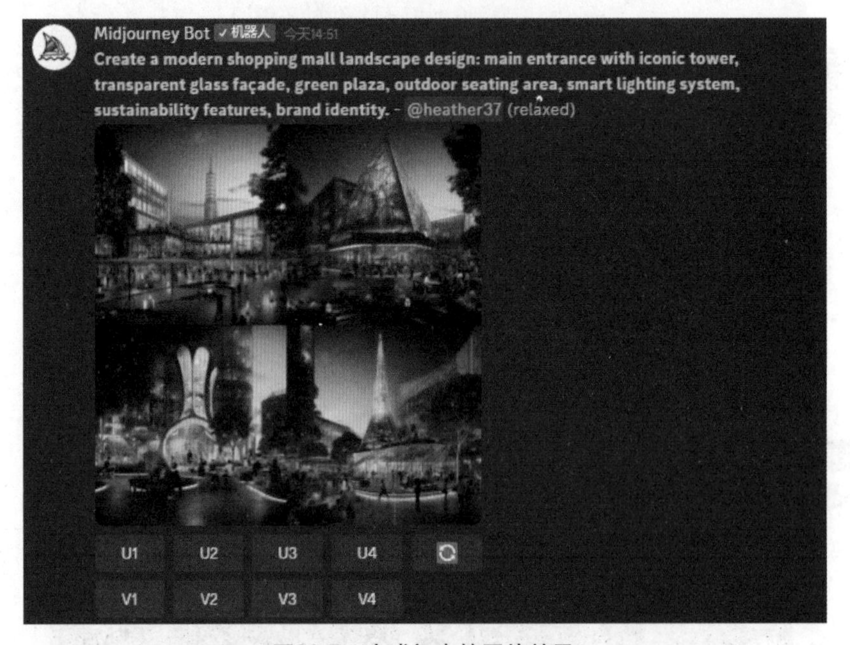

图20-7 生成初步的图片效果

STEP 07 添加风格：继续添加关键词“modernist style”（现代主义风格），添加景观设计的风格，如图 20-8 所示。

prompt The prompt to imagine
/imagine
prompt Create a modern shopping mall landscape design: main entrance with iconic tower, transparent glass façade, green plaza, outdoor seating area, smart lighting system, sustainability features, brand identity. modernist style
添加

图20-8 添加相应的关键词

STEP 08 生成效果：按 Enter 键确认，生成添加风格后的图片效果，如图 20-9 所示。

STEP 09 修改尺寸：继续添加指令“--ar 3:2”，调整画面的比例，按 Enter 键确认，生成更改尺寸后的图片效果，如图 20-10 所示。单击 U4 按钮，放大第 4 张图片，即可得到如图 20-1 所示的最终效果。

Create a modern shopping mall landscape design: main entrance with iconic tower, transparent glass façade, green plaza, outdoor seating area, smart lighting system, sustainability features, brand identity. modernist style - @heather37 (relaxed)
U1
U2
U3
U4
V1
V2
V3
V4

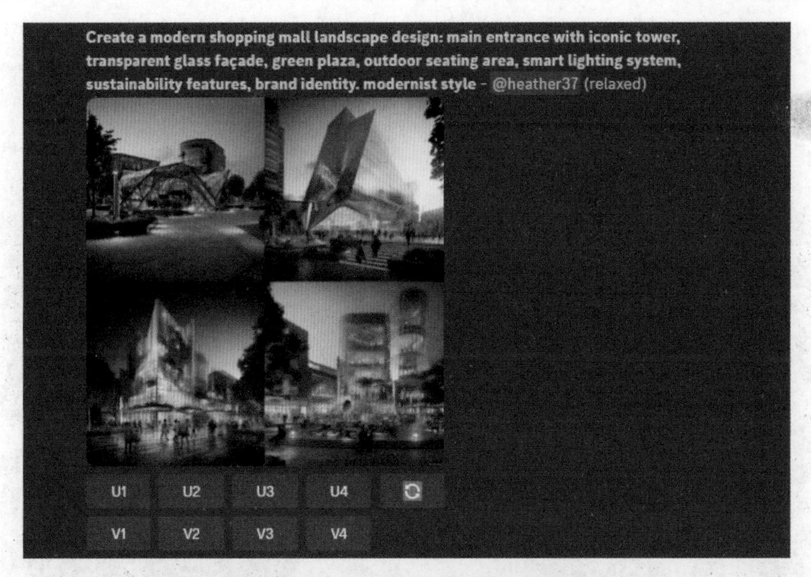

图20-9　生成添加风格后的图片效果

Create a modern shopping mall landscape design: main entrance with iconic tower, transparent glass façade, green plaza, outdoor seating area, smart lighting system, sustainability features, brand identity. modernist style --ar 3:2 - @heather37 (relaxed)
U1
U2
U3
U4
V1
V2
V3
V4

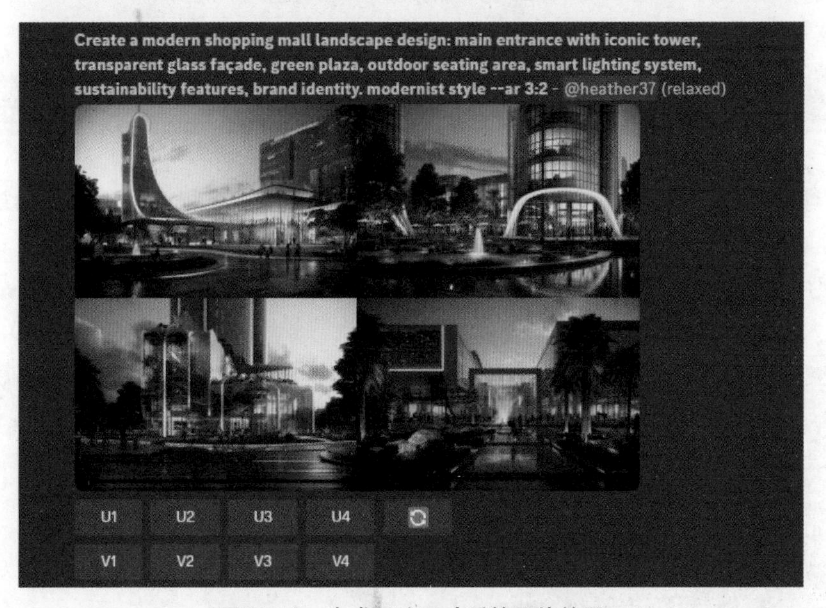

图20-10　生成更改尺寸后的图片效果

078 游乐场景观设计范例

游乐场景观设计必须优先考虑安全，确保游乐设施、路径、交通流量和紧急疏散通道都符合安全标准，并考虑儿童、老年人和残障人士的需求。

在使用 AI 设计游乐场景观图时，可以添加关键词“a water park, and a garden in full bloom”（大意为：水上公园，盛开的花园），描述游乐场的设施，效果如图 20-11 所示。

a theme park landscape design. A bright and colorful family-friendly
amusement park with roller coasters, carousels, a water park, and a
garden in full bloom. It is surrounded by magnificent mountains and
lakes, and the sky is clear as visitors enjoy their fun. --ar 3:2

图20-11　游乐场景观设计图

079 旅游景点景观设计范例

旅游景点的景观设计需要考虑多个要点，以创造吸引人们、提供愉悦体验并确保可持续性的环境。

在使用 AI 设计旅游景点景观图时，可以添加关键词“a beach, hiking trails, camping areas”（大意为：海滩、徒步小径、露营区），描述旅游景点的要素，效果如图 20-12 所示。

Design a coastal mountain tourist attraction that combines breathtaking
coastal and mountain views, including a beach, hiking trails, camping
areas, mountain cabins, and an observation deck. --ar 3:2

图20-12　旅游景点景观设计图

080 小区花园景观设计范例

在设计小区花园的景观图时，首先要考虑植物的选择和布局，选择适合气候和季节的植物，包括花卉、树木、灌木等，并规划它们的布局以创造美丽的景色。

在使用 AI 设计小区花园景观图时，可以添加关键词“a nighttime lighting, and comfortable seating”（大意为：夜间照明灯，舒适的座椅），描述小区花园的要素，效果如图 20-13 所示。

Design a year-round beauty for the community garden with rich
vegetation, pleasant water features, nighttime lighting, and
comfortable seating. Emphasize sustainability and accessible
pathways to meet residents' leisure and social needs. --ar 3:2

图20-13　小区花园景观设计图

第 21 章 建筑设计指令与范例

建筑设计是一个综合性的领域，不仅包括建筑的外观和美学，还包括结构、功能、空间布局、材料选择、环境影响等多个方面。在利用 AI 设计建筑时需要考虑美学、功能性、结构性、可持续性等方面的要求。本章介绍几种常见的建筑类型设计的 AI 绘画指令与范例。

081 指令应用步骤

扫码看视频

在利用 AI 设计建筑图时，需要考虑到建筑的风格、主题、结构，包括房屋的轮廓和屋顶等；在设计外观时，需要添加门窗、阳台、楼梯等细节。例如，在绘制住宅建筑图时，需要考虑自然光照和通风、色彩和材料、细节和装饰，综合多个方面，才能设计出合理且舒适的住宅建筑图。

图 21-1 所示为用 AI 绘制的住宅建筑图的外观，圆拱形的门窗体现出欧式的建筑风格，同时，在白墙的周围种上了鲜花和爬山虎，设计出了一种温馨宁静的院落氛围。

图21-1　用AI绘制的住宅建筑图片效果

下面以 AI 生成住宅建筑图的过程为例，介绍建筑设计的指令应用操作步骤。

STEP 01 提出问题：在 ChatGPT 的输入框中输入关键词“假如你是一位 AI 绘画师，请问如何设计一幅住宅建筑图”，ChatGPT 的回答如图 21-2 所示。

STEP 02 整合指令：继续在 ChatGPT 的输入框中输入关键词“请整合上述 AI 指令，为我提供一段住宅建筑图的实例，40 字左右”，ChatGPT 的回答如图 21-3 所示。

STEP 03 得到英文：在 ChatGPT 的输入框中输入关键词“请翻译为英文”，ChatGPT 即可将前面生成的关键词翻译为英文，如图 21-4 所示。

STEP 04 选择指令：在 Midjourney 下面的输入框中输入“/”，在弹出的上拉列表中选择 imagine 指令，如图 21-5 所示。

STEP 05 输入关键词：在 Midjourney 中通过 imagine 指令输入翻译好的英文关键词，如图 21-6 所示。

STEP 06 生成效果：按 Enter 键确认，生成初步的图片效果，如图 21-7 所示。

JA　假如你是一位AI绘画师，请问如何设计一幅住宅建筑图

设计一幅住宅建筑图需要考虑多个因素，包括建筑风格、结构细节、环境布局等。以下是一些建议：

1. **确定风格和主题**：
   - 选择一个建筑风格，比如现代、古典、乡村等。
   - 确定场景的主题，例如宁静的郊区、繁华的城市等。
2. **建立基本结构**：
   - 开始绘制基本的建筑结构，包括房屋的轮廓、屋顶等。
   - 确定楼层数量和房间分布。
3. **设计外观细节**：
   - 添加门窗、阳台、楼梯等细节。
   - 选择合适的材质和颜色，比如砖石、木材等。
4. **考虑环境因素**：
   - 绘制周围的环境，包括花园、院子、栅栏等。
   - 描绘周围的自然景观，比如树木、草地等。
5. **添加装饰和细节**：
   - 考虑添加装饰物，比如花坛、雕塑等。
   - 细化细节，比如门把手、窗户框等。
6. **处理光影效果**：
   - 考虑光线的方向，决定阴影的位置和强度。
   - 突出建筑的立体感。
7. **设置氛围**：
   - 考虑场景的氛围和时间，比如清晨、傍晚等。
   - 选择合适的光线和色调。
8. **审查和调整**：
   - 审查整幅图像，检查是否需要进一步调整细节或改进构图。

图21-2　ChatGPT生成的相关回答

JA　请整合上述AI指令，为我提供一段住宅建筑图的实例，40字左右

绘制一幅住宅建筑图：古色古香的两层别墅，浅黄色石材墙面，拱形窗户镶嵌精致花砖。灰色石板屋顶，台阶前盛开的玫瑰花。四周白色栅栏，花园繁花似锦，树木掩映，午后阳光温柔。

图21-3　得到ChatGPT提供的关键词

JA　请翻译为英文

Certainly! Here is the translation:

"Draw a residential building: An antique two-story villa with light yellow stone walls, arched windows adorned with delicate floral tiles. Gray slate roof, roses in full bloom on the steps. White fence surrounds, a garden in full bloom, trees casting gentle shadows under the afternoon sun."

图21-4　将关键词翻译成英文

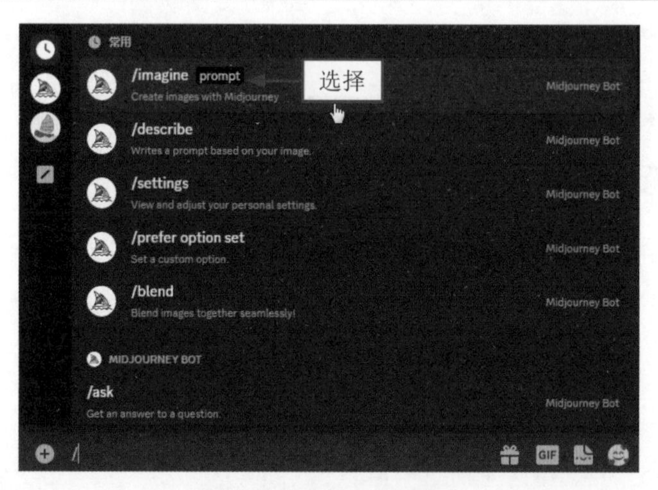
常用
/imagine prompt
Create images with Midjourney
选择
Midjourney Bot
/describe
Writes a prompt based on your image.
Midjourney Bot
/settings
View and adjust your personal settings.
Midjourney Bot
/prefer option set
Set a custom option.
Midjourney Bot
/blend
Blend images together seamlessly!
Midjourney Bot
MIDJOURNEY BOT
/ask
Get an answer to a question.
Midjourney Bot

图21-5　选择imagine指令

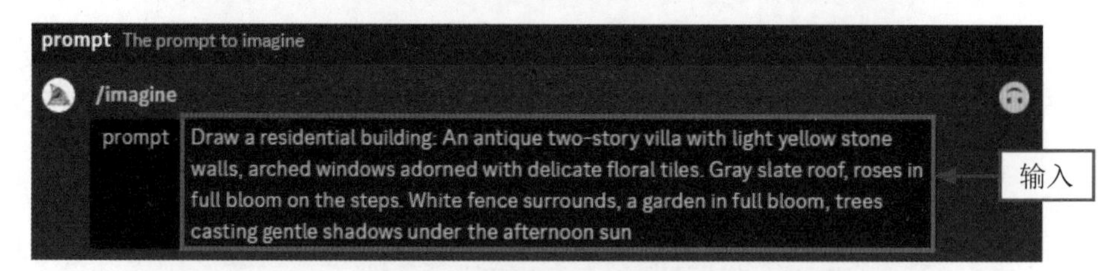
prompt The prompt to imagine
/imagine
prompt
Draw a residential building: An antique two-story villa with light yellow stone walls, arched windows adorned with delicate floral tiles. Gray slate roof, roses in full bloom on the steps. White fence surrounds, a garden in full bloom, trees casting gentle shadows under the afternoon sun
输入

图21-6　输入相应的关键词

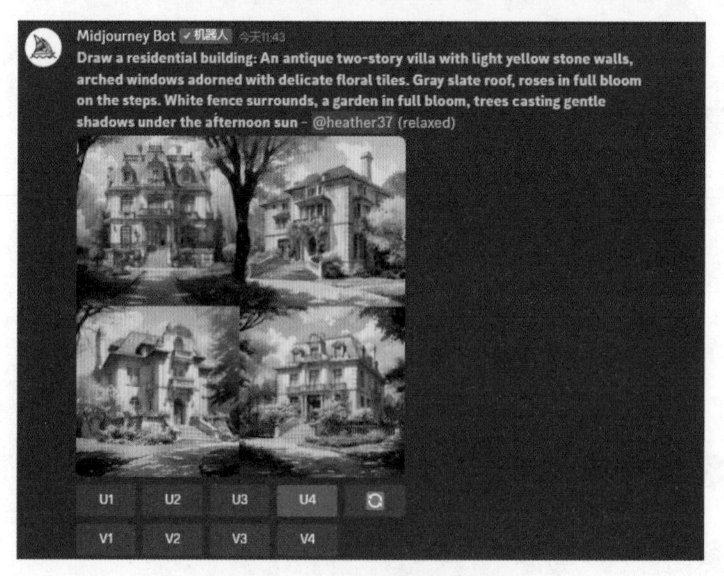
Midjourney Bot
机器人
Draw a residential building: An antique two-story villa with light yellow stone walls, arched windows adorned with delicate floral tiles. Gray slate roof, roses in full bloom on the steps. White fence surrounds, a garden in full bloom, trees casting gentle shadows under the afternoon sun - @heather37 (relaxed)
U1
U2
U3
U4
V1
V2
V3
V4

图21-7　生成初步的图片效果

STEP 07 添加风格：继续添加关键词“Europeanizing architecture style”（欧式建筑风格），添加建筑的风格，如图 21-8 所示。

STEP 08 生成效果：按 Enter 键确认，生成添加风格后的图片效果，如图 21-9 所示，可以看到，建筑物的大门设计成了圆拱形。

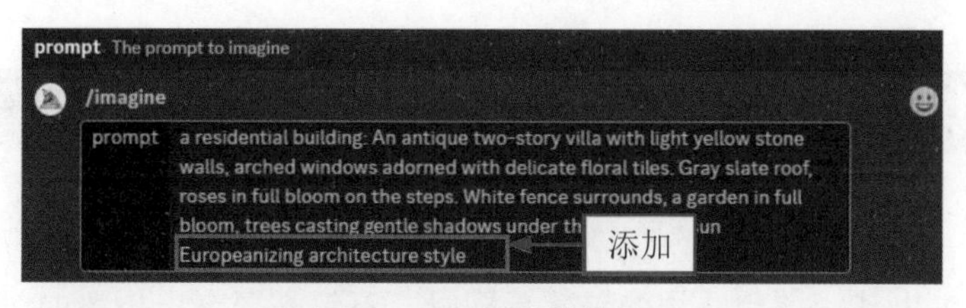

prompt The prompt to imagine
/imagine
prompt a residential building: An antique two-story villa with light yellow stone walls, arched windows adorned with delicate floral tiles. Gray slate roof, roses in full bloom on the steps. White fence surrounds, a garden in full bloom, trees casting gentle shadows under th
un
Europeanizing architecture style
添加

图21-8　添加相应的关键词

a residential building: An antique two-story villa with light yellow stone walls, arched windows adorned with delicate floral tiles. Gray slate roof, roses in full bloom on the steps. White fence surrounds, a garden in full bloom, trees casting gentle shadows under the afternoon sun Europeanizing architecture style - @heather37 (relaxed)
U1
U2
U3
U4
V1
V2
V3
V4

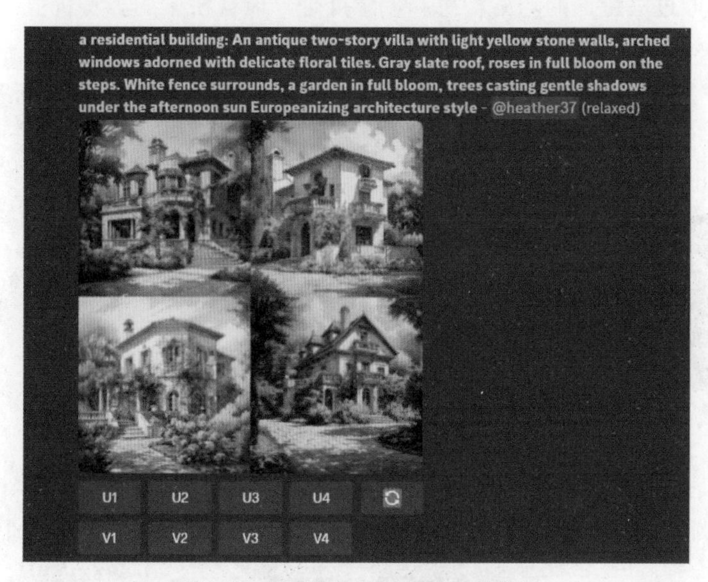

图21-9　生成添加风格后的图片效果

STEP 09 修改尺寸：继续添加指令“--ar 3:2”，调整画面的比例，按 Enter 键确认，生成更改尺寸后的图片效果，如图 21-10 所示。单击 U3 按钮，放大第 3 张图片，即可得到如图 21-1 所示的最终效果。

a residential building: An antique two-story villa with light yellow stone walls, arched windows adorned with delicate floral tiles. Gray slate roof, roses in full bloom on the steps. White fence surrounds, a garden in full bloom, trees casting gentle shadows under the afternoon sun Europeanizing architecture style --ar 3:2 - @heather37 (relaxed)
U1
U2
U3
U4

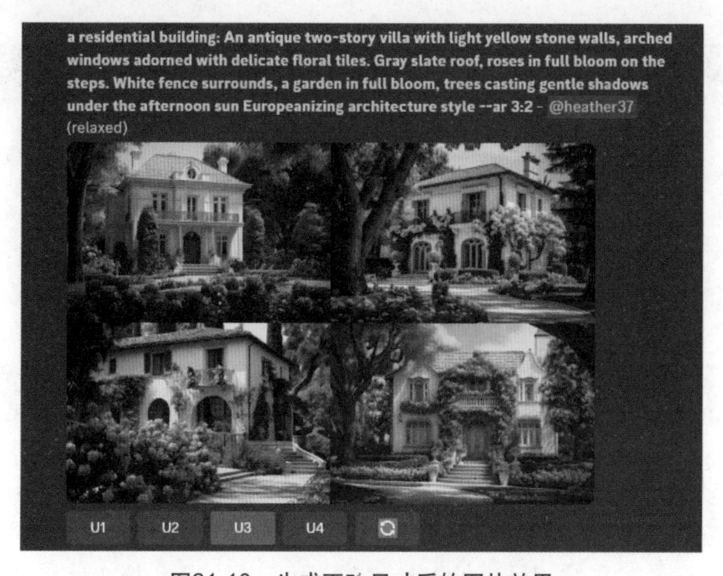

图21-10　生成更改尺寸后的图片效果

082 桥梁建筑设计范例

桥梁作为一种特殊的建筑类型，其线条和结构非常重要，因此在生成 AI 图片时需要通过关键词突出其线条和结构的美感。同时，不仅需要突出桥梁的线条，还要强调环境与背景，通过关键词的巧妙构思和创意处理，展现桥梁的独特价值。用 AI 绘制的桥梁建筑设计效果如图 21-11 所示。

this bridge is red, long, and spanning water, The
background is light sky blue, strong color contrasts,
vibrant color usage, light red and red, luminous
quality, danube school, Profile --ar 3:2

图21-11　AI绘制的桥梁建筑设计图片效果

083 文化建筑设计范例

文化建筑不仅仅是一些建筑物，它们承载着特定时期、地区或文化的历史、价值观和艺术表达。例如，钟楼在古代的主要功能是击钟报时，它是一种具有历史和文化价值的传统建筑物。通过 AI 生成钟楼图片，可以记录下它的外形和建筑风格，同时也能让观众欣赏到一座城市的历史韵味和建筑艺术，效果如图 21-12 所示。

084 城市建筑设计范例

建筑群是指由多个城市建筑物组成的集合体，这些建筑物可以有不同的功能、形态和风格，但它们共同存在于某一地区，形成了一个具有整体性和文化特色的建筑景观。

图 21-13 所示为用 AI 生成的城市建筑群图片效果，加入了夜间摄影（night

photography）和高角度（high-angle）等关键词，呈现出璀璨夺目的建筑群夜景风光，营造出一种赛博朋克的时尚氛围。

the building is a chinese structure, bell tower, in the style of night photography, historical significance, high resolution, glowing colors, red and gold, light amber and white, national geographic photo, monolithic structures --ar 16:9

图21-12　钟楼图片效果

skyscraper lighting up the sky, captivating harbor views, in the style of dazzling cityscapes, nighttime view of skyline, in the style of grandiose architecture, night photography, high-angle, light indigo and light gold, high resolution --ar 4:3

图21-13　AI生成的城市建筑群图片效果

第 22 章　室内布局设计指令与范例

室内布局设计是指在一个室内空间中，通过合理配置家具、装饰品、电器等元素，达到美观、舒适、实用和功能完善的设计过程，其涵盖了对空间功能、光照、色彩、材料、空间比例、设备位置等多个方面的考虑。本章介绍几种常见的室内布局设计的 AI 绘画指令与范例。

085 指令应用步骤

扫码看视频

在室内布局的设计中，设计师要对空间进行合理的规划，确定每个区域的功能和定位，如确定厨房、卫生间、卧室等的位置。另外，要保证房间之间的通道通畅，避免狭窄或拥挤的走廊。在风格设计上，所有的空间需统一色调。

图 22-1 所示为用 AI 绘制的客厅布局设计图，极简主义的灰色背景，搭配同色系的沙发和枕头，给人以舒适简约的环境氛围，同时在沙发右侧设立了台灯，方便闲暇时阅读。

图22-1 AI绘制的客厅布局图片效果

下面以 AI 生成客厅布局设计图过程为例，介绍室内布局设计的指令应用操作步骤。

STEP 01 提出问题：在 ChatGPT 的输入框中输入关键词“你现在是一位 AI 绘画师，请生成一些室内设计图的指令示例”，ChatGPT 的回答如图 22-2 所示。

STEP 02 整合指令：继续在 ChatGPT 中输入关键词“请整合上述 AI 指令，为我提供一段描述客厅布局设计的指令，40 字左右”，ChatGPT 的回答如图 22-3 所示。

STEP 03 得到英文：在 ChatGPT 中输入关键词“请翻译为英文”，ChatGPT 即可将前面的关键词翻译为英文，如图 22-4 所示。

STEP 04 选择指令：在 Midjourney 下面的输入框中输入“/”，在弹出的上拉列表中选择 imagine 指令，如图 22-5 所示。

STEP 05 输入关键词：在 Midjourney 中通过 imagine 指令输入翻译好的英文关键词，如图 22-6 所示。

STEP 06 生成效果：按 Enter 键确认，生成初步的图片效果，如图 22-7 所示。

你现在是一位AI绘画师，请生成一些室内设计图的指令示例

当然可以！以下是一些生成室内设计图的指令示例：

1. "为我生成一个现代风格的客厅设计，包括舒适的沙发、咖啡桌和艺术装饰。请确保配色和家具相协调。"
2. "设计一个适合儿童的卧室，包括带有儿童图案的床单、色彩明快的壁画和足够的储物空间。"
3. "我需要一个小型工作办公室的设计，需要一个舒适的工作椅和足够的储物空间。请确保有足够的自然光线照射到工作区域。"
4. "请设计一个简约但实用的厨房，包括充足的储物空间、现代厨具和一个吧台区域。"
5. "我想要一个充满绿植的阳光房，设计一个能容纳多种植物的空间，以及适合休闲的家具和舒适的沙发。"
6. "为我设计一个现代化的餐厅，包括一个长桌、舒适的餐椅和艺术品装饰。请保证餐区与厨房相连畅通。"
7. "设计一个宽敞的浴室，包括独立淋浴间、浴缸和双水槽的洗手台。请使用舒适的材料和暖色调。"
8. "我需要一个功能齐全的衣帽间设计，包括各种衣物储存解决方案和大型镜子。请确保有足够的照明。"

请注意，这些指令只是示例，您可以根据您自己的需求和喜好进行调整。如果您有任何特定的要求或想法，也可以随时告诉我！

图22-2　ChatGPT生成的相关回答

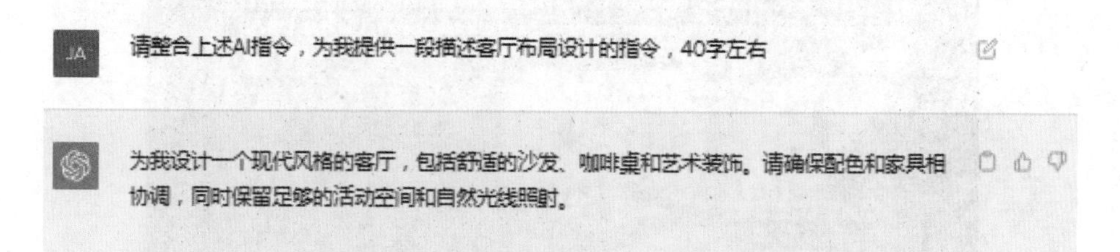
请整合上述AI指令，为我提供一段描述客厅布局设计的指令，40字左右
为我设计一个现代风格的客厅，包括舒适的沙发、咖啡桌和艺术装饰。请确保配色和家具相协调，同时保留足够的活动空间和自然光线照射。

图22-3　得到ChatGPT提供的关键词

请翻译为英文

"Design a modern-style living room for me, including a comfortable sofa, coffee table, and artistic decorations. Please ensure that the colors and furniture are coordinated, while maintaining enough space for movement and allowing natural light to shine through."

图22-4　将关键词翻译成英文

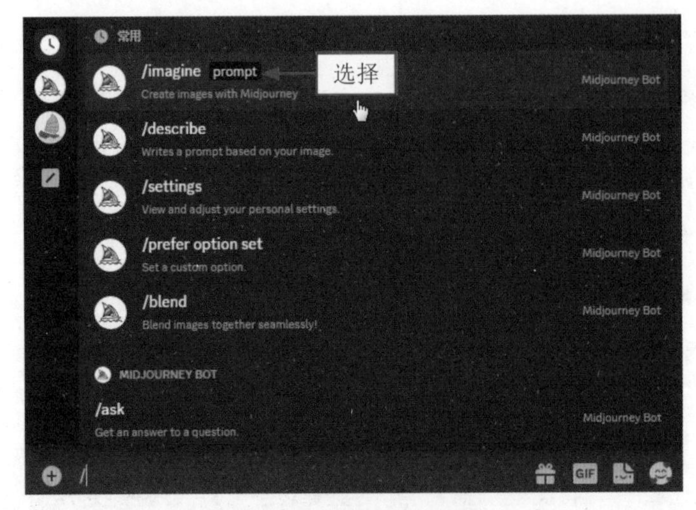
常用
/imagine prompt
Create images with Midjourney
选择
Midjourney Bot
/describe
Writes a prompt based on your image.
Midjourney Bot
/settings
View and adjust your personal settings.
Midjourney Bot
/prefer option set
Set a custom option.
Midjourney Bot
/blend
Blend images together seamlessly!
Midjourney Bot
MIDJOURNEY BOT
/ask
Get an answer to a question.
Midjourney Bot
GIF

图22-5　选择imagine指令

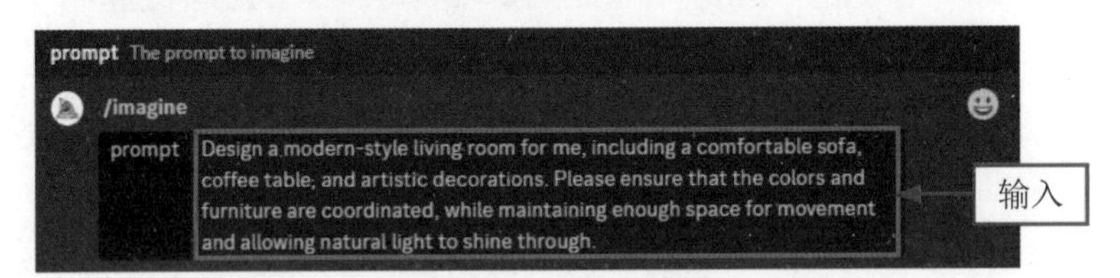
prompt The prompt to imagine
/imagine
prompt
Design a modern-style living room for me, including a comfortable sofa, coffee table, and artistic decorations. Please ensure that the colors and furniture are coordinated, while maintaining enough space for movement and allowing natural light to shine through.
输入

图22-6　输入相应的关键词

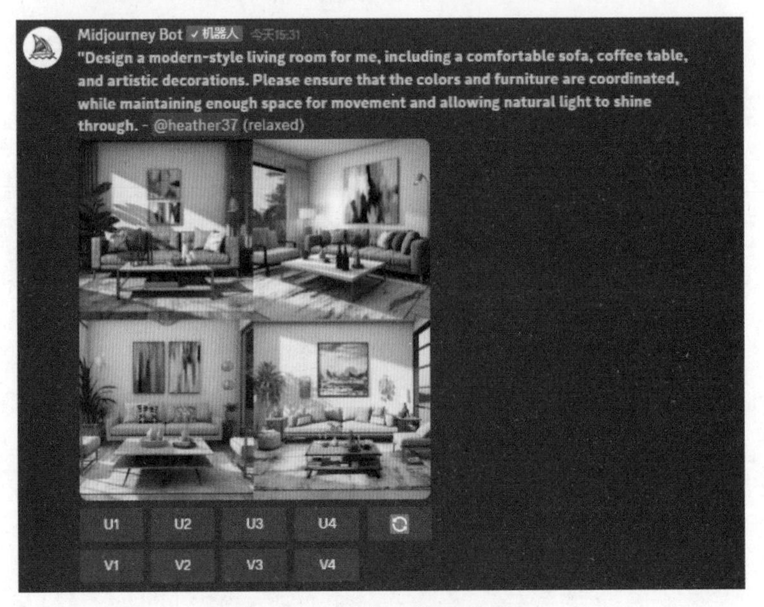
Midjourney Bot ✓机器人 今天15:31
"Design a modern-style living room for me, including a comfortable sofa, coffee table, and artistic decorations. Please ensure that the colors and furniture are coordinated, while maintaining enough space for movement and allowing natural light to shine through. - @heather37 (relaxed)
U1
U2
U3
U4
V1
V2
V3
V4

图22-7　生成初步的图片效果

STEP 07 添加风格：在 Midjourney 中继续添加关键词“Minimalism”（极简主义），添加室内客厅设计的风格，如图 22-8 所示。

STEP 08 生成效果：按 Enter 键确认，生成添加风格后的图片效果，如图 22-9 所示。

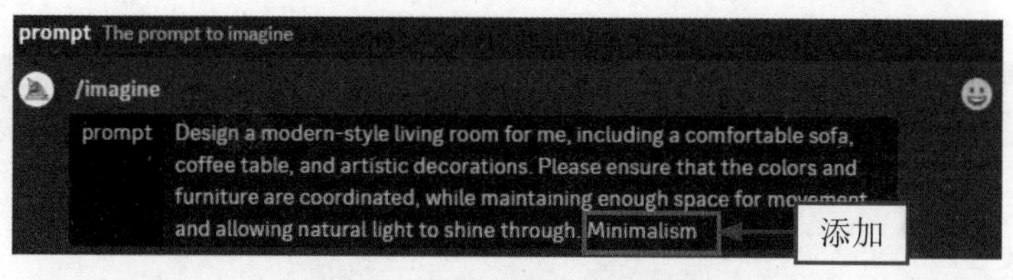

prompt The prompt to imagine
/imagine
prompt Design a modern-style living room for me, including a comfortable sofa, coffee table, and artistic decorations. Please ensure that the colors and furniture are coordinated, while maintaining enough space for movement and allowing natural light to shine through. Minimalism
添加

图22-8　添加相应的关键词

Design a modern-style living room for me, including a comfortable sofa, coffee table, and artistic decorations. Please ensure that the colors and furniture are coordinated, while maintaining enough space for movement and allowing natural light to shine through. Minimalism - @heather37 (relaxed)
U1
U2
U3
U4
V1
V2
V3
V4

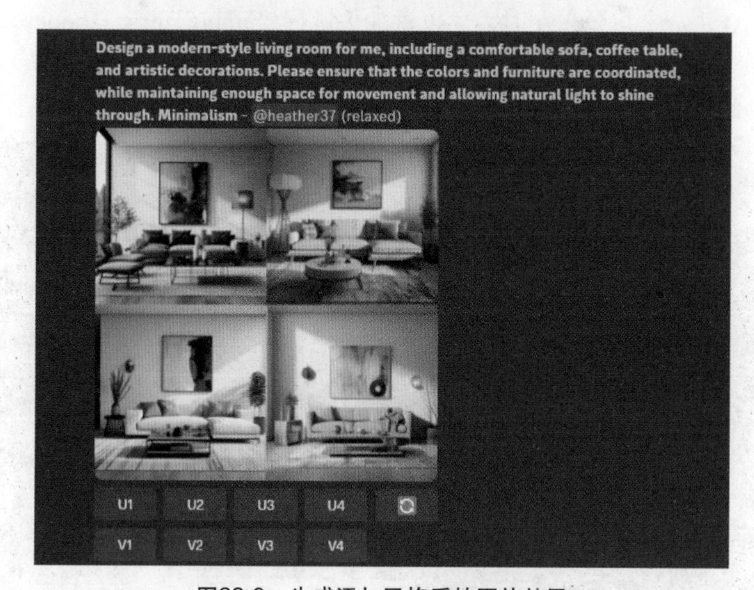

图22-9　生成添加风格后的图片效果

STEP 09 修改尺寸：继续添加指令“--ar 3:2”，调整画面的比例，按 Enter 键确认，生成更改尺寸后的图片效果，如图 22-10 所示。单击 U4 按钮，放大第 4 张图片，即可得到如图 22-1 所示的最终效果。

Design a modern-style living room for me, including a comfortable sofa, coffee table, and artistic decorations. Please ensure that the colors and furniture are coordinated, while maintaining enough space for movement and allowing natural light to shine through. Minimalism --ar 3:2 - @heather37 (relaxed)
U1
U2
U3
U4
V1
V2
V3
V4

图22-10　生成更改尺寸后的图片效果

086 书房布局设计范例

书房是专门用于阅读、学习和工作的房间，在书房中通常会配置书架、书桌、椅子、灯具以及其他必要的学习或工作用具。

在使用 AI 生成书房效果图时，可以添加关键词“ample storage, bookshelves, ensure ample natural light”（大意为：充足的储物空间、书架，确保充足的自然光线），描述书房的大致布局以及光线，效果如图 22-11 所示。

Design a modern-style study, combining a cozy reading
corner with a functional workspace. Include ample storage,
bookshelves, ensure ample natural light, and coordinate
furniture with harmonious color scheme --ar 16:9

图22-11　书房布局图片效果

087 卧室布局设计范例

卧室是供个人休息、睡眠和放松的房间，通常包括床、衣柜、床头柜等基本家具，以及窗帘、灯具等装饰物品。

在使用 AI 生成卧室效果图时，可以添加关键词“vibrant wall art, ample storage”（大意为：充满活力的墙壁艺术，充足的储物空间），描述卧室的大致布局，效果如图 22-12 所示。

088 餐厅布局设计范例

餐厅的设计和装饰通常旨在营造一个宜人的用餐氛围，使人们可以舒适地享受饭菜并交流互动。一些餐厅也可能配备了吧台或者储藏酒水的柜子，以满足不同的用餐需求。

Design a modern bedroom with children-themed bedding,
vibrant wall art, and ample storage. Ensure coordinated
colors and furniture, while maintaining sufficient space for
movement and natural light. --ar 16:9

图22-12　卧室布局设计图片效果

在使用 AI 生成餐厅效果图时，可以添加关键词“comfortable chairs, and artful decorations”（大意为：舒适的椅子，巧妙的装饰），使餐厅的效果图更加出色，效果如图 22-13 所示。

Design a modern restaurant with a long table, comfortable
chairs, and artful decorations. Ensure seamless connection
between dining area and kitchen. Coordinate colors and
furniture for a pleasant dining ambiance. --ar 16:9

图22-13　餐厅布局设计图片效果

第 23 章　家具用品设计指令与范例

家具用品设计是指将创意、功能、工艺和美学等因素结合在一起，以创造出符合人们需求和审美标准的家具。其目标是创造出美观、实用、舒适、耐用的家具，以满足人们在居住和工作环境中的各种需求。本章介绍几种常见的家具用品设计的AI 绘画指令与范例。

089 指令应用步骤

扫码看视频

在利用 AI 设计家具时，首先必须满足其使用功能，比如椅子需要满足舒适的坐姿，书柜需要提供合适的储物空间等；外观上，要考虑到家具的整体风格、形态和细节设计。同时，选择家具的色彩和纹理时，要尽量保证其与周围环境的协调性。

图 23-1 所示为用 AI 绘制的吊灯设计图，古典主义的吊灯呈水晶状，围绕着一圈金属环装饰，增加水晶吊灯的质感，散发的暖黄色灯光营造出温暖的氛围。

图23-1　AI绘制的吊灯设计图片效果

下面以 AI 生成吊灯设计图过程为例，介绍家具用品设计的指令应用操作步骤。

STEP 01 提出问题：在 ChatGPT 的输入框中输入关键词“你现在是一位 AI 绘画师，请生成一些家具用品图的指令示例”，ChatGPT 的回答如图 23-2 所示。

STEP 02 整合指令：继续在 ChatGPT 的输入框中输入关键词“整合上述 AI 指令，为我提供一段描述吊灯设计图的指令，40 字左右”，ChatGPT 的回答如图 23-3 所示。

STEP 03 得到英文：在 ChatGPT 的输入框中输入关键词“请翻译为英文”，ChatGPT 即可将前面生成的关键词翻译为英文，如图 23-4 所示。

STEP 04 选择指令：在 Midjourney 下面的输入框中输入“/”，在弹出的上拉列表中选择 imagine 指令，如图 23-5 所示。

JA
你现在是一位AI绘画师，请生成一些家具用品图的指令示例
当然可以！以下是一些生成家具用品图的指令示例：
1. 画一个现代风格的沙发，颜色为灰色，带有一些简洁的装饰元素。
2. 绘制一张实木书桌，表面有一些自然的纹理和木纹。
3. 创造一个古典吊灯，设计带有华丽的装饰和水晶吊坠。
4. 画一幅壁挂画，主题是抽象的城市风景，使用明亮的色彩和流畅的线条。
5. 设计一个现代感十足的餐桌椅组合，强调简洁和功能性。
6. 绘制一个柔和色调的地毯，上面有一些几何图案或花纹。
7. 创造一个植物盆栽，选择一种常见的室内植物，如仙人掌或多肉植物。
8. 画一副镜子，镜框设计成金属材质，带有现代感。
9. 设计一个壁架，可以放置书籍和装饰品，具有简洁的线条和实用性。
10. 绘制一个咖啡桌，表面为玻璃，底部采用金属材质，展现现代简约的设计。
请注意，这些指令示例只是为了提供一些想法，并不能保证生成的图像会完全符合描述。如果需要进一步的调整或修改，可以随时提出。

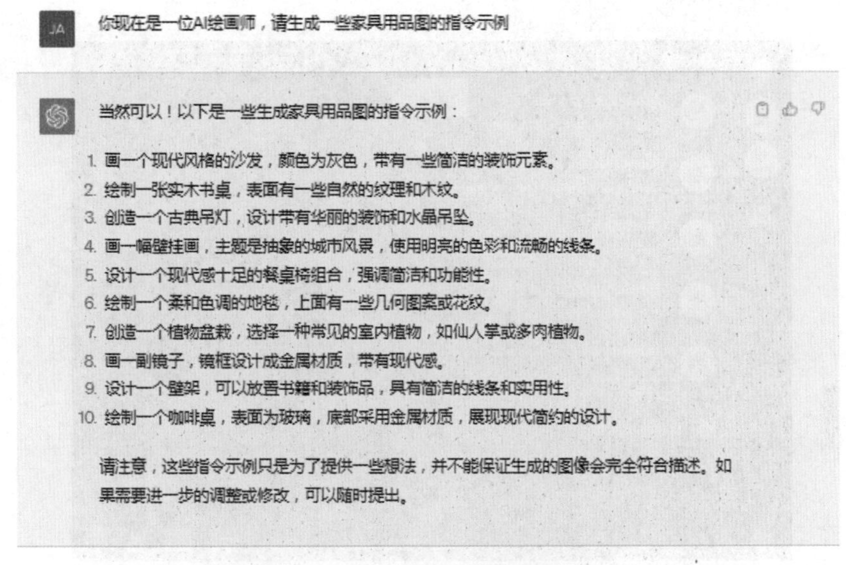

图23-2　ChatGPT生成的相关回答

JA
整合上述AI指令，为我提供一段描述吊灯设计图的指令，40字左右
绘制一盏现代吊灯，吊坠呈水晶状，周围有金属环装饰，采用柔和的灯光，散发出温暖氛围。设计注重简洁与华丽的结合，展现出独特的艺术美感。
JA
请翻译为英文
Create a modern pendant light with crystal-shaped pendants, adorned with metal rings. Use soft lighting to emit a warm ambiance. The design emphasizes a fusion of simplicity and elegance, showcasing a unique artistic aesthetic.

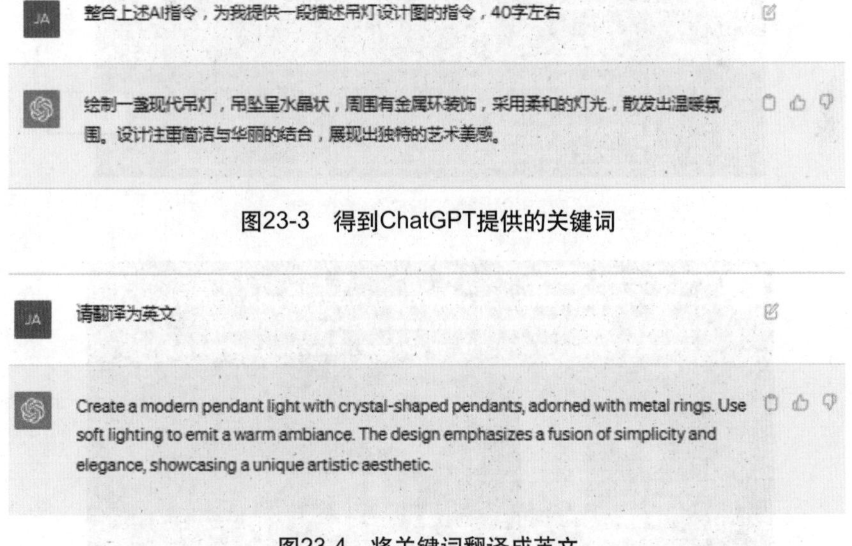

图23-3　得到ChatGPT提供的关键词

图23-4　将关键词翻译成英文

STEP 05 输入关键词：在 Midjourney 中通过 imagine 指令输入翻译好的英文关键词，如图 23-6 所示。

STEP 06 生成效果：按 Enter 键确认，生成初步的图片效果，如图 23-7 所示。

STEP 07 添加风格：继续添加关键词“classicism”（古典主义），添加吊灯的风格，如图 23-8 所示。

STEP 08 生成效果：按 Enter 键确认，生成添加风格后的图片效果，如图 23-9 所示。

STEP 09 修改尺寸：继续添加指令“--ar 3:4”，调整画面的比例，按 Enter 键确认，生成更改尺寸后的图片效果，如图 23-10 所示。单击 U4 按钮，放大第 4 张图片，即可

得到如图 23-10 所示的最终效果。

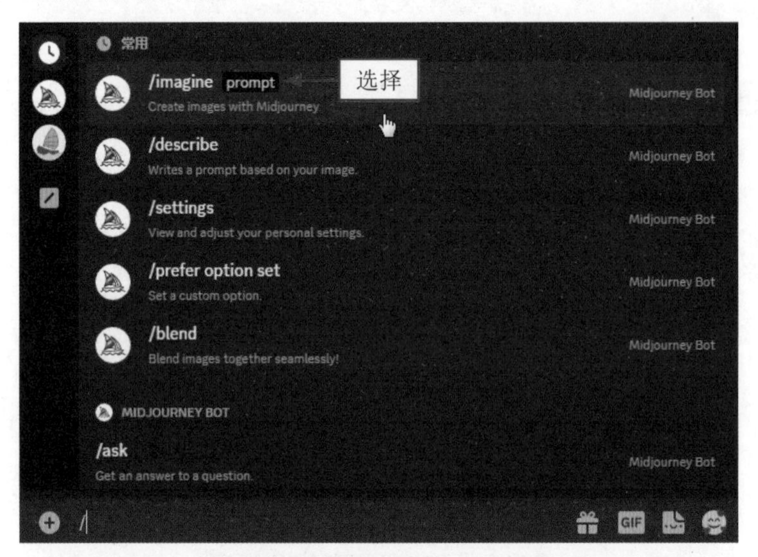
常用
/imagine prompt
Create images with Midjourney
选择
Midjourney Bot
/describe
Writes a prompt based on your image.
Midjourney Bot
/settings
View and adjust your personal settings.
Midjourney Bot
/prefer option set
Set a custom option.
Midjourney Bot
/blend
Blend images together seamlessly!
Midjourney Bot
MIDJOURNEY BOT
/ask
Get an answer to a question.
Midjourney Bot
GIF

图23-5　选择imagine指令

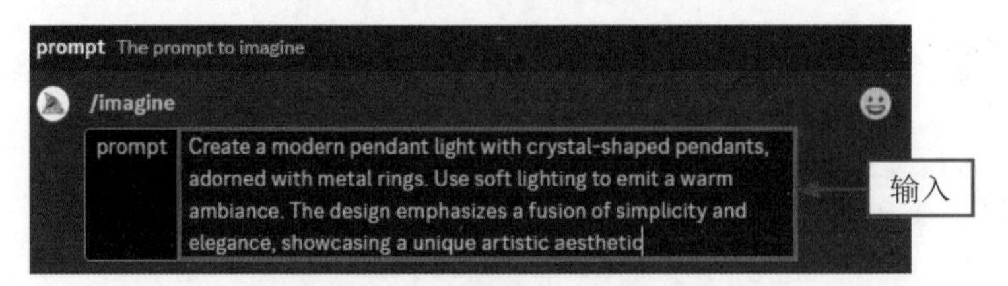
prompt The prompt to imagine
/imagine
prompt
Create a modern pendant light with crystal-shaped pendants, adorned with metal rings. Use soft lighting to emit a warm ambiance. The design emphasizes a fusion of simplicity and elegance, showcasing a unique artistic aesthetic
输入

图23-6　输入相应的关键词

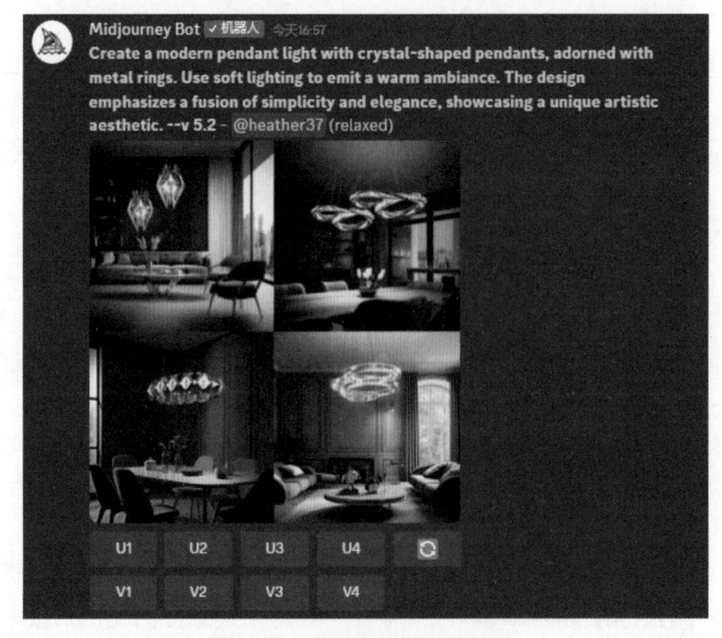
Midjourney Bot ✓机器人 今天16:57
Create a modern pendant light with crystal-shaped pendants, adorned with metal rings. Use soft lighting to emit a warm ambiance. The design emphasizes a fusion of simplicity and elegance, showcasing a unique artistic aesthetic. --v 5.2 - @heather37 (relaxed)
U1
U2
U3
U4
V1
V2
V3
V4

图23-7　生成初步的图片效果

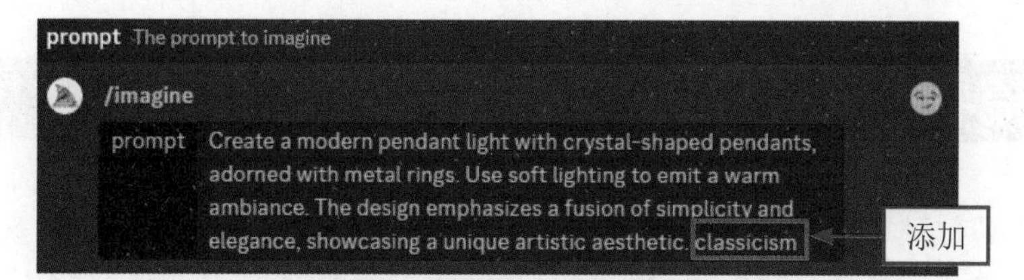

prompt The prompt to imagine
/imagine
prompt Create a modern pendant light with crystal-shaped pendants, adorned with metal rings. Use soft lighting to emit a warm ambiance. The design emphasizes a fusion of simplicity and elegance, showcasing a unique artistic aesthetic. classicism
添加

图23-8　添加相应的关键词

Midjourney Bot ✓机器人 今天17:13
Create a modern pendant light with crystal-shaped pendants, adorned with metal rings. Use soft lighting to emit a warm ambiance. The design emphasizes a fusion of simplicity and elegance, showcasing a unique artistic aesthetic. classicism --v 5.2 - @heather37 (relaxed)
U1 U2 U3 U4
V1 V2 V3 V4

图23-9　生成添加风格后的图片效果

Create a modern pendant light with crystal-shaped pendants, adorned with metal rings. Use soft lighting to emit a warm ambiance. The design emphasizes a fusion of simplicity and elegance, showcasing a unique artistic aesthetic. classicism --ar 3:4 --v 5.2 - @heather37 (relaxed)
U1 U2 U3 U4

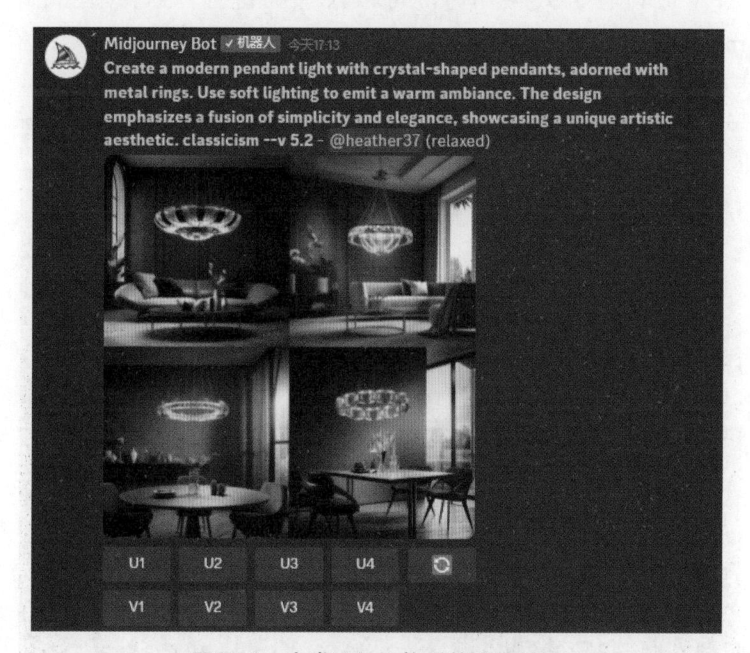

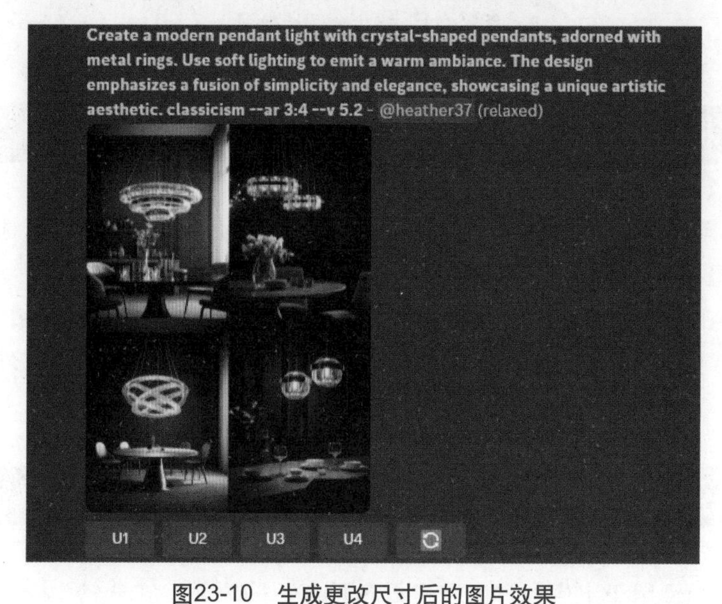

图23-10　生成更改尺寸后的图片效果

090 梳妆台设计范例

梳妆台是一种用于化妆、整理发型以及存放化妆品、首饰等物品的家具，通常包括一个镜子和一个或多个储物抽屉或架子，以便于放置化妆品、刷子、梳子、首饰等。

在使用 AI 生成梳妆台效果图时，可以添加关键词“a grey solid wood tabletop, elegantly adorned edges”（大意为：灰色实木桌面，边缘装饰优雅），描绘梳妆台的颜色和风格，效果如图 23-11 所示。

Create a Chinese style dressing table with a grey solid wood tabletop,
elegantly adorned edges. Include a mirror with a sleek metal frame. Below,
incorporate a built-in drawer for storage convenience. Provide a matching
chair with a coordinated tone to the tabletop --ar 4:3

图23-11　梳妆台图片效果

091 书柜设计范例

书柜是一种用于存放书籍的家具，它通常由一组水平排列的架子组成，可以将书籍垂直地放置在上面，使它们易于整理和取用。

在使用 AI 生成书柜效果图时，可以添加关键词“a natural wood grain texture, featuring clean lines”（大意为：天然木纹纹理，线条清晰），描绘书柜的外观，效果如图 23-12 所示。

092 办公桌设计范例

办公桌是一种用于工作、学习和进行各种任务的家具，它通常由一个平面工作台面和一个或多个储物抽屉或架子组成，以便于存放文件、文具和其他办公用品。

在使用 AI 生成办公桌效果图时，可以添加关键词“fashion and technology style Cyberpunk”（大意为：时尚与科技风格，赛博朋克），描绘办公桌的风格，使其更具有特色，效果如图 23-13 所示。

Draw a modern wooden bookshelf with grey shelves and
black metal supports. The surface should have a natural
wood grain texture, featuring clean lines. Include several
open compartments and a hidden drawer. --ar 4:3

图23-12　书柜设计图片效果

Generate a Sense of technology solid desk with a natural wood grain finish.
Include a clean-lined drawer in the center. Design a matching chair for
comfort and simplicity. Ensure space for a laptop and documents. fashion
and technology style Cyberpunk --ar 4:3

图23-13　办公桌设计图片效果

第 24 章　工艺品设计指令与范例

工艺品是指在制作过程中需要一定的手工技巧和艺术设计的物品。通常，工艺品的制作过程涉及手工艺人的巧妙操作，以及对材料、形式、颜色等方面的艺术处理，从而创造出具有实用性、美学价值或装饰性的作品。本章介绍几种常见的工艺品设计的 AI 绘画指令与范例。

093 指令应用步骤

扫码看视频

工艺品的种类非常丰富多样，包括但不限于陶瓷、纺织、雕刻等，雕塑也是其中一种，历史可以追溯到古代文明时期。在不同的文化和时代，雕塑都扮演着重要的角色，可以在室内、室外、公共场所等各种环境中展示，从小型的装饰品到大型的城市雕塑，都是雕塑艺术的一部分。

图 24-1 所示为用 AI 绘制的雕塑设计图，以优雅的古典主义风格呈现一名优美舞者，她身穿流畅的古代长裙，头顶花环，在轻盈地转着圈，给人舒展自如、充满生气的感觉。

图24-1　AI绘制的雕塑设计图片效果

下面以 AI 生成雕塑设计图过程为例，介绍工艺品设计的指令应用操作步骤。

STEP 01 提出问题：在 ChatGPT 的输入框中输入关键词“你现在是一位 AI 绘画师，请为我设计一件雕塑艺术品”，ChatGPT 的回答如图 24-2 所示。

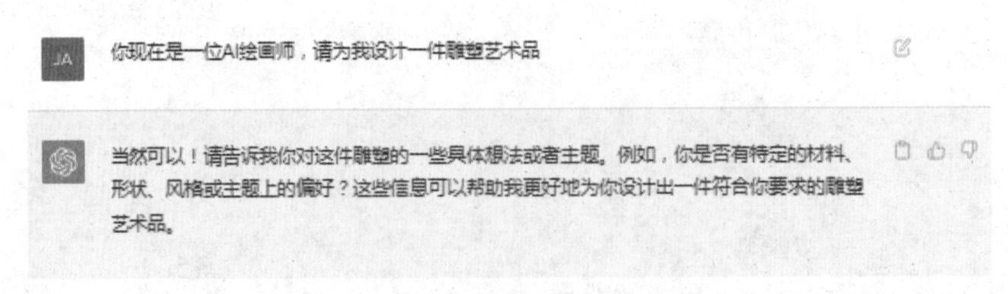
JA
你现在是一位AI绘画师，请为我设计一件雕塑艺术品
当然可以！请告诉我你对这件雕塑的一些具体想法或者主题。例如，你是否有特定的材料、形状、风格或主题上的偏好？这些信息可以帮助我更好地为你设计出一件符合你要求的雕塑艺术品。

图24-2　ChatGPT生成的相关回答

STEP 02 输入要求：在 ChatGPT 中输入对材料、形状和风格的要求，ChatGPT 的回答如图 24-3 所示。

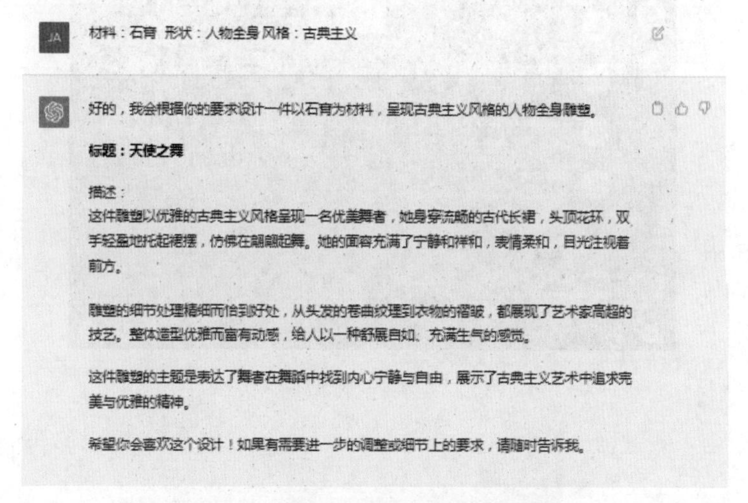
JA
材料：石膏 形状：人物全身 风格：古典主义
好的，我会根据你的要求设计一件以石膏为材料，呈现古典主义风格的人物全身雕塑。
标题：天使之舞
描述：
这件雕塑以优雅的古典主义风格呈现一名优美舞者，她身穿流畅的古代长裙，头顶花环，双手轻盈地托起裙摆，仿佛在翩翩起舞。她的面容充满了宁静和祥和，表情柔和，目光注视着前方。
雕塑的细节处理精细而恰到好处，从头发的卷曲纹理到衣物的褶皱，都展现了艺术家高超的技艺。整体造型优雅而富有动感，给人以一种舒展自如、充满生气的感觉。
这件雕塑的主题是表达了舞者在舞蹈中找到内心宁静与自由，展示了古典主义艺术中追求完美与优雅的精神。
希望你会喜欢这个设计！如果有需要进一步的调整或细节上的要求，请随时告诉我。

图24-3　得到ChatGPT提供的关键词

STEP 03 提出修改要求：在 ChatGPT 的输入框中继续输入“重新生成示例，要求字数控制在 50 字以内”，ChatGPT 会重新给出 AI 绘画指令示例，如图 24-4 所示。

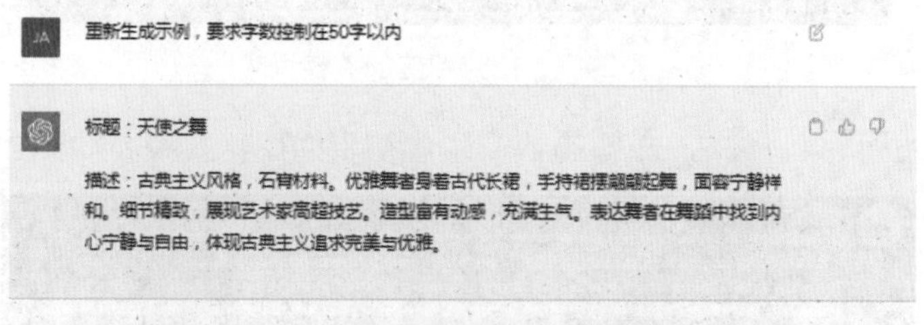
JA
重新生成示例，要求字数控制在50字以内
标题：天使之舞
描述：古典主义风格，石膏材料。优雅舞者身着古代长裙，手持裙摆翩翩起舞，面容宁静祥和。细节精致，展现艺术家高超技艺。造型富有动感，充满生气。表达舞者在舞蹈中找到内心宁静与自由，体现古典主义追求完美与优雅。

图24-4　ChatGPT重新给出AI绘画指令示例

STEP 04 得到英文：在 ChatGPT 中输入关键词“请翻译为英文”，ChatGPT 即可将前面生成的关键词翻译为英文，如图 24-5 所示。

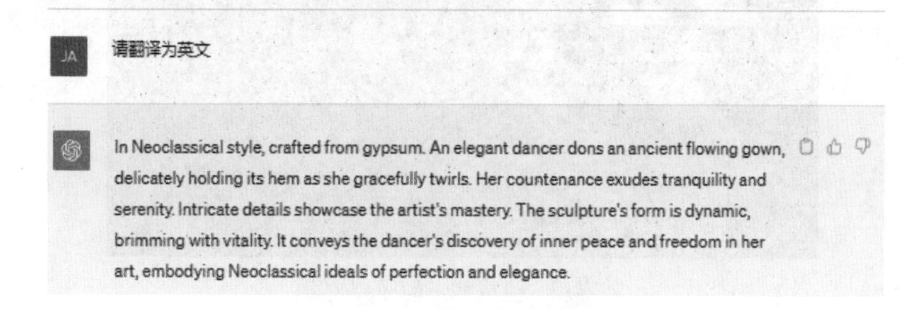
JA
请翻译为英文
In Neoclassical style, crafted from gypsum. An elegant dancer dons an ancient flowing gown, delicately holding its hem as she gracefully twirls. Her countenance exudes tranquility and serenity. Intricate details showcase the artist's mastery. The sculpture's form is dynamic, brimming with vitality. It conveys the dancer's discovery of inner peace and freedom in her art, embodying Neoclassical ideals of perfection and elegance.

图24-5　将关键词翻译成英文

STEP 05 选择指令：在 Midjourney 下面的输入框中输入“/”，在弹出的上拉列表中选择 imagine 指令，如图 24-6 所示。

常用
/imagine prompt
Create images with Midjourney
Midjourney Bot
/describe
Writes a prompt based on your image.
选择
/settings
View and adjust your personal settings.
/prefer option set
Set a custom option.
/blend
Blend images together seamlessly!
MIDJOURNEY BOT
/ask
Get an answer to a question.
GIF

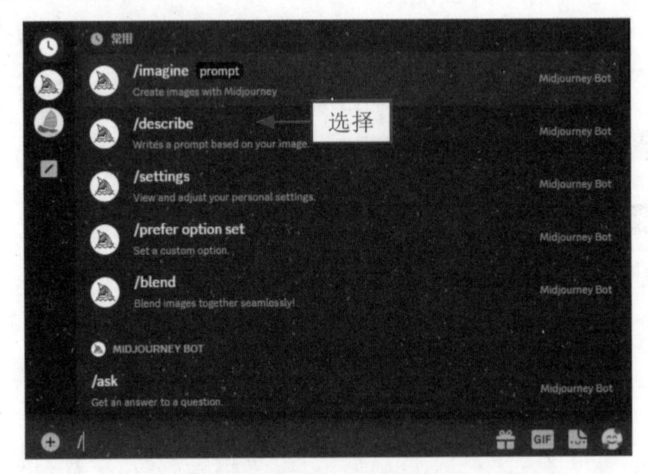

图24-6　选择imagine指令

STEP 06 输入关键词：在 Midjourney 中通过 imagine 指令输入翻译好的英文关键词，如图 24-7 所示。

prompt The prompt to imagine
/imagine
prompt
In Neoclassical style, crafted from gypsum. An elegant dancer dons an ancient flowing gown, delicately holding its hem as she gracefully twirls. Her countenance exudes tranquility and serenity. Intricate details showcase the artist's mastery. The sculpture's form is dynamic, brimming with vitality. It conveys the dancer's discovery of inner peace and freedom in her art, embodying Neoclassical ideals of perfection and elegance.
输入

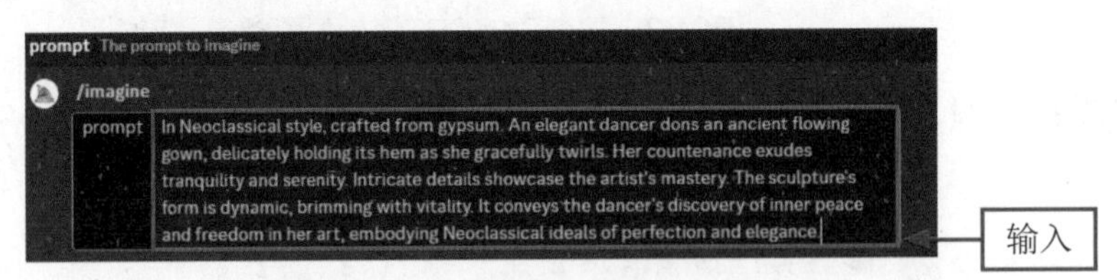

图24-7　输入相应的关键词

STEP 07 生成效果：按 Enter 键确认，生成初步的图片效果，如图 24-8 所示。

Midjourney Bot ✓机器人
In Neoclassical style, crafted from gypsum. An elegant dancer dons an ancient flowing gown, delicately holding its hem as she gracefully twirls. Her countenance exudes tranquility and serenity. Intricate details showcase the artist's mastery. The sculpture's form is dynamic, brimming with vitality. It conveys the dancer's discovery of inner peace and freedom in her art, embodying Neoclassical ideals of perfection and elegance. --v 5.2 - @heather37 (relaxed)
U1
U2
U3
U4
V1
V2
V3
V4

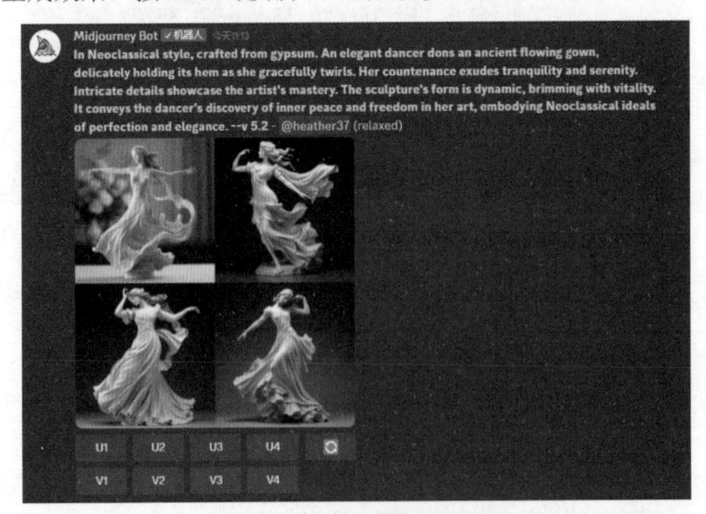

图24-8　生成初步的图片效果

STEP 08 添加风格：继续添加指令“--quality 1”（质量 1），增加图片的细节，按 Enter 键确认，生成添加 quality 值后的图片效果，如图 24-9 所示。

Midjourney Bot ✓机器人 今天11:42
In Neoclassical style, crafted from gypsum. An elegant dancer dons an ancient flowing gown, delicately holding its hem as she gracefully twirls. Her countenance exudes tranquility and serenity. Intricate details showcase the artist's mastery. The sculpture's form is dynamic, brimming with vitality. It conveys the dancer's discovery of inner peace and freedom in her art, embodying Neoclassical ideals of perfection and elegance. --v 5.2 - @heather37 (relaxed)
U1
U2
U3
U4
V1
V2
V3
V4

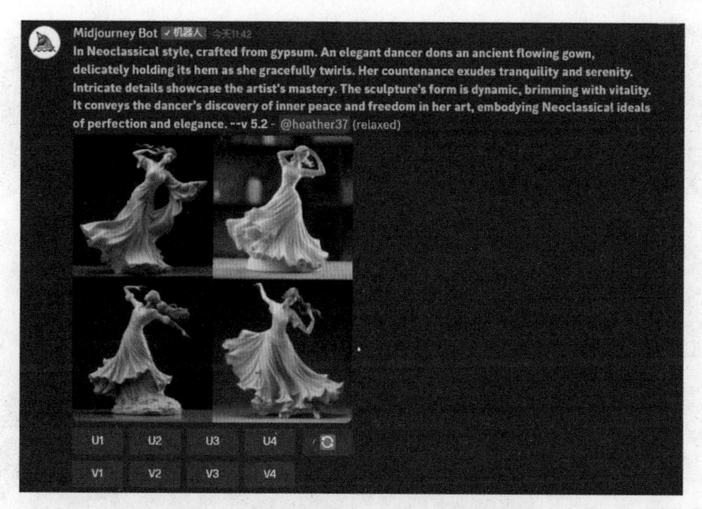

图24-9　生成添加风格后的图片效果

STEP 09 修改尺寸：继续添加指令“--ar 3:4”，调整画面的比例，按 Enter 键确认，生成更改尺寸后的图片效果，如图 24-10 所示。单击 U1 按钮，放大第 1 张图片，即可得到如图 24-1 所示的最终效果。

In Neoclassical style, crafted from gypsum. An elegant dancer dons an ancient flowing gown, delicately holding its hem as she gracefully twirls. Her countenance exudes tranquility and serenity. Intricate details showcase the artist's mastery. The sculpture's form is dynamic, brimming with vitality. It conveys the dancer's discovery of inner peace and freedom in her art, embodying Neoclassical ideals of perfection and elegance. --ar 3:4 --v 5.2 - @heather37 (relaxed)
U1
U2
U3
U4
V1
V2
V3
V4

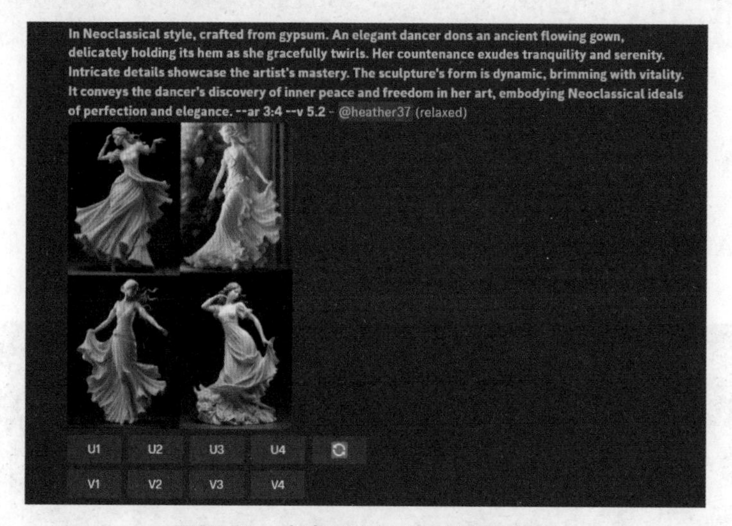

图24-10　生成更改尺寸后的图片效果

094 陶瓷设计范例

陶瓷是一种由黏土等天然材料，在高温下经过烧制而成的人工制品。陶瓷通常具有较高的硬度、耐磨性和耐热性，广泛用于制作餐具、装饰品、艺术品。

在利用 AI 设计陶瓷作品时，可以利用几何图形的线条和形态，营造现代感或者抽象美，同时可以以某种民族的文化元素为灵感，呈现独特的文化特色，效果如图 24-11 所示。

Nature's Beauty" themed ceramic bowlpiece features a light blue base, with the
surface mimicking water ripples. Delicate depictions of willow trees, grass, and
blossoms adorn it. Transitioning from light to deep blue, with touches of green and
gold, it captures the layered essence of water and the vitality of nature. --ar 3:2

图24-11　陶瓷设计图片效果

095 刺绣设计范例

刺绣是一种通过在织物或其他材料上使用针线来绣出花纹、图案或文字的手工艺技术，通常被用于各种纺织品，如衣物、毛巾、窗帘等，也可以应用在艺术品或装饰品制作上。

在利用 AI 设计刺绣作品时，需要根据作品主题和风格选择合适的织物和刺绣线材，并注重细节的表现，比如绣花瓣、叶子的纹理，使作品更具生动感，效果如图 24-12 所示。

Design an embroidery piece titled "Dreams of the Starry Night". A starry night
with a bright moon, a towering tree, and blooming daffodils by a tranquil lake.
The colors are dreamy, conveying a sense of peace and romance. --ar 3:2

图24-12　刺绣设计图片效果

096 木雕设计范例

木雕是一种以木材为基础，通过雕刻工具和技术来创造出立体的艺术品或装饰品的手工艺术形式。在利用 AI 设计木雕作品时，需考虑作品风格、文化元素、装饰等多个方面，从而表达出作品独特的主题，效果如图 24-13 所示。

Design a wooden sculpture named "Harmony of Nature", 60 cm tall. Depicting
ecological balance and coexistence. Tree, flowers, birds intricately carved,
lifelike. Sturdy base. Warm wood tones, natural texture. --ar 3:2

图24-13　木雕设计图片效果

第 25 章　艺术装置绘画指令与范例

艺术装置是一种视觉艺术表达方式，它通常是三维的、立体的，以及在特定环境或场所中创造的艺术作品。艺术装置不仅仅是静态的艺术品，更是与观众互动的对象。本章介绍几种不同类型的艺术装置设计的 AI 指令与范例。

097 指令应用步骤

扫码看视频

艺术装置是一种在特定环境中创作的视觉艺术作品，通常包括雕塑、结构、声音、光线、影像等元素。在利用 AI 绘制艺术装置时，需要考虑艺术装置的摆放场合、互动性、环境依赖性等，才能引发观众的情感共鸣和互动体验。

图 25-1 所示为用 AI 绘制的互动式影像装置，在极具科技感的空间里由上百个 LED（Light Emitting Diode，发光二极管）显示屏组成，显示屏的结构各不相同，播放的画面也不同，呈现出强烈的现代化风格。

图25-1　AI绘制的互动式影像装置效果

下面以 AI 生成互动式影像装置图片过程为例，介绍艺术装置的指令应用操作步骤。

STEP 01 提出问题：在 ChatGPT 的输入框中输入关键词“你现在是一位 AI 绘画师，请生成一些放置于公共空间的艺术装置的指令示例”，ChatGPT 的回答如图 25-2 所示。

STEP 02 得到英文：选择其中一个艺术装置设计的指令，让 ChatGPT 提供翻译帮助。如在其输入框中输入“请将第 4 个指令示例翻译为英文”，ChatGPT 会给出英文的指令，如图 25-3 所示。

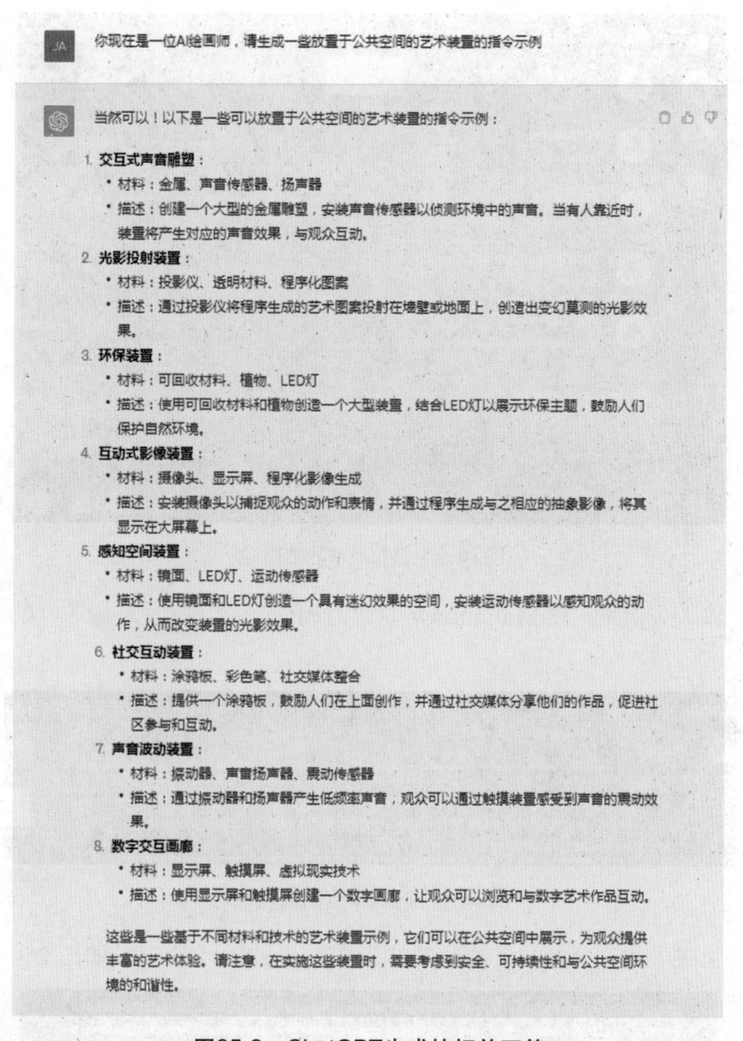

JA 你现在是一位AI绘画师，请生成一些放置于公共空间的艺术装置的指令示例

当然可以！以下是一些可以放置于公共空间的艺术装置的指令示例：

1. **交互式声音雕塑**：
   - 材料：金属、声音传感器、扬声器
   - 描述：创建一个大型的金属雕塑，安装声音传感器以侦测环境中的声音。当有人靠近时，装置将产生对应的声音效果，与观众互动。
2. **光影投射装置**：
   - 材料：投影仪、透明材料、程序化图案
   - 描述：通过投影仪将程序生成的艺术图案投射在墙壁或地面上，创造出变幻莫测的光影效果。
3. **环保装置**：
   - 材料：可回收材料、植物、LED灯
   - 描述：使用可回收材料和植物创造一个大型装置，结合LED灯以展示环保主题，鼓励人们保护自然环境。
4. **互动式影像装置**：
   - 材料：摄像头、显示屏、程序化影像生成
   - 描述：安装摄像头以捕捉观众的动作和表情，并通过程序生成与之相应的抽象影像，将其显示在大屏幕上。
5. **感知空间装置**：
   - 材料：镜面、LED灯、运动传感器
   - 描述：使用镜面和LED灯创造一个具有迷幻效果的空间，安装运动传感器以感知观众的动作，从而改变装置的光影效果。
6. **社交互动装置**：
   - 材料：涂鸦板、彩色笔、社交媒体整合
   - 描述：提供一个涂鸦板，鼓励人们在上面创作，并通过社交媒体分享他们的作品，促进社区参与和互动。
7. **声音波动装置**：
   - 材料：振动器、声音扬声器、震动传感器
   - 描述：通过振动器和扬声器产生低频率声音，观众可以通过触摸装置感受到声音的震动效果。
8. **数字交互画廊**：
   - 材料：显示屏、触摸屏、虚拟现实技术
   - 描述：使用显示屏和触摸屏创建一个数字画廊，让观众可以浏览和与数字艺术作品互动。

这些是一些基于不同材料和技术的艺术装置示例，它们可以在公共空间中展示，为观众提供丰富的艺术体验。请注意，在实施这些装置时，需要考虑到安全、可持续性和与公共空间环境的和谐性。

图25-2 ChatGPT生成的相关回答

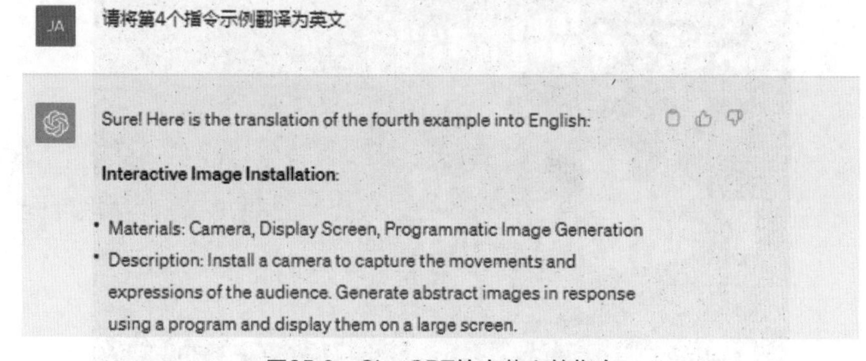

JA 请将第4个指令示例翻译为英文

Sure! Here is the translation of the fourth example into English:

Interactive Image Installation:

- Materials: Camera, Display Screen, Programmatic Image Generation
- Description: Install a camera to capture the movements and expressions of the audience. Generate abstract images in response using a program and display them on a large screen.

图25-3 ChatGPT给出英文的指令

STEP 03 选择指令：在 Midjourney 下面的输入框中输入“/”，在弹出的上拉列表中选择 imagine 指令，如图 25-4 所示。

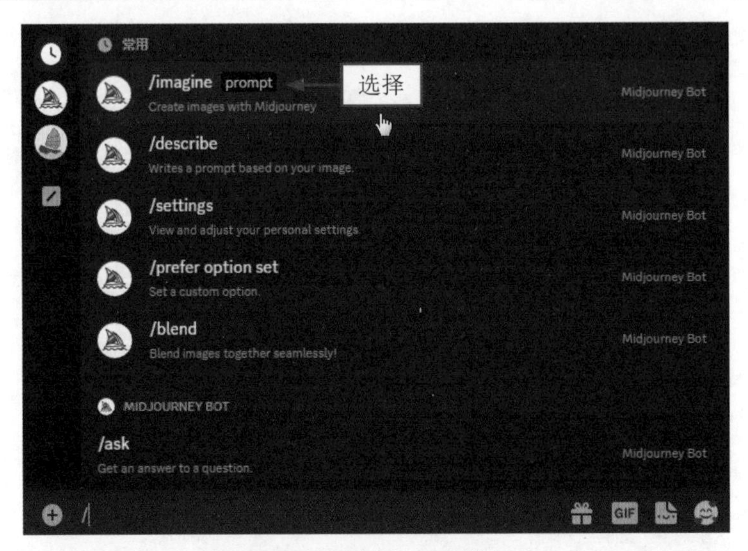
常用
/imagine prompt
Create images with Midjourney
选择
Midjourney Bot
/describe
Writes a prompt based on your image.
/settings
View and adjust your personal settings
/prefer option set
Set a custom option.
/blend
Blend images together seamlessly!
MIDJOURNEY BOT
/ask
Get an answer to a question.

图25-4　选择imagine指令

STEP 04 输入关键词：在 Midjourney 中通过 imagine 指令输入翻译好的英文关键词，如图 25-5 所示。

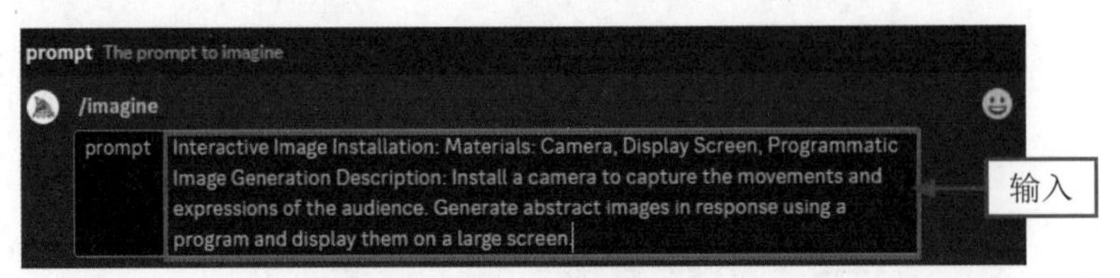
prompt The prompt to imagine
/imagine
prompt
Interactive Image Installation: Materials: Camera, Display Screen, Programmatic Image Generation Description: Install a camera to capture the movements and expressions of the audience. Generate abstract images in response using a program and display them on a large screen.
输入

图25-5　输入相应的关键词

STEP 05 生成效果：按 Enter 键确认，生成初步的图片效果，如图 25-6 所示。

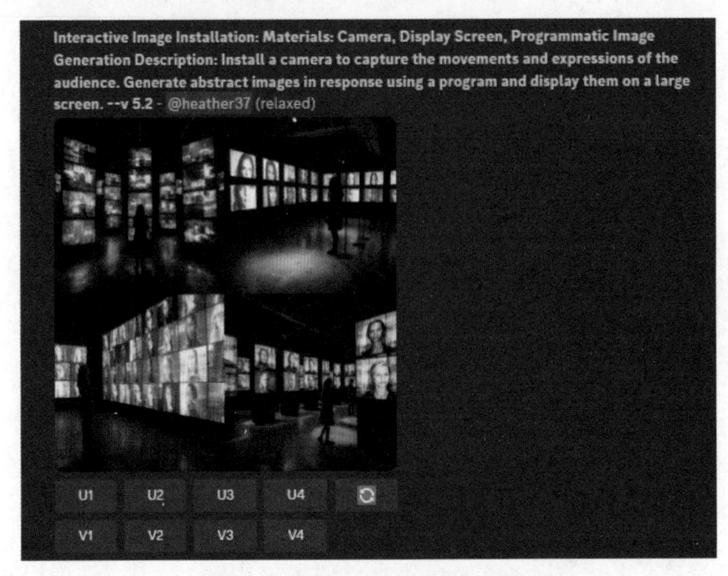
Interactive Image Installation: Materials: Camera, Display Screen, Programmatic Image Generation Description: Install a camera to capture the movements and expressions of the audience. Generate abstract images in response using a program and display them on a large screen. --v 5.2 - @heather37 (relaxed)
U1
U2
U3
U4
V1
V2
V3
V4

图25-6　生成初步的图片效果

STEP 06 添加风格：继续添加关键词“Sense of technology”（科技感），添加艺术装置的风格，按 Enter 键确认，生成添加风格后的图片效果，如图 25-7 所示。

Interactive Image Installation: Materials: Camera, Display Screen, Programmatic Image Generation Description: Install a camera to capture the movements and expressions of the audience. Generate abstract images in response using a program and display them on a large screen. Sense of technology --v 5.2 - @heather37 (relaxed)
U1
U2
U3
U4
V1
V2
V3
V4

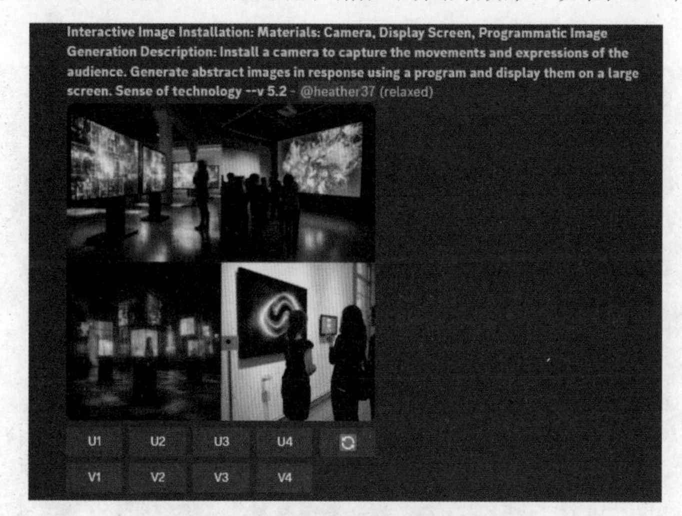

图25-7　生成添加风格后的图片效果

STEP 07 修改尺寸：继续添加指令“--ar 3:2”，调整画面的比例，按 Enter 键确认，生成更改尺寸后的图片效果，如图 25-8 所示。单击 U4 按钮，放大第 4 张图片，即可得到如图 25-1 所示的最终效果。

Midjourney Bot
Interactive Image Installation: Materials: Camera, Display Screen, Programmatic Image Generation Description: Install a camera to capture the movements and expressions of the audience. Generate abstract images in response using a program and display them on a large screen. Sense of technology --ar 3:2 --v 5.2 - @heather37 (relaxed)
U1
U2
U3
U4
V1
V2
V3
V4

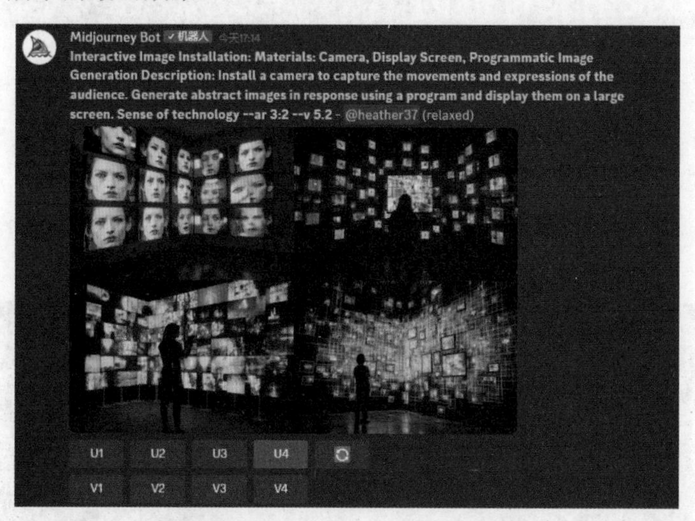

图25-8　生成更改尺寸后的图片效果

098 交互式声音雕塑装置范例

交互式声音雕塑是一种通过与观众互动产生声音效果的艺术装置。这种装置通常包括声音传感器或麦克风，用于捕捉观众的声音或环境中的声音。

在使用 AI 生成交互式声音雕塑装置效果图时，可以添加关键词“a large metal sculpture and install sound sensors”（一个大型金属雕塑，并安装声音传感器），描述出声音装置的大致形象，效果如图 25-9 所示。

Interactive Sound Sculpture: Materials: Metal, sound sensors, speakers
Description: Create a large metal sculpture and install sound sensors to detect
ambient sound. When someone approaches, the installation will generate
corresponding sound effects, interacting with the audience. --ar 3:2

图25-9　交互式声音雕塑装置图片效果

099 光影投射装置范例

光影投射装置是一种利用投影技术将影像或图案投射到特定的表面上，以创造视觉效果的艺术装置。

在使用 AI 生成光影投射装置效果图时，可以添加关键词“Projector, transparent materials”（大意为：投影仪，透明材料），描述投射装置的主要构成材料。其效果如图 25-10 所示。

Projection Installation: Materials: Projector, transparent
materials, programmable patterns Description: Use a projector
to project artistically generated patterns onto walls or floors,
creating an ever-changing play of light and shadow. --ar 3:2

图25-10　光影投射装置图片效果

100 环保装置范例

环保装置图片是一种以环保、可持续发展或自然保护为主题或灵感来源的艺术作品。在使用 AI 生成环保装置效果图时，可以添加关键词“Recyclable materials, plants, LED lights”（可回收材料、植物、LED 灯），描述环保装置的主要构成材料，效果如图 25-11 所示。

Environmental Installation. Materials: Recyclable materials, plants, LED lights
Description: Create a large-scale installation using recyclable materials and
plants, incorporating LED lights to showcase environmental themes, encouraging
people to protect the natural environment. --ar 3:2

图25-11　环保装置图片效果

这样的装置可能采用各种形式，从雕塑、装置艺术到数字交互装置等。它们的目的是通过艺术的表达形式来提醒人们保护自然资源、减少环境污染以及支持可持续发展的重要性。

第 26 章　配饰设计指令与范例

配饰指的是用来搭配、装点服装的物品或装饰品，如项链、手链、珠宝、手表、眼镜、帽子、腰带等。配饰在时尚界扮演着非常重要的角色，它们可以起到点缀、提升整体造型的作用。正确选择和搭配配饰可以使简单的服装看起来独具个性。本章介绍常见的几种配饰设计的 AI 绘画指令与范例。

101 指令应用步骤

扫码看视频

在利用AI设计配饰时，应注意要与整体造型相协调，包括服装、发型等，它们可以强调、平衡或突出造型的某些特点；同时注重材质和质感、色彩搭配、突出个性和品位。配饰是展现个人品位和风格的重要方式，可以通过其独特的设计或选择来彰显个性。

图26-1所示为用AI绘制的钻石项链，以白金为基底，镶嵌着精致无瑕的钻石，散发着高贵典雅的气息。

图26-1　AI绘制的项链设计图片效果

下面以AI生成项链设计图的过程为例，介绍配饰设计的指令应用操作步骤。

STEP 01 提出问题：在ChatGPT中输入关键词"假如你是一位AI绘画师，为我提供一条钻石项链的实例，40字左右"，ChatGPT的回答如图26-2所示。

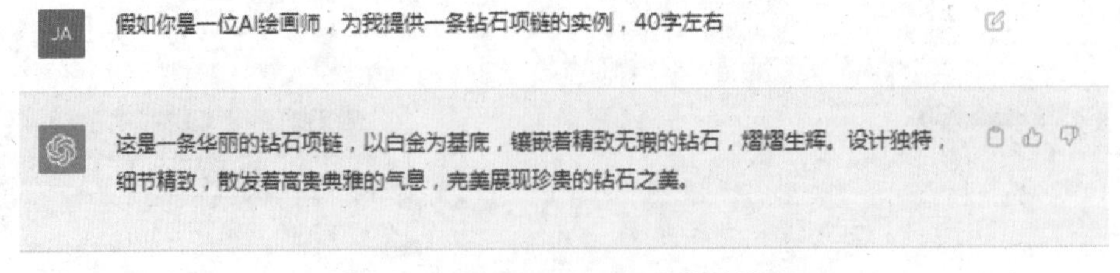
JA
假如你是一位AI绘画师，为我提供一条钻石项链的实例，40字左右
这是一条华丽的钻石项链，以白金为基底，镶嵌着精致无瑕的钻石，熠熠生辉。设计独特，细节精致，散发着高贵典雅的气息，完美展现珍贵的钻石之美。

图26-2　得到ChatGPT提供的关键词

STEP 02 得到英文：在ChatGPT中输入关键词"请翻译为英文"，ChatGPT即可将前面生成的关键词翻译为英文，如图26-3所示。

STEP 03 选择指令：在Midjourney下面的输入框中输入"/"，在弹出的上拉列表中选择imagine指令，如图26-4所示。

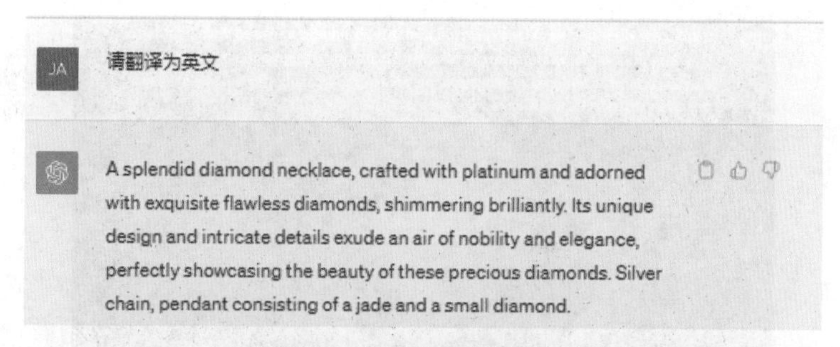
请翻译为英文
A splendid diamond necklace, crafted with platinum and adorned with exquisite flawless diamonds, shimmering brilliantly. Its unique design and intricate details exude an air of nobility and elegance, perfectly showcasing the beauty of these precious diamonds. Silver chain, pendant consisting of a jade and a small diamond.

图26-3　将关键词翻译成英文

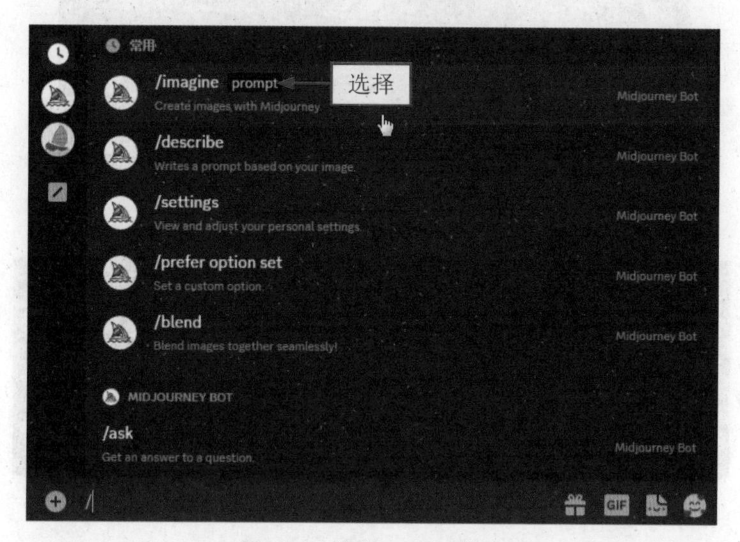
常用
/imagine prompt
选择
Create images with Midjourney
/describe
Writes a prompt based on your image
/settings
View and adjust your personal settings
/prefer option set
Set a custom option
/blend
Blend images together seamlessly!
Midjourney Bot
MIDJOURNEY BOT
/ask
Get an answer to a question
GIF

图26-4　选择imagine指令

STEP 04 输入关键词：在 Midjourney 中通过 imagine 指令输入翻译好的英文关键词，如图 26-5 所示。

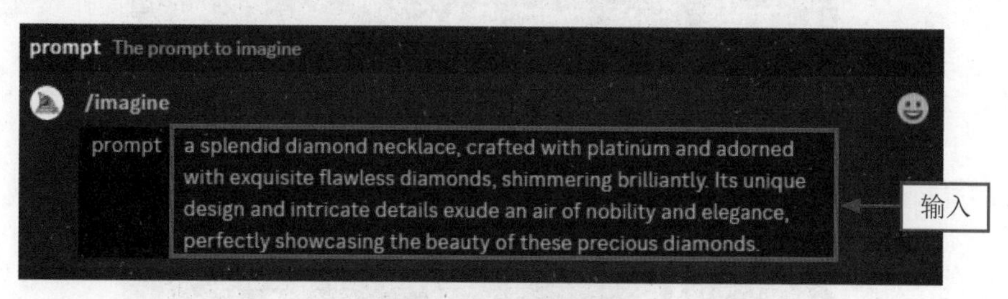
prompt The prompt to imagine
/imagine
prompt
a splendid diamond necklace, crafted with platinum and adorned with exquisite flawless diamonds, shimmering brilliantly. Its unique design and intricate details exude an air of nobility and elegance, perfectly showcasing the beauty of these precious diamonds.
输入

图26-5　输入相应的关键词

STEP 05 生成效果：按 Enter 键确认，生成初步的图片效果，如图 26-6 所示。

STEP 06 添加细节：继续添加关键词“Silver chain, pendant consisting of a jade and a small diamond”（大意为：银质链条，吊坠由一枚翡翠和小钻石组成），补充画面的细节，如图 26-7 所示。

STEP 07 生成效果：按 Enter 键确认，生成添加画面细节后的图片效果，如图 26-8 所示，可以看到，在项链的正中间镶嵌了翡翠。

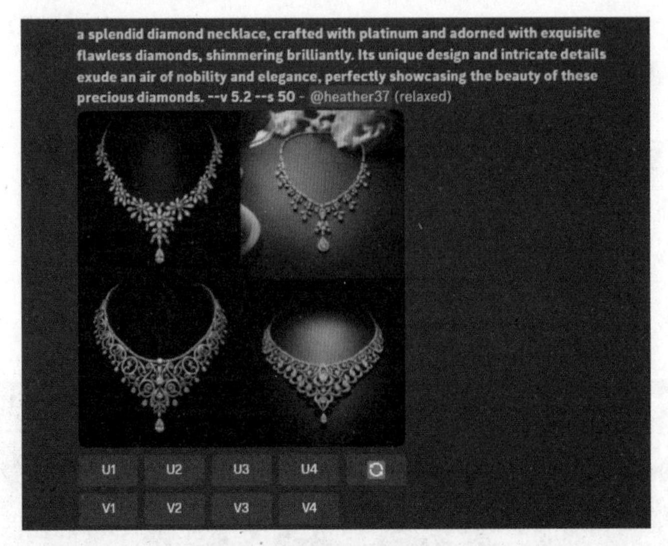

a splendid diamond necklace, crafted with platinum and adorned with exquisite flawless diamonds, shimmering brilliantly. Its unique design and intricate details exude an air of nobility and elegance, perfectly showcasing the beauty of these precious diamonds. --v 5.2 --s 50 - @heather37 (relaxed)
U1
U2
U3
U4
V1
V2
V3
V4

图26-6　生成初步的图片效果

prompt The prompt to imagine
/imagine
prompt
a splendid diamond necklace, crafted with platinum and adorned with exquisite flawless diamonds, shimmering brilliantly. Its unique design and intricate details exude an air of nobility and elegance, perfectly showcasing the beauty of these precious diamonds. Silver chain, pendant consisting of a jade and a small diamond
添加

图26-7　添加相应的关键词

Midjourney Bot ✓机器人
a splendid diamond necklace, crafted with platinum and adorned with exquisite flawless diamonds, shimmering brilliantly. Its unique design and intricate details exude an air of nobility and elegance, perfectly showcasing the beauty of these precious diamonds. Silver chain, pendant consisting of a jade and a small diamond --v 5.2 --s 50 - @heather37 (relaxed)
U1
U2
U3
U4
V1
V2
V3
V4

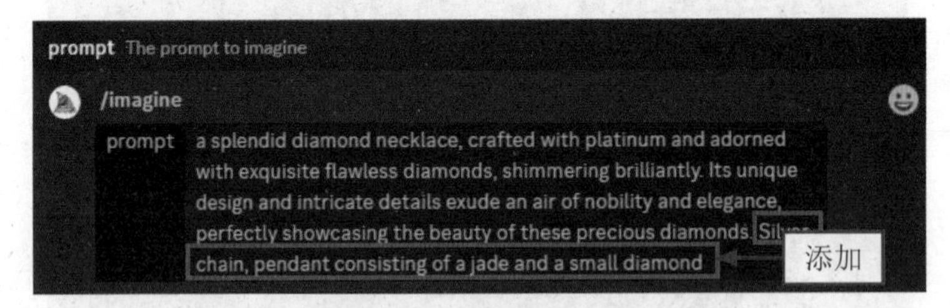

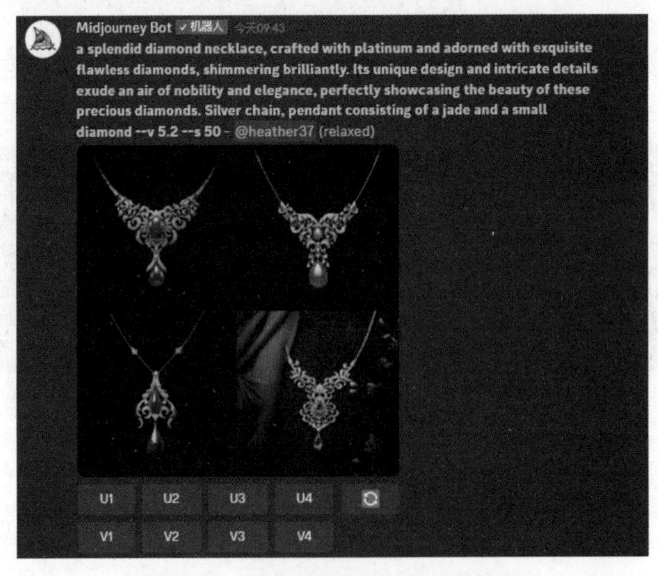

图26-8　生成添加风格后的图片效果

STEP 08 添加风格：继续添加关键词“classicism”（古典风格），按 Enter 键确认，生成添加风格后的图片效果，如图 26-9 所示。

Midjourney Bot ✓机器人 今天09:52
a splendid diamond necklace, crafted with platinum and adorned with exquisite
flawless diamonds, shimmering brilliantly. Its unique design and intricate details
exude an air of nobility and elegance, perfectly showcasing the beauty of these
precious diamonds. Silver chain, pendant consisting of a jade and a small
diamond classicism --v 5.2 --s 50 - @heather37 (relaxed)
U1
U2
U3
U4
V1
V2
V3
V4

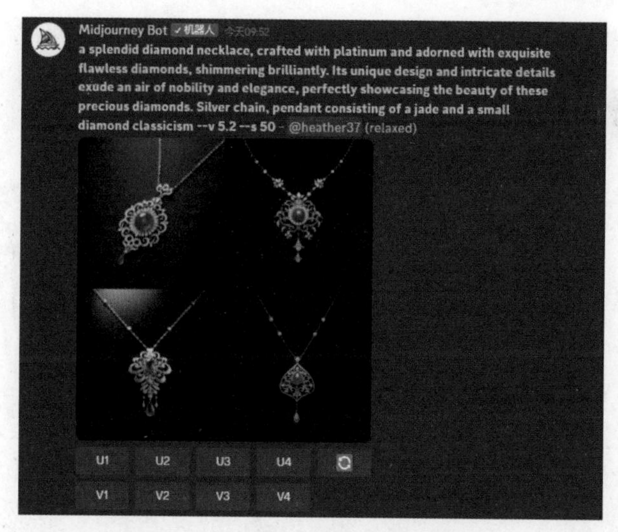

图26-9　生成添加风格后的图片效果

STEP 09 修改尺寸：继续添加指令“--ar 3:2”，调整画面的比例，按 Enter 键确认，生成更改尺寸后的图片效果，如图 26-10 所示。单击 U2 按钮，放大第 2 张图片，即可得到如图 26-1 所示的最终效果。

Midjourney Bot ✓机器人 今天10:11
a splendid diamond necklace, crafted with platinum and adorned with exquisite
flawless diamonds, shimmering brilliantly. Its unique design and intricate details
exude an air of nobility and elegance, perfectly showcasing the beauty of these
precious diamonds. Silver chain, pendant consisting of a jade and a small
diamond classicism --ar 3:2 --v 5.2 --s 50 - @heather37 (relaxed)
U1
U2
U3
U4
V1
V2
V3
V4

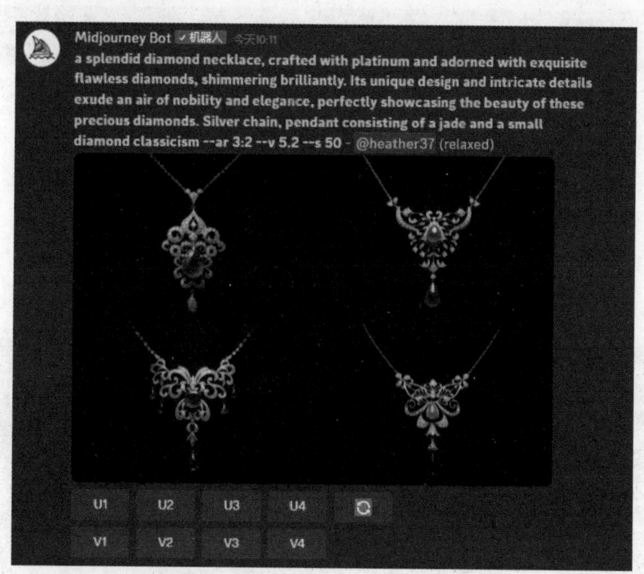

图26-10　生成更改尺寸后的图片效果

102 眼镜设计范例

眼镜作为配饰，同样在服装搭配上能起到修饰的作用，不仅可以突显个性，也能反映佩戴者的风格和品味。同时，合适的眼镜设计可以修饰脸型，突显面部优点。

在利用 AI 设计眼镜款式时，应跟随时尚趋势，加入流行的元素和创新的设计，可以添加关键词“transparent material, and the lenses have gradient colors”（大意为：透明材料，透镜具有渐变色），描述眼镜的颜色和材料，效果如图 26-11 所示。

The unique square frame is made of transparent material, and the lenses have gradient colors, showcasing a modern and fashionable atmosphere. The legs of the mirror are adorned with abstract artistic patterns. --ar 3:2

图26-11　眼镜设计图片效果

103 手链设计范例

手链是一种戴在手腕上的装饰品，通常由链条、绳子或者绳索等材料制成。其材质可以是金属、塑料、珠子、宝石等，也可以搭配各种各样的吊坠或装饰物。

在利用 AI 设计手链款式时，可以添加关键词“a silver chain, paired with sapphire and jade”（大意为：银链，配以蓝宝石和玉石），描述手链的颜色和装饰物。其效果如图 26-12 所示。

A delicate women's bracelet, based on a silver chain, paired with sapphire and jade, adorned with small flower pendants, showcasing a natural and fresh atmosphere and elegant temperament --ar 3:2

图26-12　手链设计图片效果

104 手表设计范例

手表是一种常见的配饰，既能实用地告知时间，也可以作为时尚品牌、材质和设计的展示。手表的种类繁多，包括石英表、机械表、电子表等，每种类型都有其独特的特点和设计风格，适合不同的个人品位和使用场合。

在利用 AI 设计手表款式时，可以添加关键词“a classic leather strap, with exquisite Roman numerals”（大意为：经典皮革表带，有精美的罗马数字），描述手表的风格和材料，使其更有特色。其效果如图 26-13 所示。

A simple and retro watch paired with a classic leather
strap, with exquisite Roman numerals engraved on the
dial, exuding an elegant and timeless charm. --ar 3:2

图26-13　手表设计图片效果

第 27 章　汽车设计指令与范例

在设计汽车时，首先要考虑车辆的外观，包括车身形状、前后灯光、车顶设计、车窗形状等。车辆外观设计不仅要考虑美观性，还要兼顾空气动力学、可视性和品牌特色。在内饰设计上，要考虑驾驶舱内部的元素，如座椅、仪表盘、中控台、方向盘、空调控制器等。本章介绍常见的几种汽车类型设计的AI 绘画指令与范例。

105 指令应用步骤

扫码看视频

在利用AI设计轿车时，应当注意对车身的颜色、构造、轮胎形状等细节进行描述。图27-1所示为用AI绘制的小轿车，复古的深蓝色调和大车头呈现古典的优雅气质，车身设计为流线型，减少了空气阻力。

图27-1　AI绘制的轿车设计图片效果

下面以AI生成轿车设计图过程为例，介绍汽车设计的指令应用操作步骤。

STEP 01 提出问题：在ChatGPT的输入框中输入关键词“假如你是一位AI绘画师，请为我提供一辆小轿车设计图的AI指令”，ChatGPT的回答如图27-2所示。

JA 假如你是一位AI绘画师，请为我提供一辆小轿车设计图的AI指令

当然可以！以下是一个简单的小轿车设计：

- 颜色：深蓝色
- 车身：流线型设计，有两扇门，屋顶向后方微微倾斜
- 轮子：四个圆形轮子，中间有五辐设计
- 灯光：两个椭圆形前灯，两个小圆形后灯
- 窗户：前、后挡风玻璃，两侧车窗
- 其他：后视镜，两侧车门把手

如果你有任何额外的要求或者想要做出修改，请随时告诉我！

图27-2　ChatGPT生成的相关回答

STEP 02 整合指令：继续在ChatGPT的输入框中输入关键词“请整合上述AI指令，

为我提供一段小轿车设计图的实例，40 字左右”，ChatGPT 的回答如图 27-3 所示。

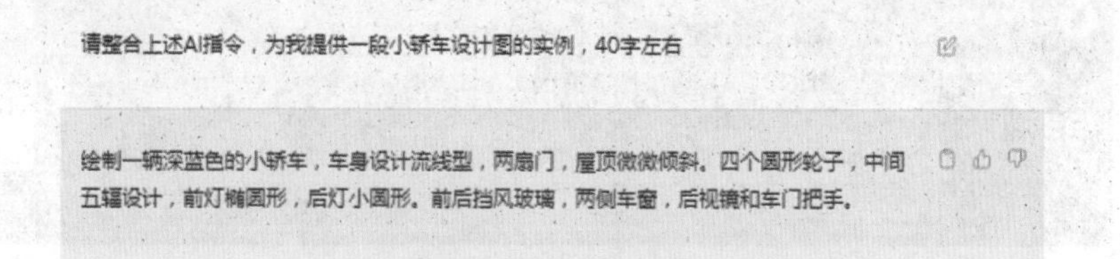
请整合上述AI指令，为我提供一段小轿车设计图的实例，40字左右
绘制一辆深蓝色的小轿车，车身设计流线型，两扇门，屋顶微微倾斜。四个圆形轮子，中间五辐设计，前灯椭圆形，后灯小圆形。前后挡风玻璃，两侧车窗，后视镜和车门把手。

图27-3　得到ChatGPT提供的关键词

STEP 03 得到英文：在 ChatGPT 中输入关键词“请翻译为英文”，ChatGPT 即可将前面生成的关键词翻译为英文，如图 27-4 所示。

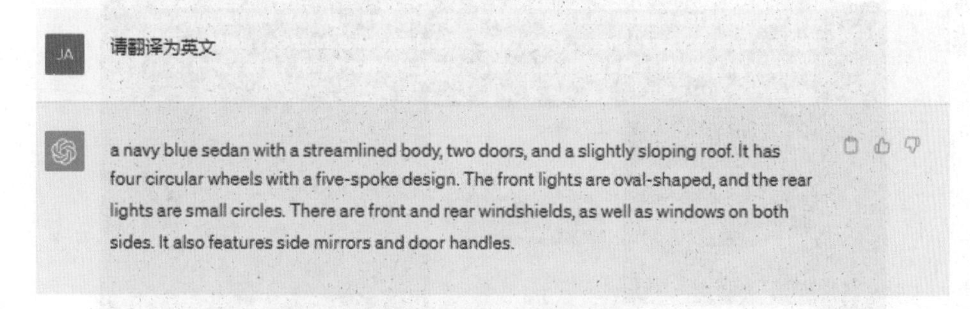
JA
请翻译为英文
a navy blue sedan with a streamlined body, two doors, and a slightly sloping roof. It has four circular wheels with a five-spoke design. The front lights are oval-shaped, and the rear lights are small circles. There are front and rear windshields, as well as windows on both sides. It also features side mirrors and door handles.

图27-4　将关键词翻译成英文

STEP 04 选择指令：在 Midjourney 下面的输入框中输入“/”，在弹出的上拉列表中选择 imagine 指令，如图 27-5 所示。

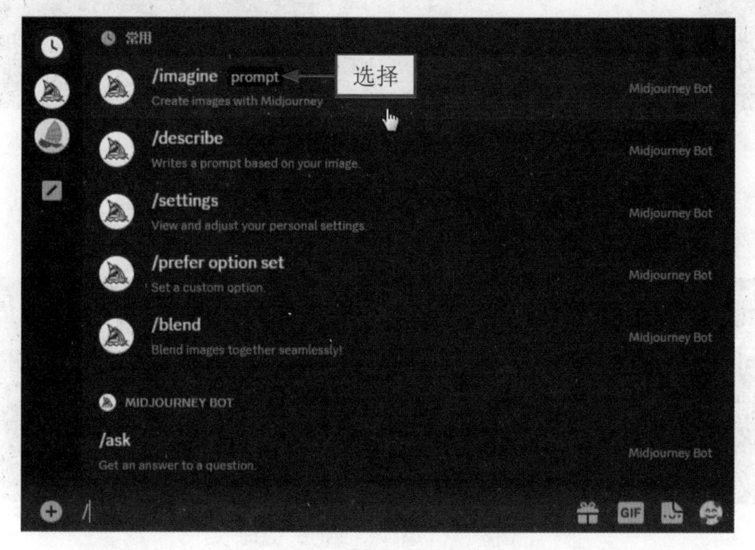
常用
/imagine prompt
选择
Create images with Midjourney
Midjourney Bot
/describe
Writes a prompt based on your image.
Midjourney Bot
/settings
View and adjust your personal settings.
Midjourney Bot
/prefer option set
Set a custom option.
Midjourney Bot
/blend
Blend images together seamlessly!
Midjourney Bot
MIDJOURNEY BOT
/ask
Get an answer to a question.
Midjourney Bot
GIF

图27-5　选择imagine指令

STEP 05 输入关键词：在 Midjourney 中通过 imagine 指令输入翻译好的英文关键词，如图 27-6 所示。

prompt The prompt to imagine
/imagine
prompt
a navy blue sedan with a streamlined body, two doors, and a slightly sloping roof. It has four circular wheels with a five-spoke design. The front lights are oval-shaped, and the rear lights are small circles. There are front and rear windshields, as well as windows on both sides. It also features side mirrors and door handles.
输入

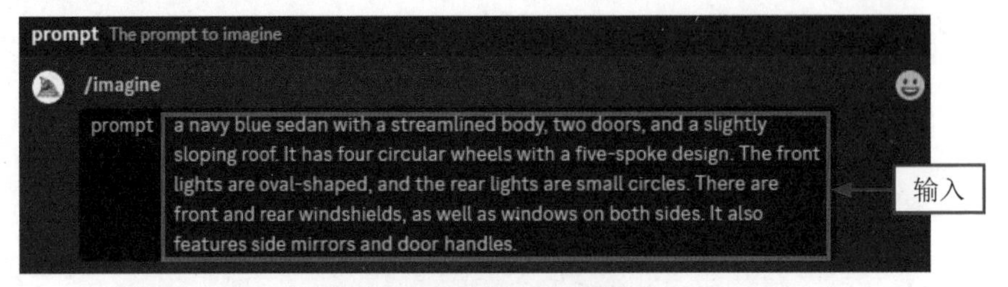

图27-6 输入相应的关键词

STEP 06 生成效果：按 Enter 键确认，生成初步的图片效果，如图 27-7 所示。

Midjourney Bot ✓机器人
a navy blue sedan with a streamlined body, two doors, and a slightly sloping roof. It has four circular wheels with a five-spoke design. The front lights are oval-shaped, and the rear lights are small circles. There are front and rear windshields, as well as windows on both sides. It also features side mirrors and door handles. --v 5.2 --s 50 - @heather37 (relaxed)
U1
U2
U3
U4

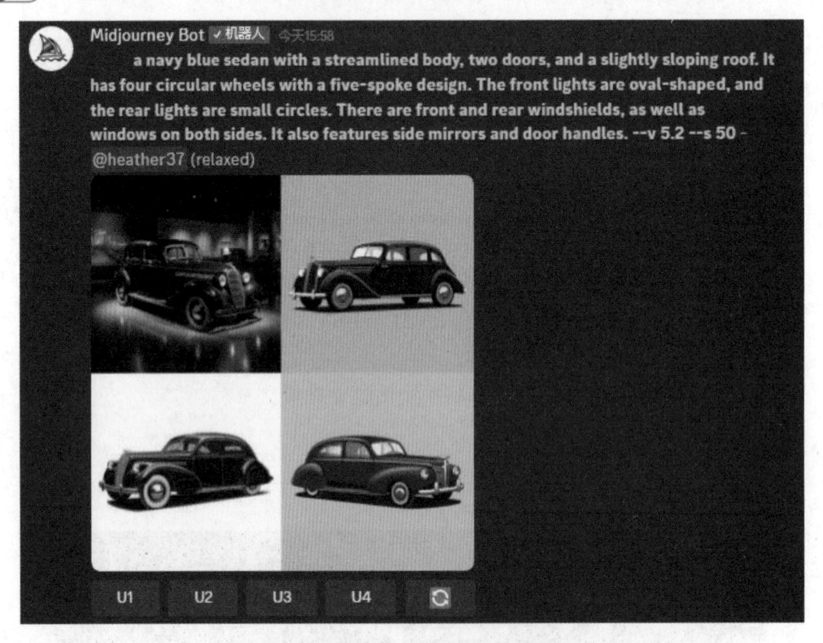

图27-7 生成初步的图片效果

STEP 07 添加风格：在 Midjourney 中继续添加关键词“Retro Style”（复古风格），添加轿车的风格，如图 27-8 所示。

/imagine Create images with Midjourney
/imagine
prompt
a navy blue sedan with a streamlined body, two doors, and a slightly sloping roof. It has four circular wheels with a five-spoke design. The front lights are oval-shaped, and the rear lights are small circles. There are front and rear windshields, as well as windows on both sides. It also features side mirrors and door handles. Retro Style
添加

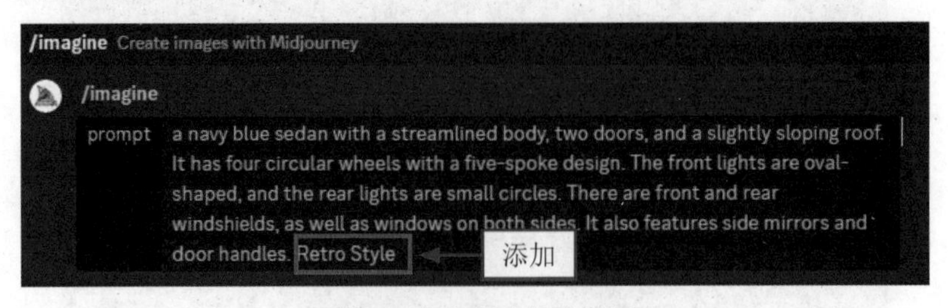

图27-8 添加相应的关键词

STEP 08 生成效果：按 Enter 键确认，生成添加风格后的图片效果，如图 27-9 所示。

STEP 09 修改尺寸：继续添加指令“--ar 3:2”，调整画面的比例，按 Enter 键确认，生成更改尺寸后的图片效果，如图 27-10 所示。单击 U1 按钮，放大第 1 张图片，即可得到如图 27-1 所示的最终效果。

a navy blue sedan with a streamlined body, two doors, and a slightly sloping roof. It has four circular wheels with a five-spoke design. The front lights are oval-shaped, and the rear lights are small circles. There are front and rear windshields, as well as windows on both sides. It also features side mirrors and door handles. Retro Style --v 5.2 --s 50 - @heather37 (relaxed)
U1
U2
U3
U4
V1
V2
V3
V4

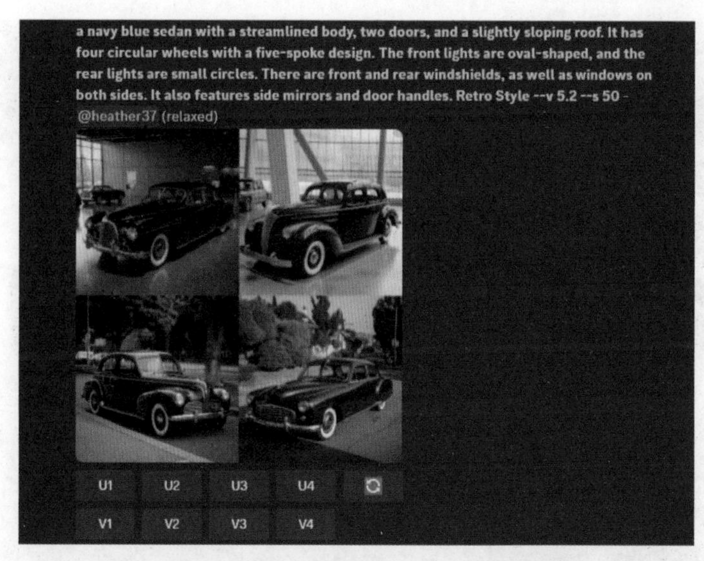

图27-9　生成添加风格后的图片效果

a navy blue sedan with a streamlined body, two doors, and a slightly sloping roof. It has four circular wheels with a five-spoke design. The front lights are oval-shaped, and the rear lights are small circles. There are front and rear windshields, as well as windows on both sides. It also features side mirrors and door handles. Retro Style --ar 3:2 --v 5.2 --s 50 - @heather37 (relaxed)
U1
U2
U3
U4
V1
V2
V3
V4

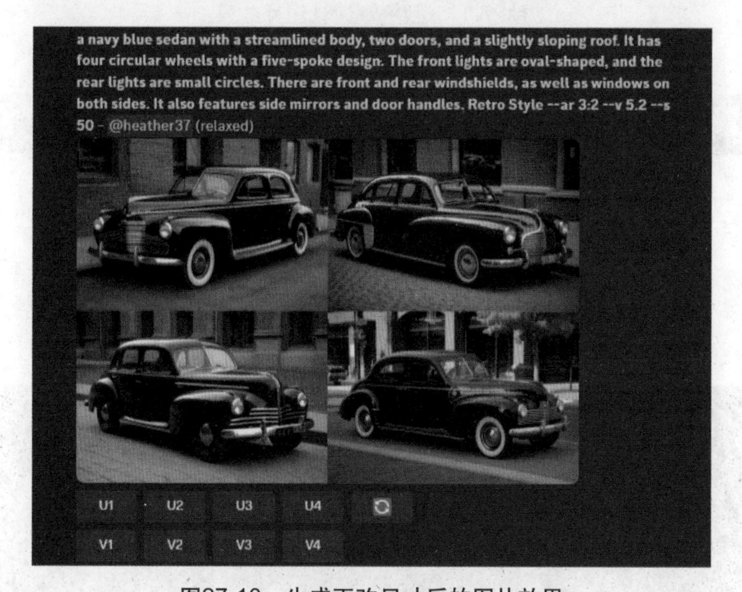

图27-10　生成更改尺寸后的图片效果

106 敞篷车设计范例

敞篷车是一种可以打开或移除车顶的汽车类型，使乘客能够在需要时享受到户外的阳光或风景。

在利用 AI 设计敞篷车时，要注意车顶的关键词描述，敞篷车的最显著特征就是可打开的车顶，效果如图 27-11 所示。

Design a dazzling convertible sports car with a deep blue exterior. It
features a streamlined body with two doors and a slightly inclined roof.
The car has four circular wheels with a five-spoke design in the center.
The front lights are oval-shaped, and the rear lights are small circles.
There are front and rear windshields, along with windows on both
sides. The car is equipped with side mirrors and door handles --ar 3:2

图27-11　敞篷车设计图片效果

107 越野车设计范例

越野车是一种设计用于在崎岖、不平坦或者野外地形中行驶的汽车。在利用 AI 设计越野车时，要注意其显著特征的关键词描述，如高底盘间隙，越野车会有比一般轿车更高的底盘，以避免在崎岖地形中被卡住；同时，越野车为了增强越野能力，通常会配备宽大、耐用的轮胎，提供更好的抓地力，效果如图 27-12 所示。

Deep green off-road vehicle with a rugged exterior. It features four
large, rugged tires, a roof rack for carrying luggage, square-shaped
headlights, and an LED light bar on the roof. Designed for extreme
challenges. --ar 3:2

图27-12　越野车设计图片效果

108 房车设计范例

房车是一种旅行用的车辆，通常包括生活和休闲设施，使人们可以在其中居住、旅行和度过休闲时间。

在利用 AI 设计房车时，要注意对其外观的关键词描述，如流线型外观，也可以增加对房车颜色的描述，常见的外观颜色包括白色、灰色和其他中性色调。其效果如图 27-13 所示。

A sleek, white camper with two doors and a slightly sloped roof. It features
four circular wheels with a five-spoke design, elliptical headlights at the
front, and small round taillights at the back. It has front and rear windshields,
along with side windows. Cyberpunk style, fashion and technology, The
camper also includes side mirrors for added convenience --ar 3:2

图27-13　房车设计图片效果

第 28 章　发型设计指令与范例

发型设计是指专业发型师根据客户的面部特征、发质、个人喜好以及时尚趋势等因素，设计出能够突显客户个人特色和优点的发型。本章介绍几种常见的发型设计的 AI 绘画指令与范例。

109 指令应用步骤

扫码看视频

在利用AI设计发型时，要考虑面部的形状。例如，圆脸适合一些拉长视线的发型，而方脸适合某些柔和的层次感。同时，考虑人物的发质，如直发、卷发、蓬松发等，不同的发型需要不同的剪裁和造型技巧。图28-1所示为用AI生成的职业发型设计图效果。

图28-1　AI绘制的发型设计图片效果

下面以AI生成职业发型设计图过程为例，介绍发型设计的指令应用操作步骤。

STEP 01 提出问题：在ChatGPT的输入框中输入关键词“假如你是一位AI绘画师，请为我提供一段发型设计图的AI指令”，ChatGPT的回答如图28-2所示。

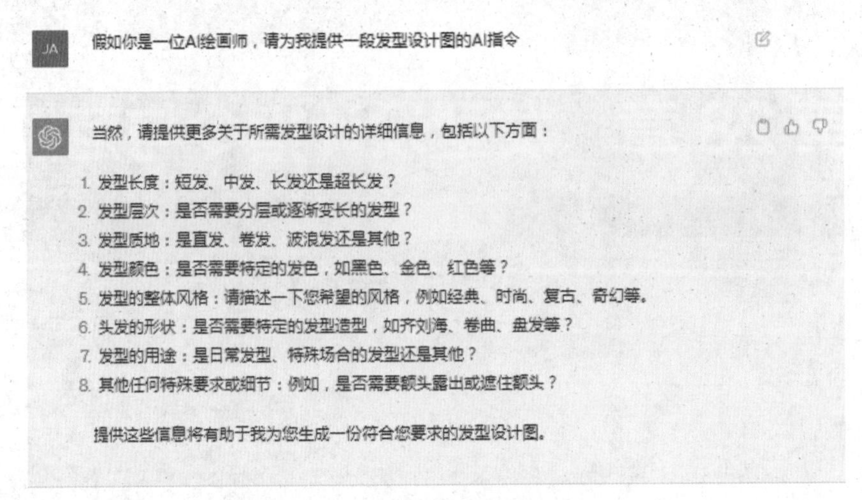
JA
假如你是一位AI绘画师，请为我提供一段发型设计图的AI指令
当然，请提供更多关于所需发型设计的详细信息，包括以下方面：
1. 发型长度：短发、中发、长发还是超长发？
2. 发型层次：是否需要分层或逐渐变长的发型？
3. 发型质地：是直发、卷发、波浪发还是其他？
4. 发型颜色：是否需要特定的发色，如黑色、金色、红色等？
5. 发型的整体风格：请描述一下您希望的风格，例如经典、时尚、复古、奇幻等。
6. 头发的形状：是否需要特定的发型造型，如齐刘海、卷曲、盘发等？
7. 发型的用途：是日常发型、特殊场合的发型还是其他？
8. 其他任何特殊要求或细节：例如，是否需要额头露出或遮住额头？
提供这些信息将有助于我为您生成一份符合您要求的发型设计图。

图28-2　ChatGPT生成的相关回答

STEP 02 整合指令：继续在 ChatGPT 的输入框中输入关键词“请整合上述 AI 指令，为我提供职业短发设计图的实例，40 字左右”，ChatGPT 的回答如图 28-3 所示。

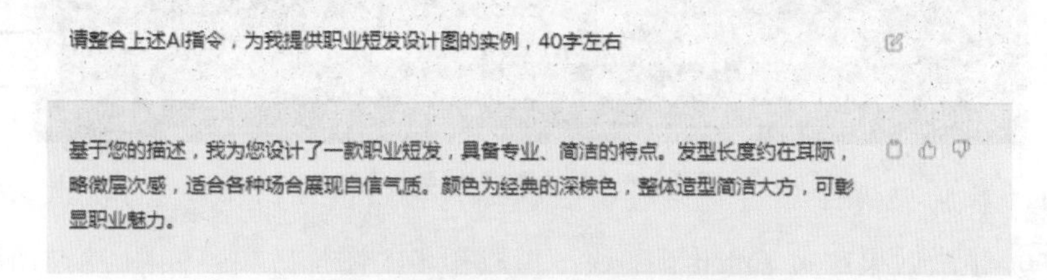
请整合上述AI指令，为我提供职业短发设计图的实例，40字左右
基于您的描述，我为您设计了一款职业短发，具备专业、简洁的特点。发型长度约在耳际，略微层次感，适合各种场合展现自信气质。颜色为经典的深棕色，整体造型简洁大方，可彰显职业魅力。

图28-3 得到ChatGPT提供的关键词

STEP 03 得到英文：在 ChatGPT 的输入框中输入关键词“请翻译为英文”，ChatGPT 即可将前面生成的关键词翻译为英文，如图 28-4 所示。

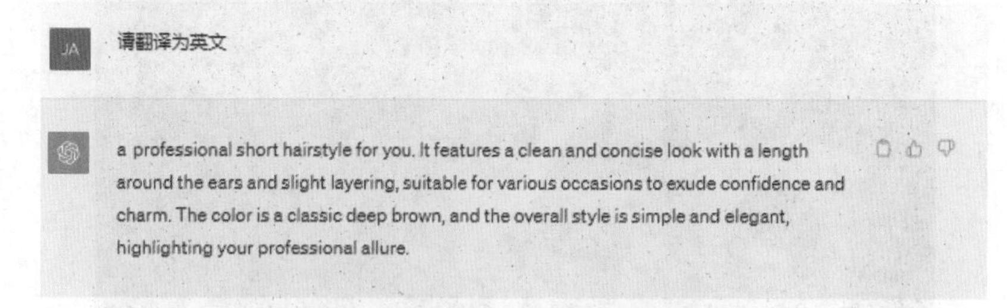
JA
请翻译为英文
a professional short hairstyle for you. It features a clean and concise look with a length around the ears and slight layering, suitable for various occasions to exude confidence and charm. The color is a classic deep brown, and the overall style is simple and elegant, highlighting your professional allure.

图28-4 将关键词翻译成英文

STEP 04 选择指令：在 Midjourney 下面的输入框中输入“/”，在弹出的上拉列表中选择 imagine 指令，如图 28-5 所示。

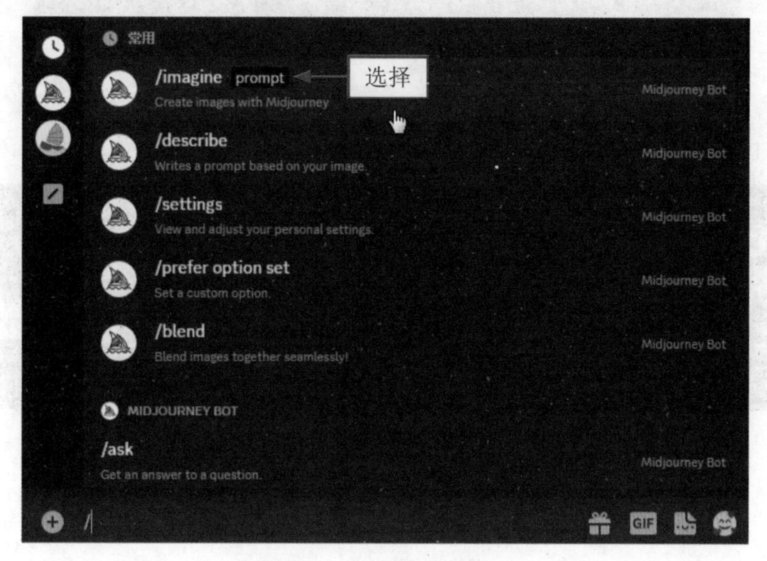
常用
/imagine prompt
选择
Create images with Midjourney
Midjourney Bot
/describe
Writes a prompt based on your image.
Midjourney Bot
/settings
View and adjust your personal settings.
Midjourney Bot
/prefer option set
Set a custom option.
Midjourney Bot
/blend
Blend images together seamlessly!
Midjourney Bot
MIDJOURNEY BOT
/ask
Get an answer to a question.
Midjourney Bot
/
GIF

图28-5 选择imagine指令

STEP 05 输入关键词：在 Midjourney 中通过 imagine 指令输入翻译好的英文关键词，如图 28-6 所示。

prompt The prompt to imagine
/imagine
prompt a professional short hairstyle for you. It features a clean and concise look with a length around the ears and slight layering, suitable for various occasions to exude confidence and charm. The color is a classic deep brown, and the overall style is simple and elegant, highlighting your professional allure.
输入

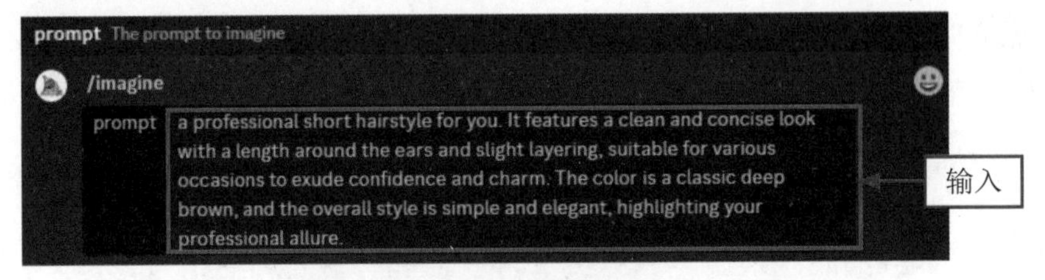

图28-6　输入相应的关键词

STEP 06 生成效果：按 Enter 键确认，生成初步的图片效果，如图 28-7 所示。

Midjourney Bot
a professional short hairstyle for you. It features a clean and concise look with a length around the ears and slight layering, suitable for various occasions to exude confidence and charm. The color is a classic deep brown, and the overall style is simple and elegant, highlighting your professional allure. --v 5.2 --s 50 - @heather37 (relaxed)
U1
U2
U3
U4
V1
V2
V3
V4

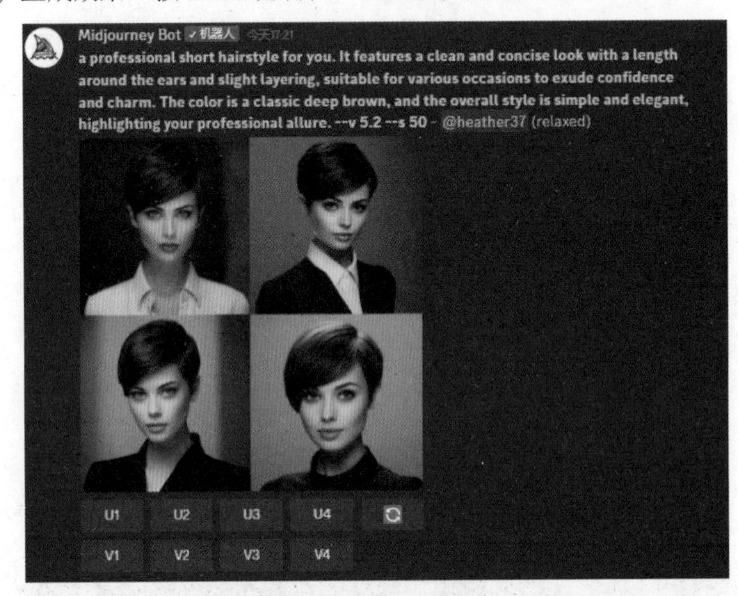

图28-7　生成初步的图片效果

STEP 07 修改细节：修改关键词，将“brown”（棕色）改为“black”（黑色），改变发型的颜色，如图 28-8 所示。

prompt The prompt to imagine
/imagine
prompt a professional short hairstyle for you. It features a clean and concise look with a length around the ears and slight layering, suitable for various occasions to exude confidence and charm. The color is a classic deep black, and the overall style is simple and elegant, highlighting your professional allure.
修改

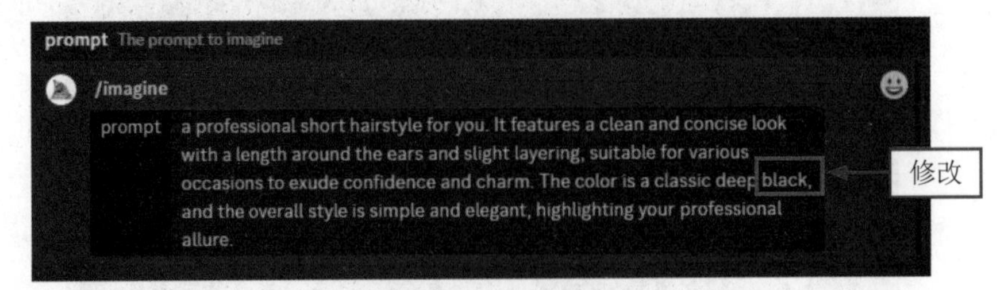

图28-8　修改关键词

STEP 08 生成效果：按 Enter 键确认，生成改变颜色后的图片效果，如图 28-9 所示。

STEP 09 修改尺寸：继续添加指令“--ar 3:2”，调整画面的比例，按 Enter 键确认，生成更改尺寸后的图片效果，如图 28-10 所示。单击 U4 按钮，放大第 4 张图片，即可得到如图 28-1 所示的最终效果。

a professional short hairstyle for you. It features a clean and concise look with a length around the ears and slight layering, suitable for various occasions to exude confidence and charm. The color is a classic deep black, and the overall style is simple and elegant, highlighting your professional allure. --v 5.2 --s 50 - @heather37 (relaxed)
U1
U2
U3
U4
V1
V2
V3
V4

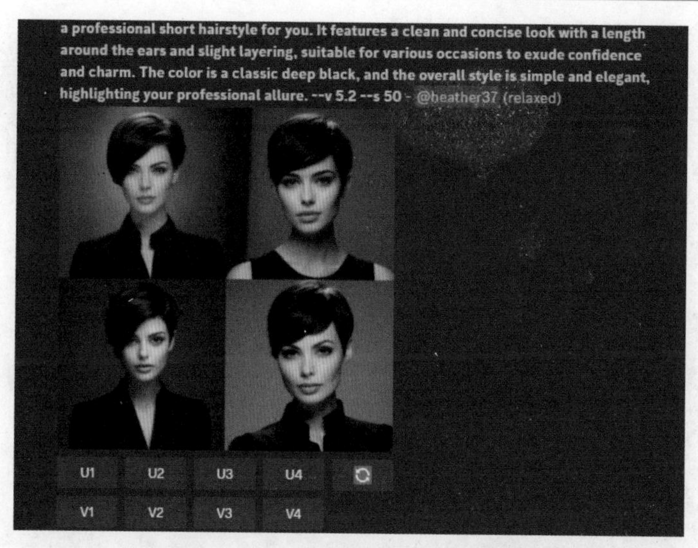

图28-9　生成改变颜色后的图片效果

a professional short hairstyle for you. It features a clean and concise look with a length around the ears and slight layering, suitable for various occasions to exude confidence and charm. The color is a classic deep black, and the overall style is simple and elegant, highlighting your professional allure. --ar 3:2 --v 5.2 --s 50 - @heather37 (relaxed)
U1
U2
U3
U4
V1
V2
V3
V4

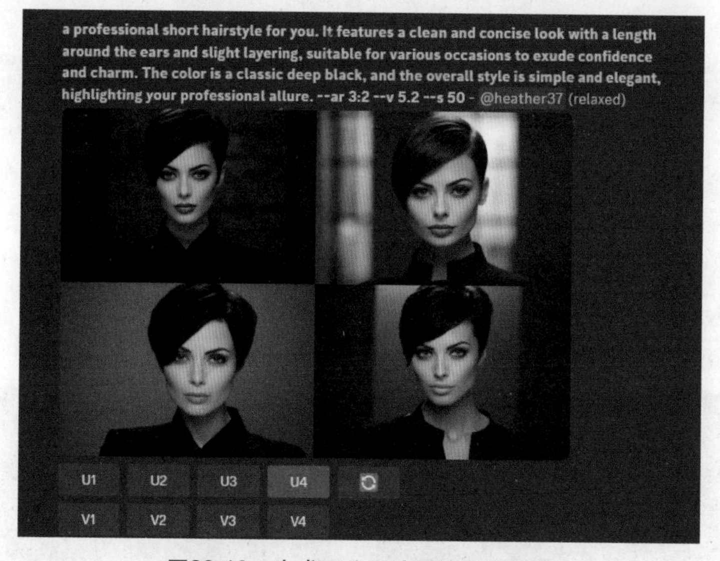

图28-10　生成更改尺寸后的图片效果

110 时尚发型设计范例

时尚发型是指符合当前时尚潮流并具有创新性、独特性的发型设计，它们通常反映了当代社会的审美趋势和个性化需求。

在使用 AI 设计时尚发型时，可以添加关键词“golden, naturally layered curly hair with bangs”（大意为：金色，自然分层的刘海卷发），描述发型的具体颜色和特点，效果如图 28-11 所示。

Based on a fashionable style, design a medium-length, golden, naturally
layered curly hair with bangs. It's versatile for both everyday wear and
special occasions, showcasing a distinctive and trendy look. --ar 3:2

图28-11　时尚发型图片效果

111 复古发型设计范例

复古发型是指源自过去时代的发型风格，通常是20世纪中期到70年代的经典造型。这些发型往往具有独特的特色和时代感，可以通过一些经典的设计元素来重新诠释和呈现。

在利用AI设计复古发型时，可以根据所选择的复古时代，选择与之相符合的发色，例如，20世纪60年代流行的金黄色或70年代流行的深棕色，效果如图28-12所示。

Medium length Layered, gradually lengthening Wavy hair Classic
chocolate brown Vintage, paired with classic curls --ar 3:2

图28-12　复古发型设计图片效果

112 国风发型设计范例

国风发型是指受到中国传统文化和历史元素启发的发型设计，这种发型通常体现了古代中国的审美标准和美发技艺。

在利用 AI 设计国风发型时，可以参考古代造型，研究古代文人、宫廷人物的发型，如古代宫廷妃子的发髻或文人雅士的头巾。国风发型可以在关键词中强调发簪、发钗、头巾等，这些细节关键词可以突显古典美感，效果如图 28-13 所示。

traditional Chinese hairstyle with medium-length, layered waves. Use a
deep brown hair color and adorn with traditional hairpins. Emphasize a
classical and elegant style to evoke a sense of Chinese culture. --ar 3:2

图28-13　国风发型设计图片效果

第 29 章　服装设计指令与范例

服装设计是将创意、美学和功能性相结合的创造性活动。它涉及设计、制作和定制各种类型的服装，包括但不限于上衣、裙子、裤子、外套、配件等。在服装设计的过程中，需要确定服装的整体风格和主题，同时选择合适的面料和材料。本章介绍几种服装类型设计的 AI 绘画指令与范例。

113 指令应用步骤

扫码看视频

运动服是专门为参与运动、锻炼或体育活动而设计的服装，它们通常以舒适性、透气性和灵活性为特点。

在利用 AI 设计运动服时，应当首先考虑运动服适用于哪种类型的运动，以及会在什么样的环境中使用，保证其在活动过程中的舒适性，效果如图 29-1 所示。

图29-1　AI绘制的运动服装图片效果

下面以 AI 生成运动服装图片的过程为例，介绍服装设计的指令应用操作步骤。

 提出问题：在 ChatGPT 的输入框中输入关键词“假如你是一位 AI 绘画师，请为我提供关于服装款式设计的 AI 指令”，ChatGPT 的回答如图 29-2 所示。

JA 假如你是一位AI绘画师，请为我提供关于服装款式设计的AI指令

当然可以！作为一位AI绘画师，我可以提供关于服装款式设计的建议和示意图。请提供以下信息，以便我可以开始设计：

1. **风格偏好**：你希望这件服装具有哪种风格？例如：时尚、古典、休闲等。
2. **服装类型**：是上衣、裙子、裤子还是外套？或者其他特定的类型？
3. **颜色**：你有特定的颜色或者颜色组合想要使用吗？
4. **尺寸和身形**：你希望这件服装适合哪种尺寸和身形？
5. **细节要求**：例如，你想要有口袋、褶皱、装饰品等特定的设计细节吗？
6. **是否需要参考图片**：如果你有任何参考图片或者样板图，可以提供给我，这样我可以更好地理解你的需求。

请提供以上信息，我将尽力为你设计一款满足你需求的服装款式。

图29-2　ChatGPT生成的相关回答

STEP 02 整合指令：继续在 ChatGPT 的输入框中输入关键词“请整合上述 AI 指令，为我提供一段运动服设计图的实例，40 字左右”，ChatGPT 的回答如图 29-3 所示。

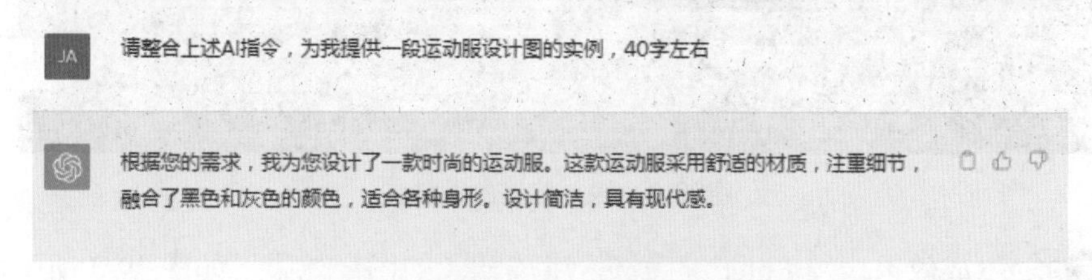
JA
请整合上述AI指令，为我提供一段运动服设计图的实例，40字左右
根据您的需求，我为您设计了一款时尚的运动服。这款运动服采用舒适的材质，注重细节，融合了黑色和灰色的颜色，适合各种身形。设计简洁，具有现代感。

图29-3　得到ChatGPT提供的关键词

STEP 03 得到英文：在 ChatGPT 的输入框中输入关键词“请翻译为英文”，ChatGPT 即可将前面生成的关键词翻译为英文，如图 29-4 所示。

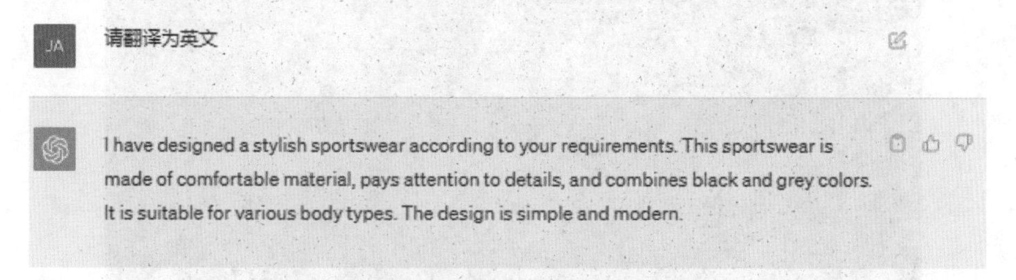
JA
请翻译为英文
I have designed a stylish sportswear according to your requirements. This sportswear is made of comfortable material, pays attention to details, and combines black and grey colors. It is suitable for various body types. The design is simple and modern.

图29-4　将关键词翻译成英文

STEP 04 选择指令：在 Midjourney 下面的输入框中输入“/”，在弹出的上拉列表中选择 imagine 指令，如图 29-5 所示。

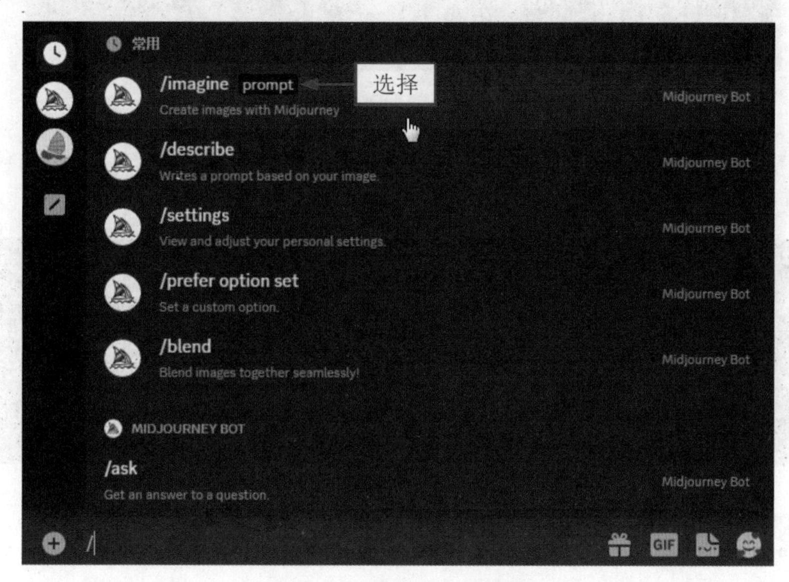
常用
/imagine prompt
Create images with Midjourney
选择
Midjourney Bot
/describe
Writes a prompt based on your image.
Midjourney Bot
/settings
View and adjust your personal settings.
Midjourney Bot
/prefer option set
Set a custom option.
Midjourney Bot
/blend
Blend images together seamlessly!
Midjourney Bot
MIDJOURNEY BOT
/ask
Get an answer to a question.
Midjourney Bot
/
GIF

图29-5　选择imagine指令

STEP 05 输入关键词：在 Midjourney 中通过 imagine 指令输入翻译好的英文关键词，如图 29-6 所示。

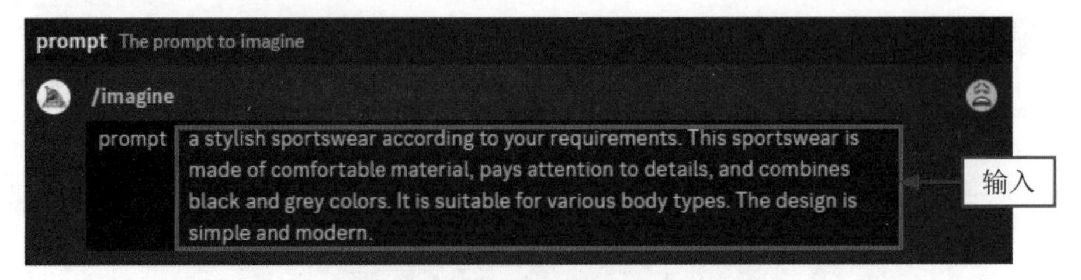
prompt The prompt to imagine
/imagine
prompt a stylish sportswear according to your requirements. This sportswear is made of comfortable material, pays attention to details, and combines black and grey colors. It is suitable for various body types. The design is simple and modern.
输入

图29-6　输入相应的关键词

STEP 06 生成效果：按 Enter 键确认，生成初步的图片效果，如图 29-7 所示。

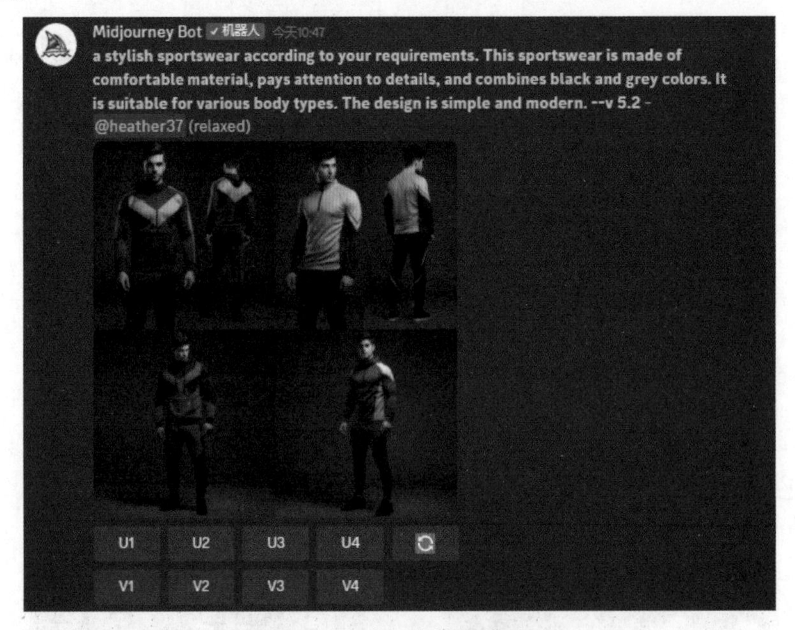
Midjourney Bot ✓机器人 今天10:47
a stylish sportswear according to your requirements. This sportswear is made of comfortable material, pays attention to details, and combines black and grey colors. It is suitable for various body types. The design is simple and modern. --v 5.2 - @heather37 (relaxed)
U1 U2 U3 U4
V1 V2 V3 V4

图29-7　生成初步的图片效果

STEP 07 修改细节：修改关键词，将“grey”（灰色）改为“white”（白色），改变运动服的颜色，如图 29-8 所示。

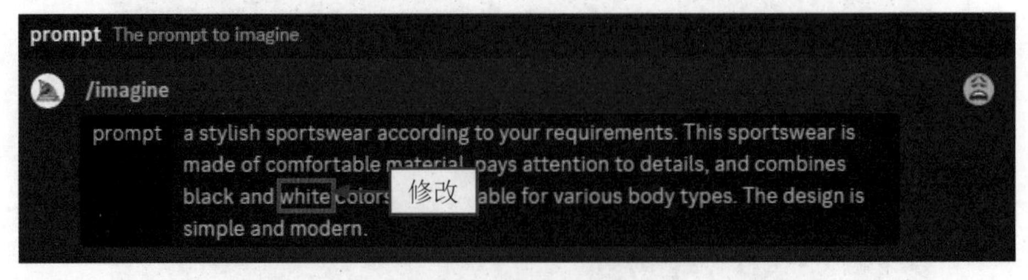
prompt The prompt to imagine
/imagine
prompt a stylish sportswear according to your requirements. This sportswear is made of comfortable material, pays attention to details, and combines black and white colors
able for various body types. The design is simple and modern.
修改

图29-8　修改关键词

STEP 08 生成效果：按 Enter 键确认，生成改变颜色后的图片效果，如图 29-9 所示。

STEP 09 修改尺寸：继续添加指令“--ar 3:2”，调整画面的比例，按 Enter 键确认，生成更改尺寸后的图片效果，如图 29-10 所示。单击 U4 按钮，放大第 4 张图片，即可得到如图 29-1 所示的最终效果。

Midjourney Bot ✓机器人 今天11:38
a stylish sportswear according to your requirements. This sportswear is made of comfortable material, pays attention to details, and combines black and white colors. It is suitable for various body types. The design is simple and modern. --v 5.2 - @heather37 (relaxed)
U1
U2
U3
U4
V1
V2
V3
V4

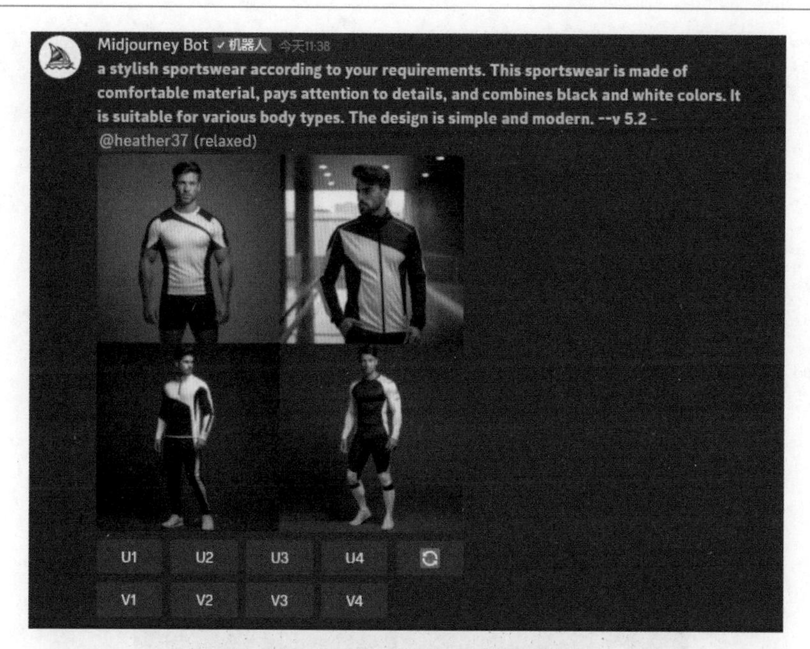

图29-9　生成改变颜色后的图片效果

a stylish sportswear according to your requirements. This sportswear is made of comfortable material, pays attention to details, and combines black and white colors. It is suitable for various body types. The design is simple and modern. --ar 3:2 --v 5.2 - @heather37 (relaxed)
U1
U2
U3
U4
V1
V2
V3
V4

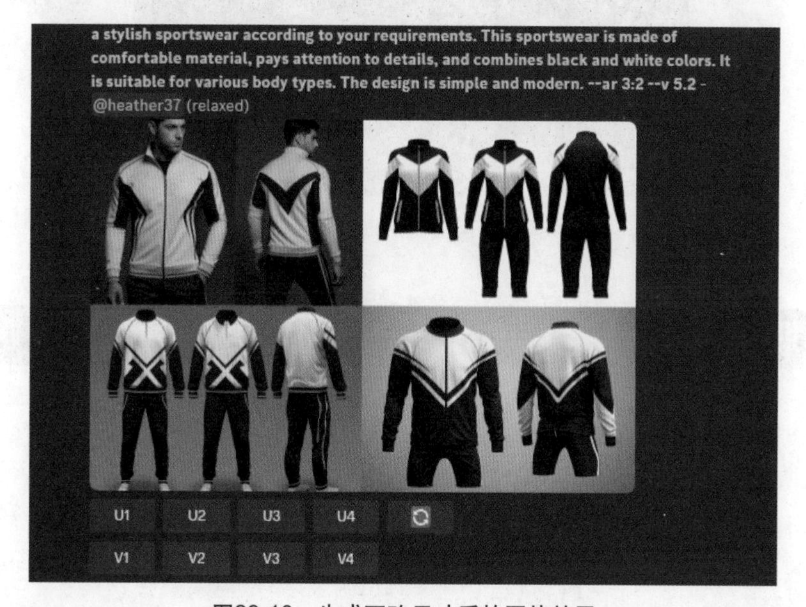

图29-10　生成更改尺寸后的图片效果

114 演出礼服设计范例

演出礼服是一种特殊设计的服装，通常用于正式场合，如音乐会、舞台演出、颁奖典礼等。演出礼服的设计通常会凸显舞台效果，以便艺术家在表演中脱颖而出。

在利用 AI 设计演出礼服时，需要考虑舞台效果，了解舞台光线和背景，选择颜色和材料以确保演员在舞台上显得明亮、突出；同时，注重剪裁和设计，突出演员身形，以使其在舞台上更具视觉冲击力，效果如图 29-11 所示。

Stylish and elegant, the gown outlines the graceful figure with smooth lines.
The deep blue fabric is adorned with silver sequins, complemented by a V-
neckline with transparent lace, showcasing feminine charm. The skirt
features a gradient fringe, exuding both elegance and dynamism. --ar 3:4

图29-11 演出礼服设计图片效果

115 职业装设计范例

职业装是一种专门设计用于职场工作场合的服装，它通常以正式、得体、专业为特点，旨在展现职业人士的专业素养和形象。

在利用 AI 设计职业装时，需要选择合适的剪裁和版型，确保职业装与穿着者的身形相称，展现专业、得体的形象；避免过于花哨或过于复杂的设计，选择简约而精致的款式，突显专业和稳重，效果如图 29-12 所示。

116 婚纱礼服设计范例

婚纱礼服是新娘在婚礼上穿着的特别设计的服装，它是一种象征婚礼仪式和庆祝的特殊服装，通常会以优雅、浪漫和华丽的设计来展现新娘最美丽的一面。

在利用 AI 设计婚纱礼服时，需要在关键词中对面料进行描述，如丝绸、蕾丝、绸缎等，以确保婚纱礼服的质感和触感；同时，确保婚纱礼服与婚礼的主题和场地相协调，以使整体氛围更加和谐，效果如图 29-13 所示。

This classic fashion ladies' suit features a dark blue color scheme paired
with a light blue blouse. Sized at S with a tailored fit, it highlights the
elegant charm of professional women. The waistline tailoring enhances the
overall silhouette, while the blue ribbon belt adds a touch of sophistication
The flared cuffs design adds a sense of lightness --ar 3:4

图29-12 职业装设计图片效果

A custom-designed wedding gown with a theme of elegant grandeur,
featuring a long train. It is designed in a pure white color scheme, adorned
with intricate lace details and a trailing design. --ar 3:4

图29-13 婚纱礼服设计图片效果

第 30 章　鞋子设计指令与范例

鞋子设计是指将各种元素（如材料、结构、样式等）融合在一起，以创建舒适、时尚、耐用且功能性强的鞋子的过程；这个过程通常包括材料选择、结构设计、样式和外观设计等方面。本章介绍几种常见的鞋款设计的 AI 绘画指令与范例。

117 指令应用步骤

扫码看视频

运动鞋是专门用于进行体育运动或锻炼的鞋子，在设计上更注重提供足够的舒适度和支撑，以减少在运动时对脚部的压力。

在利用 AI 设计运动鞋时，需要在关键词中加入对鞋子的颜色和版型的描述，使 AI 能够更精准地生成所想要的效果，如图 30-1 所示。

图30-1 用AI绘制的运动鞋图片效果

下面以 AI 生成运动鞋图片的过程为例，介绍鞋子设计的指令应用操作步骤。

STEP 01 提出问题：在 ChatGPT 的输入框中输入关键词“假如你是一位 AI 绘画师，请为我提供关于鞋子设计的 AI 指令”，ChatGPT 的回答如图 30-2 所示。

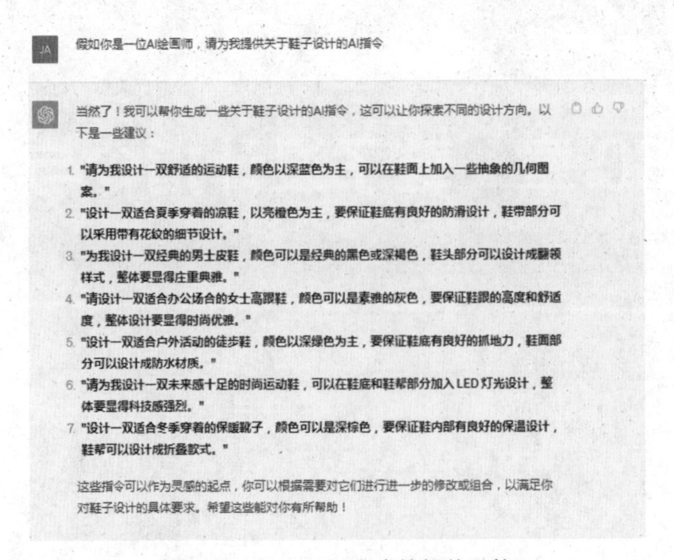
JA
假如你是一位AI绘画师，请为我提供关于鞋子设计的AI指令
当然了！我可以帮你生成一些关于鞋子设计的AI指令，这可以让你探索不同的设计方向。以下是一些建议：
1. "请为我设计一双舒适的运动鞋，颜色以深蓝色为主，可以在鞋面上加入一些抽象的几何图案。"
2. "设计一双适合夏季穿着的凉鞋，以亮橙色为主，要保证鞋底有良好的防滑设计，鞋带部分可以采用带有花纹的细节设计。"
3. "为我设计一双经典的男士皮鞋，颜色可以是经典的黑色或深褐色，鞋头部分可以设计成翻领样式，整体要显得庄重典雅。"
4. "请设计一双适合办公场合的女士高跟鞋，颜色可以是素雅的灰色，要保证鞋跟的高度和舒适度，整体设计要显得时尚优雅。"
5. "设计一双适合户外活动的徒步鞋，颜色以深绿色为主，要保证鞋底有良好的抓地力，鞋面部分可以设计成防水材质。"
6. "请为我设计一双未来感十足的时尚运动鞋，可以在鞋底和鞋帮部分加入LED 灯光设计，整体要显得科技感强烈。"
7. "设计一双适合冬季穿着的保暖靴子，颜色可以是深棕色，要保证鞋内部有良好的保温设计，鞋帮可以设计成折叠款式。"
这些指令可以作为灵感的起点，你可以根据需要对它们进行进一步的修改或组合，以满足你对鞋子设计的具体要求。希望这些能对你有所帮助！

图30-2 ChatGPT生成的相关回答

STEP 02 整合指令：继续在 ChatGPT 的输入框中输入关键词“请整合上述 AI 指令，为我提供一段运动鞋设计图的实例，40 字左右”，ChatGPT 的回答如图 30-3 所示。

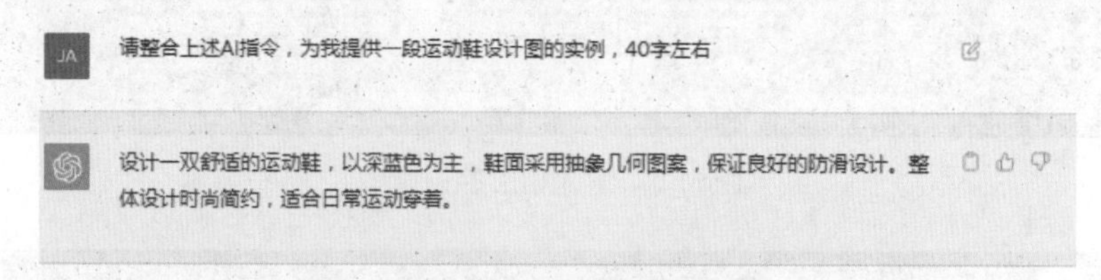
请整合上述AI指令，为我提供一段运动鞋设计图的实例，40字左右
设计一双舒适的运动鞋，以深蓝色为主，鞋面采用抽象几何图案，保证良好的防滑设计。整体设计时尚简约，适合日常运动穿着。

图30-3　得到ChatGPT提供的关键词

STEP 03 得到英文：在 ChatGPT 的输入框中输入关键词“请翻译为英文”，ChatGPT 即可将前面生成的关键词翻译为英文，如图 30-4 所示。

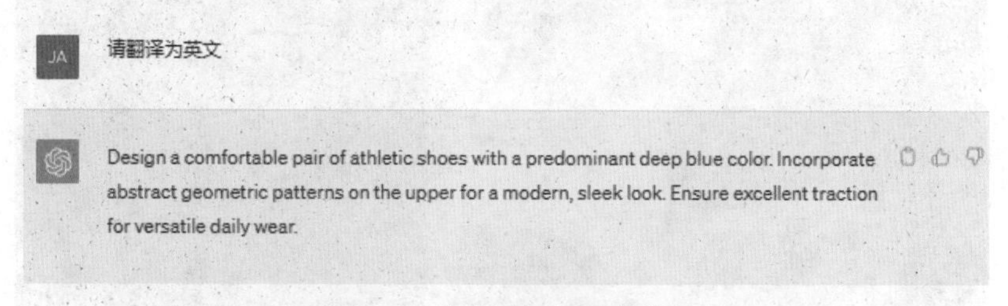
请翻译为英文
Design a comfortable pair of athletic shoes with a predominant deep blue color. Incorporate abstract geometric patterns on the upper for a modern, sleek look. Ensure excellent traction for versatile daily wear.

图30-4　将关键词翻译成英文

STEP 04 选择指令：在 Midjourney 下面的输入框中输入“/”，在弹出的上拉列表中选择 imagine 指令，如图 30-5 所示。

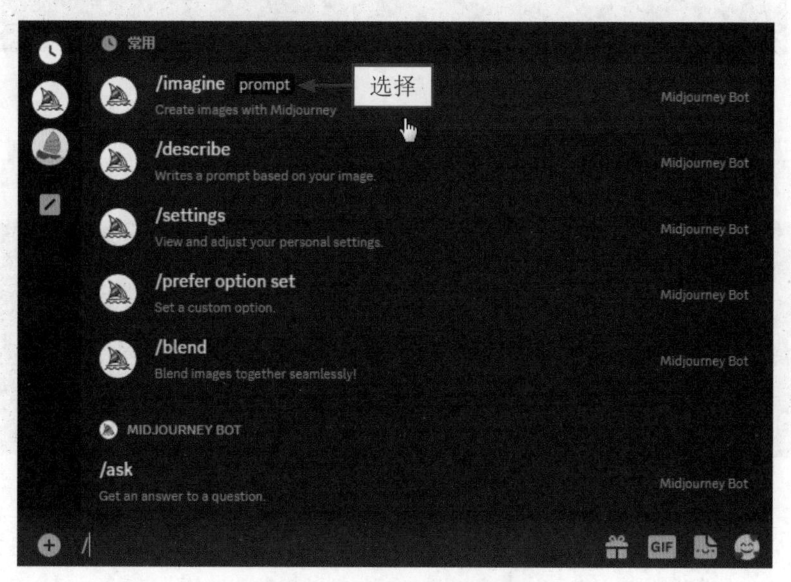
常用
/imagine prompt
Create images with Midjourney
选择
/describe
Writes a prompt based on your image.
/settings
View and adjust your personal settings.
/prefer option set
Set a custom option.
/blend
Blend images together seamlessly!
MIDJOURNEY BOT
/ask
Get an answer to a question.
Midjourney Bot
GIF

图30-5　选择imagine指令

STEP 05 输入关键词：在 Midjourney 中通过 imagine 指令输入翻译好的英文关键词，如图 30-6 所示。

STEP 06 生成效果：按 Enter 键确认，生成初步的图片效果，如图 30-7 所示。

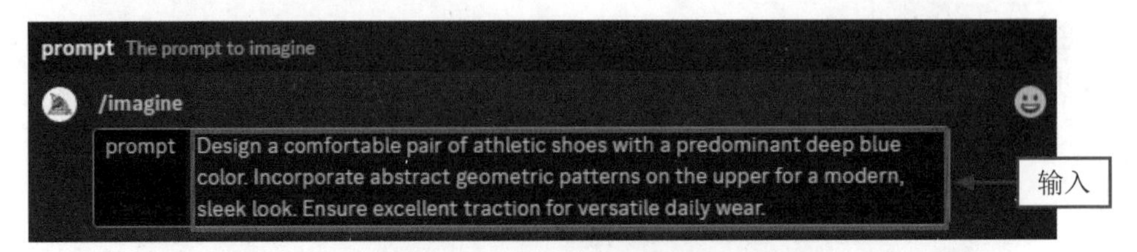
prompt The prompt to imagine
/imagine
prompt
Design a comfortable pair of athletic shoes with a predominant deep blue color. Incorporate abstract geometric patterns on the upper for a modern, sleek look. Ensure excellent traction for versatile daily wear.
输入

图30-6 输入相应的关键词

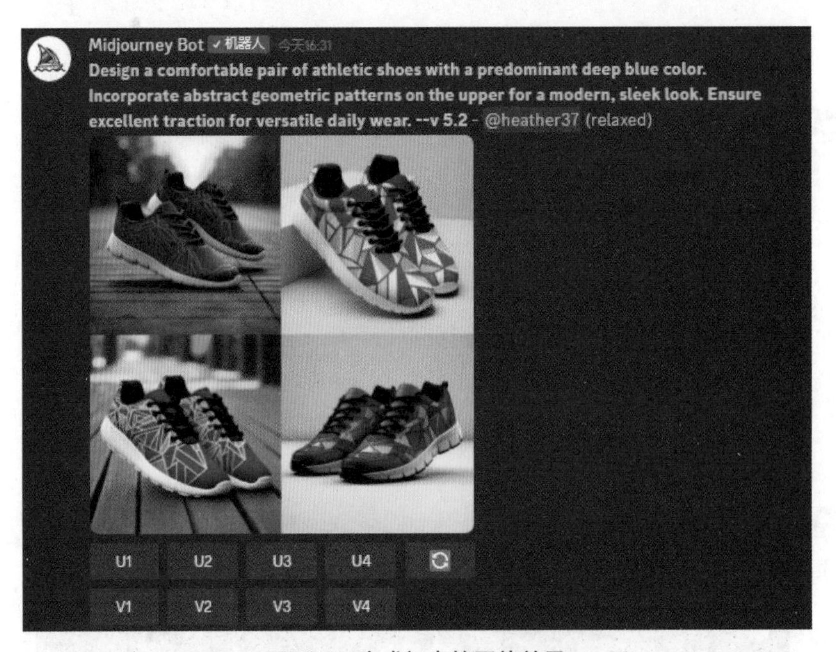
Midjourney Bot ✓机器人 今天16:31
Design a comfortable pair of athletic shoes with a predominant deep blue color. Incorporate abstract geometric patterns on the upper for a modern, sleek look. Ensure excellent traction for versatile daily wear. --v 5.2 - @heather37 (relaxed)
U1
U2
U3
U4
V1
V2
V3
V4

图30-7 生成初步的图片效果

STEP 07 添加风格：在 Midjourney 中继续添加关键词“Cyberpunk style”（赛博朋克风格），添加运动鞋的风格，如图 30-8 所示。

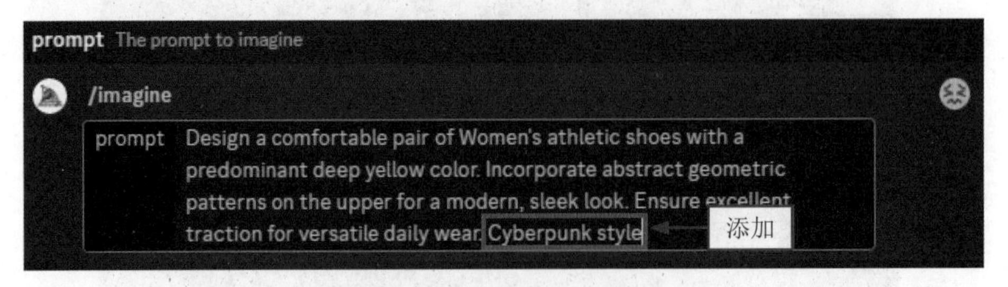
prompt The prompt to imagine
/imagine
prompt
Design a comfortable pair of Women's athletic shoes with a predominant deep yellow color. Incorporate abstract geometric patterns on the upper for a modern, sleek look. Ensure excellent traction for versatile daily wear. Cyberpunk style
添加

图30-8 添加相应的关键词

STEP 08 生成效果：按 Enter 键确认，生成添加风格后的图片效果，如图 30-9 所示。

STEP 09 修改细节：修改关键词，将“blue”（蓝色）改为“yellow”（黄色），改变运动鞋的颜色，如图 30-10 所示。

STEP 10 生成效果：按 Enter 键确认，生成改变颜色后的图片效果，如图 30-11 所示。

Design a comfortable pair of athletic shoes with a predominant deep blue color. Incorporate abstract geometric patterns on the upper for a modern, sleek look. Ensure excellent traction for versatile daily wear. Cyberpunk style --v 5.2 - @heather37 (relaxed)
U1
U2
U3
U4
V1
V2
V3
V4

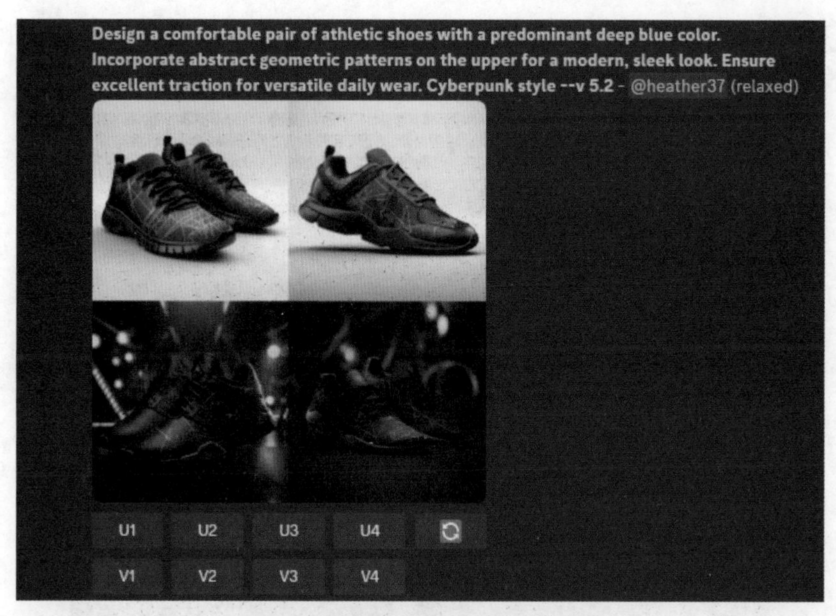

图30-9　生成添加风格后的图片效果

prompt The prompt to imagine
/imagine
prompt
Design a comfortable pair of Women's athletic shoes with a predominant
deep yellow
修改
abstract geometric patterns on the upper for
Cyberpunk style

图30-10　修改关键词

Design a comfortable pair of Women's athletic shoes with a predominant deep yellow color. Incorporate abstract geometric patterns on the upper for a modern, sleek look. Ensure excellent traction for versatile daily wear. Cyberpunk style --v 5.2 - @heather37 (relaxed)
U1
U2
U3
U4
V1
V2
V3
V4

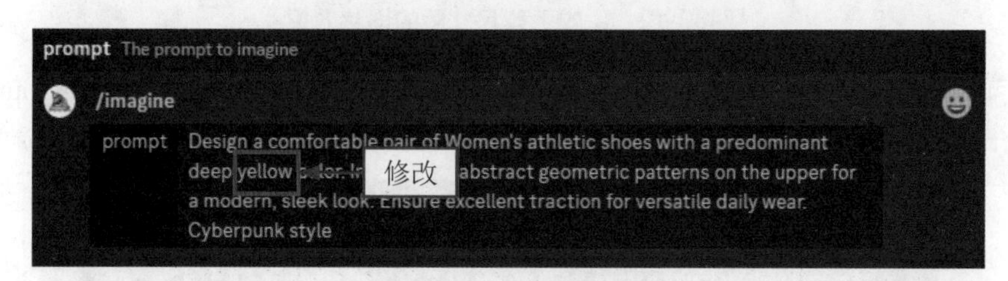

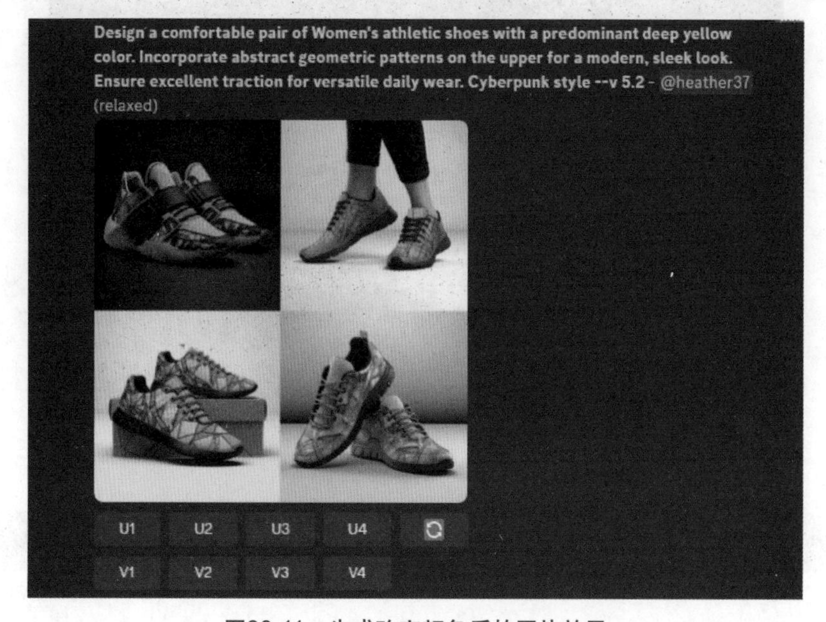

图30-11　生成改变颜色后的图片效果

STEP 11 修改尺寸：在 Midjourney 中继续添加指令“--ar 3:2”，调整画面的比例，按 Enter 键确认，生成更改尺寸后的图片效果，如图 30-12 所示。

Design a comfortable pair of Women's athletic shoes with a predominant deep yellow color. Incorporate abstract geometric patterns on the upper for a modern, sleek look. Ensure excellent traction for versatile daily wear. Cyberpunk style --ar 3:2 --v 5.2 - @heather37 (relaxed)
U1
U2
U3
U4
V1
V2
V3
V4

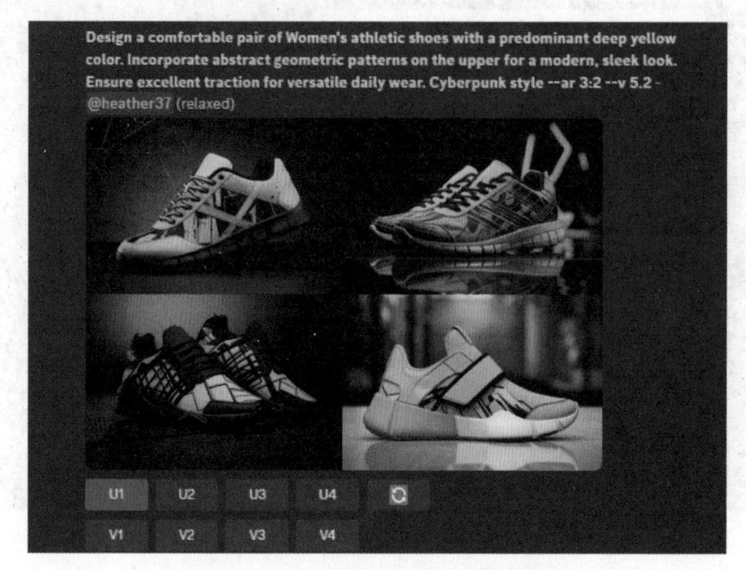

图30-12 生成更改尺寸后的图片效果

STEP 12 放大效果：单击 U1 按钮，选择第 1 张图片进行放大，随后 Midjourney 将在第 1 张图片的基础上进行更加精细的刻画，效果如图 30-13 所示。

Midjourney Bot
机器人
今天16:43
Design a comfortable pair of Women's athletic shoes with a predominant deep yellow color. Incorporate abstract geometric patterns on the upper for a modern, sleek look. Ensure excellent traction for versatile daily wear. Cyberpunk style --ar 3:2 --v 5.2 - Image #1 @heather37
Vary (Strong)
Vary (Subtle)
Vary (Region)

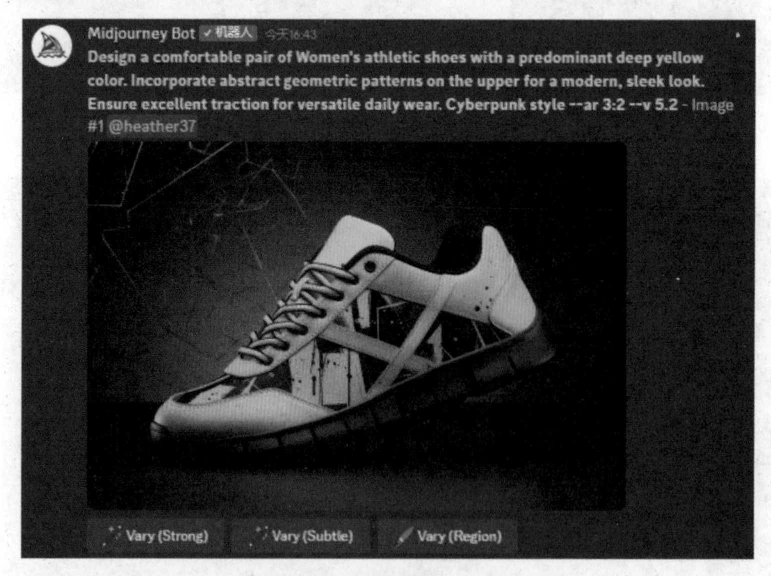

图30-13 放大后的图片效果

118 凉鞋设计范例

凉鞋是适合在夏季或温暖天气穿着的鞋子，通常以其透气和开放的设计而著称。

在使用 AI 设计凉鞋效果图时，可以添加关键词“bright orange color scheme”（明亮的橙色配色设计），描述凉鞋的颜色搭配，效果如图 30-14 所示。

Design a pair of sandals suitable for summer wear, with a bright orange
color scheme. Ensure a well-designed anti-slip sole, and incorporate
detailed patterns on the straps for added visual interest. --ar 3:2

图30-14　凉鞋设计图片效果

119　皮鞋设计范例

皮鞋是一种由皮革制成的鞋类，通常以其高质量、耐用性和经典风格而受到青睐。在使用 AI 设计皮鞋效果图时，可以添加关键词“toe can be fashioned in a wingtip style”（脚趾做成翼尖样式），描述皮鞋的外观，效果如图 30-15 所示。

Design a pair of classic men's leather shoes, available in the timeless colors
of black or dark brown. The toe can be fashioned in a wingtip style, exuding
an air of refined elegance. --ar 3:2

图30-15　皮鞋设计图片效果

120 高跟鞋设计范例

高跟鞋是在鞋跟部分设计有较高的跟头，通常是女性鞋款，它们以其提升身高和优雅的外观而著名。

在使用 AI 设计高跟鞋效果图时，可以添加关键词“sophisticated gray”（精致灰色），描述高跟鞋的色调，效果如图 30-16 所示。

a pair of elegant high-heeled shoes for women suitable for
office settings. The color can be a sophisticated gray. Ensure
both heel height and comfort are prioritized, while the overall
design exudes a sense of fashionable sophistication --ar 3:2

图30-16　高跟鞋设计图片效果

第 31 章　场景模拟绘画指令与范例

场景模拟是指通过技术手段，将一个虚构的环境或情境以视觉、听觉等方式呈现出来，使人们感觉仿佛置身于那个虚构的场景中。这种技术常被应用于电影、电视、游戏、虚拟现实、增强现实等媒体。本章介绍模拟几种场景的 AI 绘画指令与范例。

121 指令应用步骤

外太空场景是指宇宙中没有大气层或者明显的行星表面的区域，通常包括卫星、行星、恒星、星云等宇宙物体。

在利用 AI 模拟外太空场景时，可以考虑加入卫星与行星等元素，在黑色的宇宙背景中，布满点点的星星，以及远处的行星或者其他天体。如果需要，可以添加一个宇宙飞船或者太空站等人工物体，以增强场景的情节性，效果如图 31-1 所示。

图31-1　AI绘制的外太空场景模拟图片效果

下面以 AI 生成外太空场景图片的过程为例，介绍场景模拟的指令应用操作步骤。

STEP 01 提出问题：在 ChatGPT 中输入关键词“假如你是一位 AI 绘画师，请为我提供关于场景模拟的 AI 指令”，ChatGPT 的回答如图 31-2 所示。

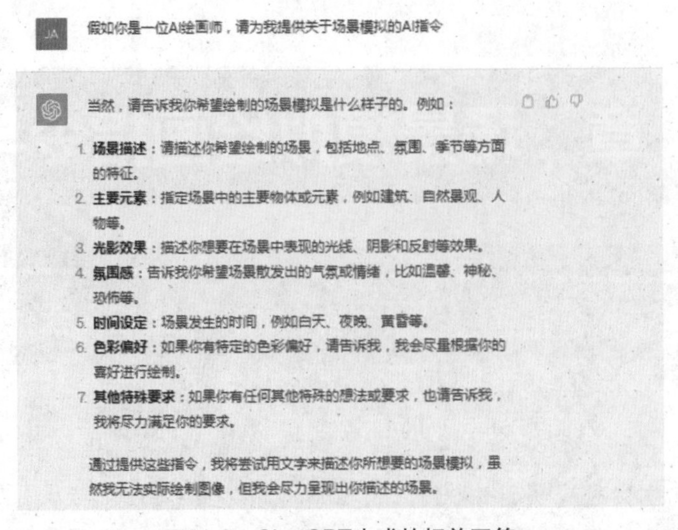

图31-2　ChatGPT生成的相关回答

STEP 02 整合指令：继续在 ChatGPT 中输入关键词“请整合上述 AI 指令，为我提供一段模拟外太空场景的实例，40 字左右”，ChatGPT 的回答如图 31-3 所示。

JA
请整合上述AI指令，为我提供一段模拟外太空场景的实例，40字左右
在无边的太空深处，星星熠熠生辉，一艘银色飞船漂浮其中。光线穿透宇宙尘埃，照亮周围的虚无。在这寂静的宇宙中，飞船成为唯一的存在，传递着未知的探索与奇迹。

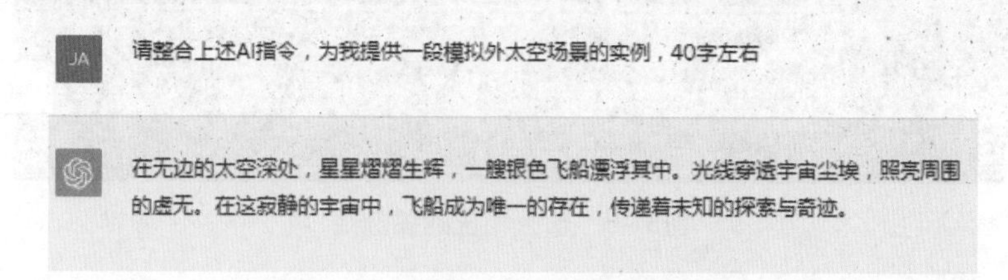

图31-3　得到ChatGPT提供的关键词

STEP 03 得到英文：在 ChatGPT 中输入关键词“请翻译为英文”，ChatGPT 即可将前面生成的关键词翻译为英文，如图 31-4 所示。

JA
请翻译为英文
In the boundless depths of space, stars shimmer brilliantly, with a silver spaceship floating among them. Light pierces through cosmic dust, illuminating the surrounding void. In this silent cosmos, the spaceship stands as the sole presence, carrying forth the promise of uncharted exploration and wonders.

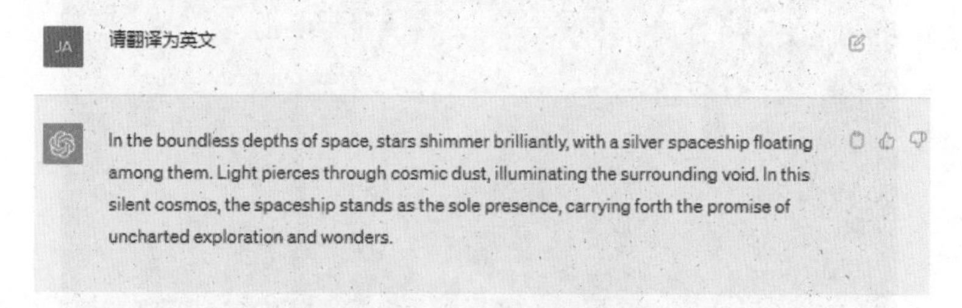

图31-4　将关键词翻译成英文

STEP 04 选择指令：在 Midjourney 下面的输入框中输入“/”，在弹出的上拉列表中选择 imagine 指令，如图 31-5 所示。

常用
/imagine prompt
Create images with Midjourney
选择
/describe
Writes a prompt based on your image
/settings
View and adjust your personal settings
/prefer option set
Set a custom option
/blend
Blend images together seamlessly!
MIDJOURNEY BOT
/ask
Get an answer to a question
Midjourney Bot
GIF

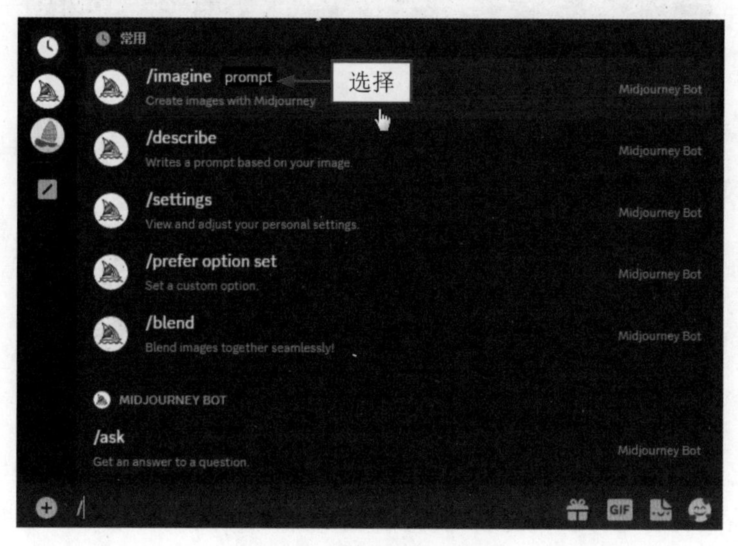

图31-5　选择imagine指令

STEP 05 输入关键词：在 Midjourney 中通过 imagine 指令输入翻译好的英文关键词，如图 31-6 所示。

STEP 06 生成效果：按 Enter 键确认，生成初步的图片效果，如图 31-7 所示。

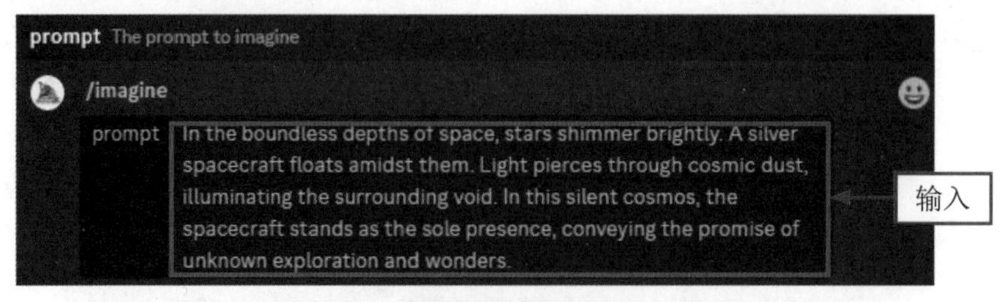
prompt The prompt to imagine
/imagine
prompt In the boundless depths of space, stars shimmer brightly. A silver spacecraft floats amidst them. Light pierces through cosmic dust, illuminating the surrounding void. In this silent cosmos, the spacecraft stands as the sole presence, conveying the promise of unknown exploration and wonders.
输入

图31-6 输入相应的关键词

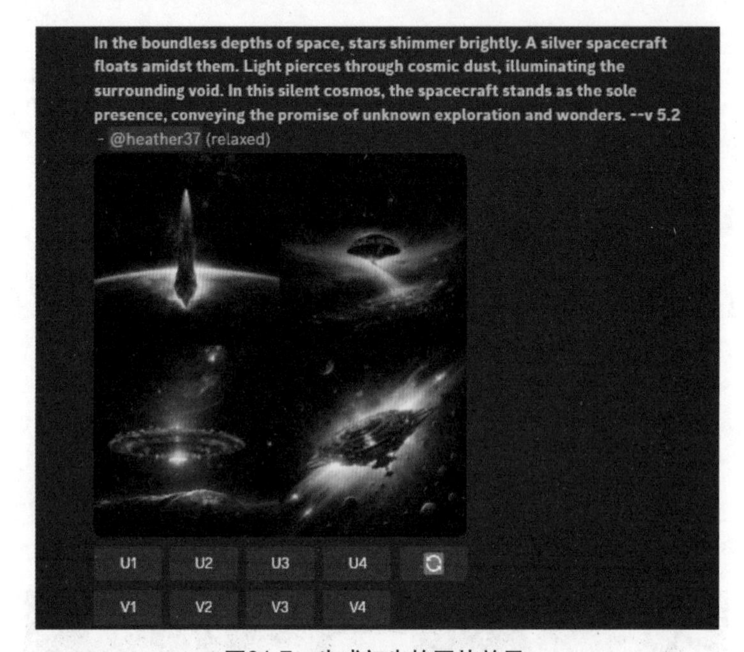
In the boundless depths of space, stars shimmer brightly. A silver spacecraft floats amidst them. Light pierces through cosmic dust, illuminating the surrounding void. In this silent cosmos, the spacecraft stands as the sole presence, conveying the promise of unknown exploration and wonders. --v 5.2
- @heather37 (relaxed)
U1
U2
U3
U4
V1
V2
V3
V4

图31-7 生成初步的图片效果

STEP 07 添加风格：继续添加关键词“Cyberpunk style”（赛博朋克风格），添加外太空场景的风格，如图 31-8 所示。

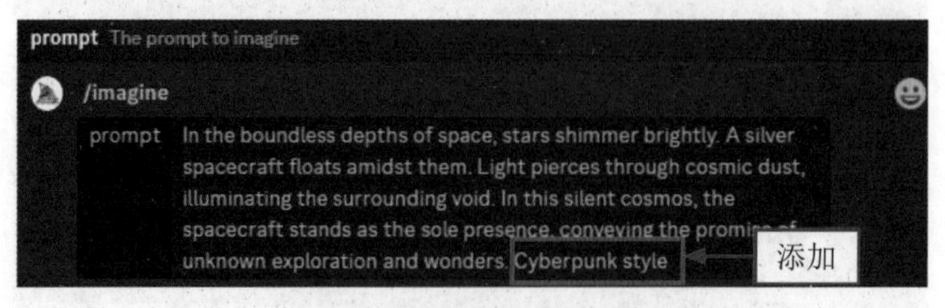
prompt The prompt to imagine
/imagine
prompt In the boundless depths of space, stars shimmer brightly. A silver spacecraft floats amidst them. Light pierces through cosmic dust, illuminating the surrounding void. In this silent cosmos, the spacecraft stands as the sole presence, conveying the promi
unknown exploration and wonders. Cyberpunk style
添加

图31-8 添加相应的关键词

STEP 08 生成效果：按 Enter 键确认，生成添加风格后的图片效果，如图 31-9 所示。

STEP 09 修改尺寸：继续添加指令“--ar 3:2”，调整画面的比例，按 Enter 键确认，生成更改尺寸后的图片效果，如图 31-10 所示。单击 U2 按钮，放大第 2 张图片，即可得到如图 31-1 所示的最终效果。

In the boundless depths of space, stars shimmer brightly. A silver spacecraft floats amidst them. Light pierces through cosmic dust, illuminating the surrounding void. In this silent cosmos, the spacecraft stands as the sole presence, conveying the promise of unknown exploration and wonders. Cyberpunk style --v 5.2 - @heather37 (relaxed)
U1
U2
U3
U4
V1
V2
V3
V4

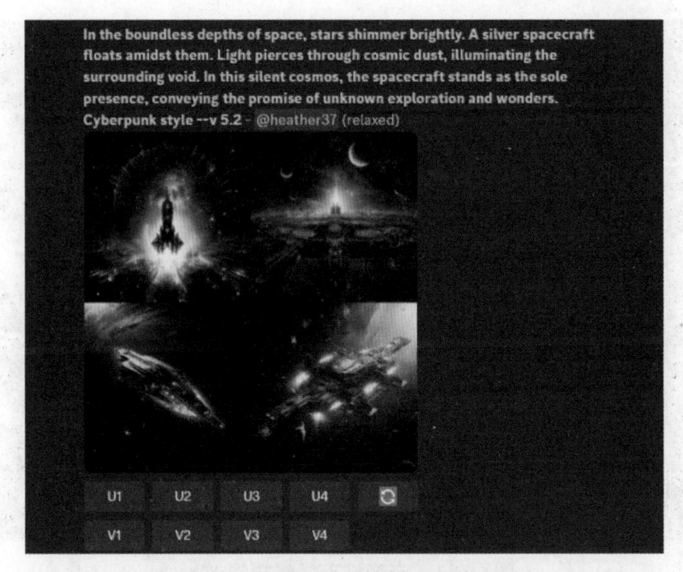

图31-9 生成添加风格后的图片效果

In the boundless depths of space, stars shimmer brightly. A silver spacecraft floats amidst them. Light pierces through cosmic dust, illuminating the surrounding void. In this silent cosmos, the spacecraft stands as the sole presence, conveying the promise of unknown exploration and wonders. Cyberpunk style --ar 3:2 --v 5.2 - @heather37 (relaxed)
U1
U2
U3
U4
V1
V2
V3
V4

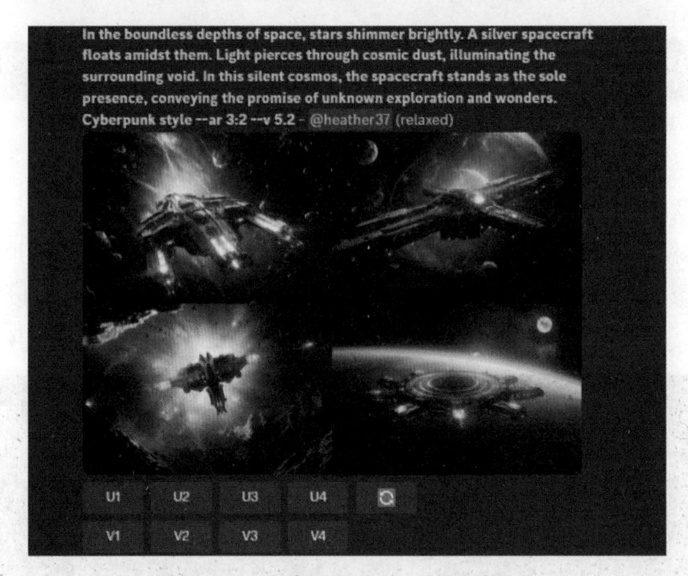

图31-10 生成更改尺寸后的图片效果

122 未来城市场景模拟范例

未来城市场景是指在科幻作品中或预测未来社会发展时描绘的一种高度先进、科技发达的城市景象，通常包括高楼大厦、先进的交通系统、现代化建筑和设施等。

在利用 AI 模拟未来城市场景时，首先要考虑到建筑设计，未来城市中的建筑通常会融合现代化、科技感强烈的元素，高楼大厦、立体交叉道路都是常见的特征，通常会采用先进的交通工具，如飞行汽车、高速磁悬浮列车等，效果如图 31-11 所示。

In the city of the future, skyscrapers rise tall, their transparent glass facades
reflecting neon lights. Flying cars and a network of floating transportation
crisscross the sky, creating a bustling and futuristic urban landscape. --ar 3:2

图31-11　未来城市场景模拟效果

123 世界末日场景模拟范例

世界末日场景通常是指一系列灾难性事件导致社会崩溃、资源匮乏、环境恶化等情景，这种场景可以在科幻作品、灾难电影、小说中出现。

在利用 AI 模拟世界末日场景时，要考虑气候变化、自然灾害（如地震、飓风、火山爆发等）的影响，营造一种极端且不可预测的自然环境；同时，可以描述城市或地区的破败景象，如废墟、破坏的建筑、荒芜的土地等，效果如图 31-12 所示。

Under the remnants of doomsday, skyscrapers rise from the ruins, with a red
sky casting an eerie glow on barren trees and shattered walls. Sparse stars
twinkle, permeating an atmosphere of sorrow. --ar 3:2

图31-12　世界末日场景模拟效果

124 古罗马场景模拟范例

古罗马场景指的是古罗马时代（公元前 753 年至公元 476 年）的景象，包括古罗马帝国时期的城市、建筑、人们的服饰、交通方式等元素。

在利用 AI 模拟古罗马场景时，在建筑风格上要注意以罗马柱、拱门、穹顶等为特色；同时，古罗马城市拥有宽阔的街道，市场上摆满了各种商品，可以模拟繁华的市井氛围，效果如图 31-13 所示。

Roman Empire Scene: In the splendid ancient city of Rome, the grand
Colosseum stands against the backdrop of the setting sun. Classical
architecture, exuberant sculptures, and bustling markets form a vibrant
tableau, recreating the pinnacle of the empire's glory --ar 3:2

图31-13　古罗马场景模拟效果

第 32 章　活动现场绘制指令与范例

活动现场指的是举办某种活动的具体地点或场地，也可以理解为活动发生的实际现场。这包括了各种类型的活动，如演唱会、展览、会议、婚礼、体育比赛等。活动现场通常会根据活动的需要进行装饰和布置，以提供适当的氛围和环境。本章介绍几种活动现场的 AI 绘画指令与范例。

125 指令应用步骤

扫码看视频

会议记录现场指的是在举行会议时，专门负责记录会议内容、讨论、决议等重要信息的地点。

在利用AI绘制会议记录现场图时，需选取适当的视角，使整个活动现场都能在画面内，并能够清晰展示重要的元素，比如会议桌、参与者、投影屏幕等。其效果如图32-1所示。

图32-1 用AI绘制的会议记录现场效果

下面以AI生成会议记录现场的过程为例，介绍活动现场的指令应用操作步骤。

STEP 01 提出问题：在ChatGPT的输入框中输入关键词“假如你是一位AI绘画师，请为我提供关于活动现场的AI指令”，ChatGPT的回答如图32-2所示。

JA
假如你是一位AI绘画师，请为我提供关于活动现场的AI指令
当然可以！以下是一些关于活动现场的AI指令：
1. 景物描述：
• "请描述活动现场的整体氛围和布置。"
• "绘制现场的人群和环境，包括背景、装饰和主要活动区域。"
2. 人物描绘：
• "请绘制活动现场中的重要人物，包括他们的服装、姿态和表情。"
• "以肖像方式呈现活动现场的参与者，突出个性特征。"
3. 色彩和光影：
• "强调活动现场的色彩和光影效果，使其更加生动有趣。"
• "调整画面的色调和明暗度，以突出关键区域和情感氛围。"
4. 细节处理：
• "请注意细节，例如装饰、标识和细微的表情。"
• "特别突出活动现场中的亮点和独特之处。"
5. 主题强调：
• "根据活动的主题或目的，突出相关元素和场景。"
• "以特殊方式表现与活动主题相关的物品或活动。"
6. 动态感：
• "尝试在画面中加入一些动态元素，使整体更富有活力。"

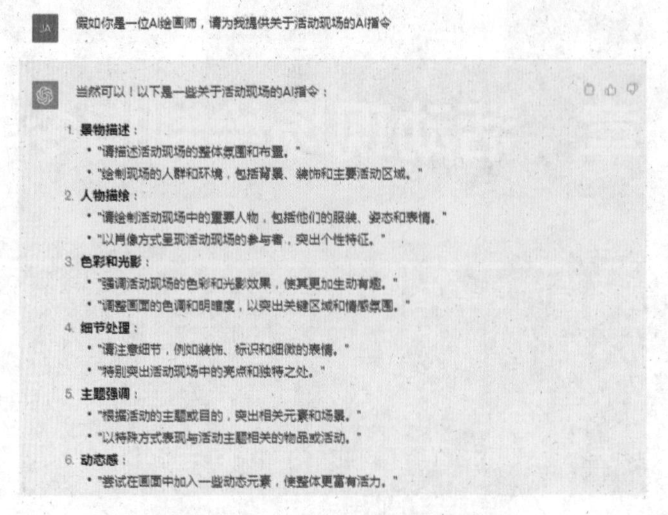

图32-2 ChatGPT生成的相关回答

STEP 02 整合指令：继续在 ChatGPT 的输入框中输入关键词“请整合上述 AI 指令，为我提供会议记录的活动现场图的实例，40 字左右”，ChatGPT 的回答如图 32-3 所示。

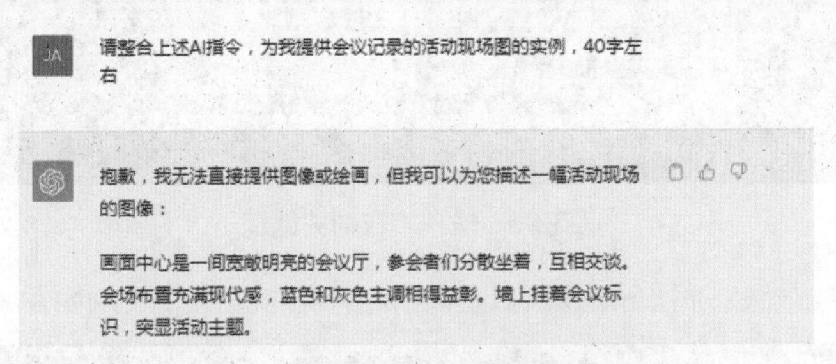

图32-3　得到ChatGPT提供的关键词

STEP 03 得到英文：在 ChatGPT 的输入框中输入关键词“请翻译为英文”，ChatGPT 即可将前面生成的关键词翻译为英文，如图 32-4 所示。

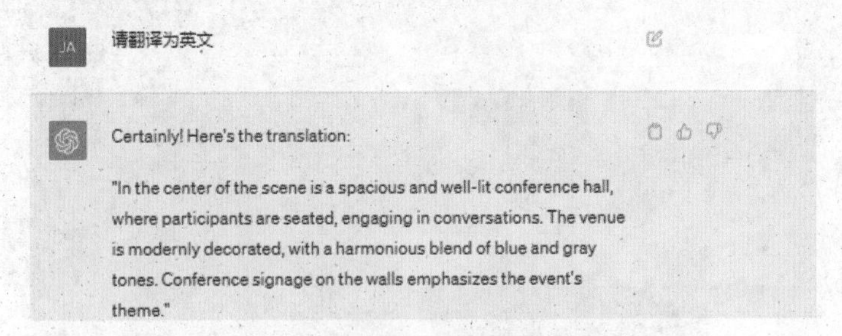

图32-4　将关键词翻译成英文

STEP 04 选择指令：在 Midjourney 下面的输入框中输入“/”，在弹出的上拉列表中选择 imagine 指令，如图 32-5 所示。

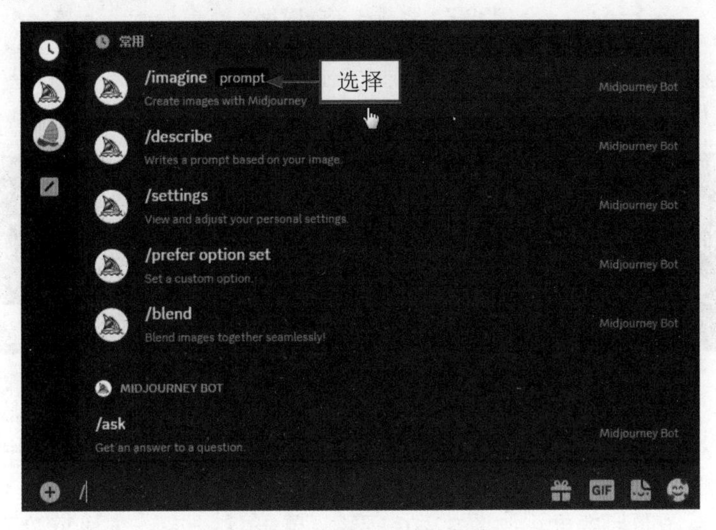

图32-5　选择imagine指令

STEP 05 输入关键词：在 Midjourney 中通过 imagine 指令输入翻译好的英文关键词，如图 32-6 所示。

prompt The prompt to imagine
/imagine
prompt In the center of the scene is a spacious and well-lit conference hall, where participants are seated, engaging in conversations. The venue is modernly decorated, with a harmonious blend of blue and gray tones. Conference signage on the walls emphasizes the event's theme.
输入

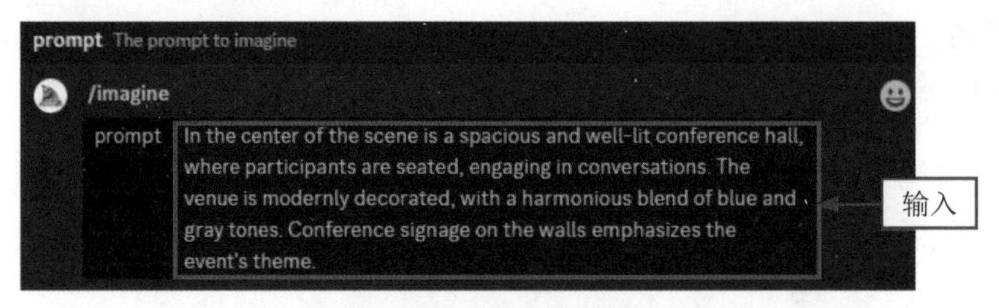

图32-6 输入相应的关键词

STEP 06 生成效果：按 Enter 键确认，生成初步的图片效果，如图 32-7 所示。

Midjourney Bot ✓机器人 今天18:27
In the center of the scene is a spacious and well-lit conference hall, where participants are seated, engaging in conversations. The venue is modernly decorated, with a harmonious blend of blue and gray tones. Conference signage on the walls emphasizes the event's theme. --v 5.2 - @heather37 (relaxed)
U1
U2
U3
U4
V1
V2
V3
V4

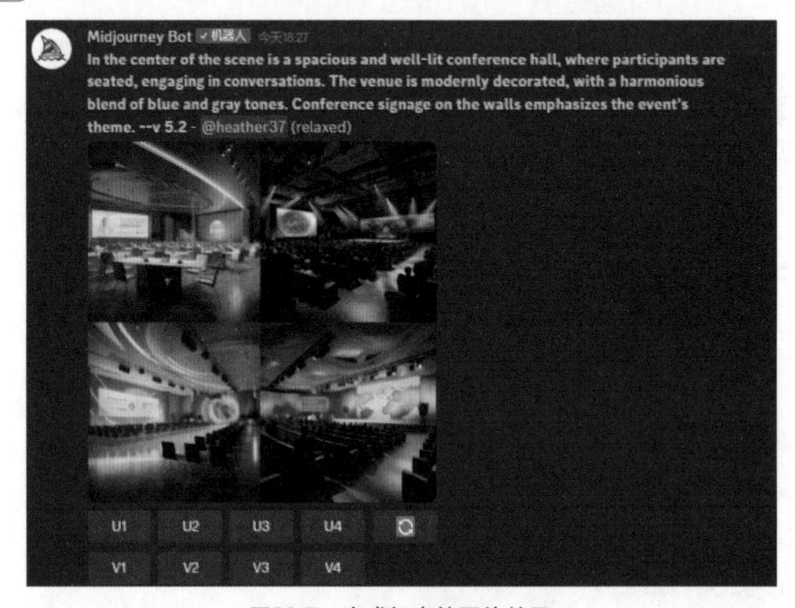

图32-7 生成初步的图片效果

STEP 07 添加风格：继续添加关键词“Sense of technology”（科技感），添加会议现场的风格，如图 32-8 所示。

prompt The prompt to imagine
/imagine
prompt In the center of the scene is a spacious and well-lit conference hall, where participants are seated, engaging in conversations. The venue is modernly decorated, with a harmonious blend of blue and gray tones. Conference signage on the walls emphasizes the event's theme. Sense of technology
添加

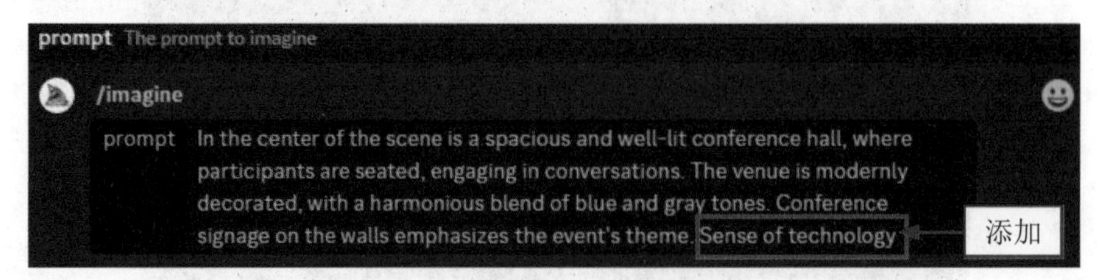

图32-8 添加相应的关键词

STEP 08 生成效果：按 Enter 键确认，生成添加风格后的图片效果，如图 32-9 所示。

STEP 09 修改尺寸：继续添加指令“--ar 3:2”，调整画面的比例，按 Enter 键确认，生成更改尺寸后的图片效果，如图 32-10 所示。单击 U3 按钮，放大第 3 张图片，即可得到如图 32-1 所示的最终效果。

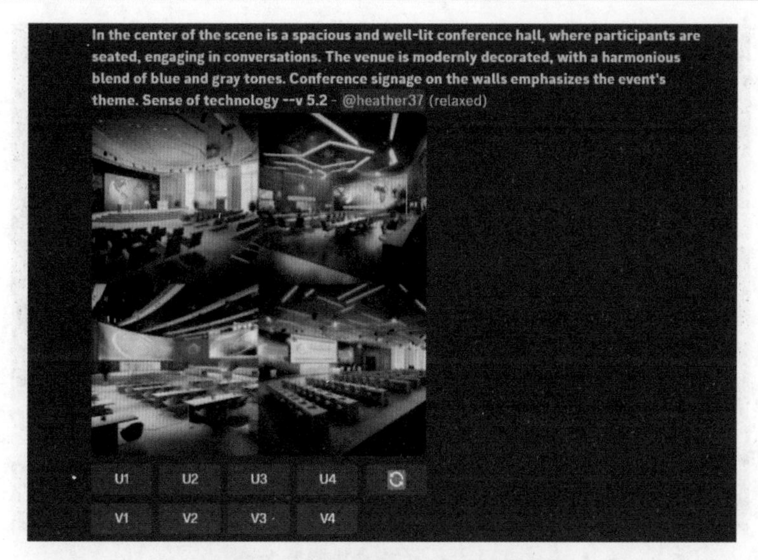
In the center of the scene is a spacious and well-lit conference hall, where participants are seated, engaging in conversations. The venue is modernly decorated, with a harmonious blend of blue and gray tones. Conference signage on the walls emphasizes the event's theme. Sense of technology --v 5.2 - @heather37 (relaxed)
U1
U2
U3
U4
V1
V2
V3
V4

图32-9　生成添加风格后的图片效果

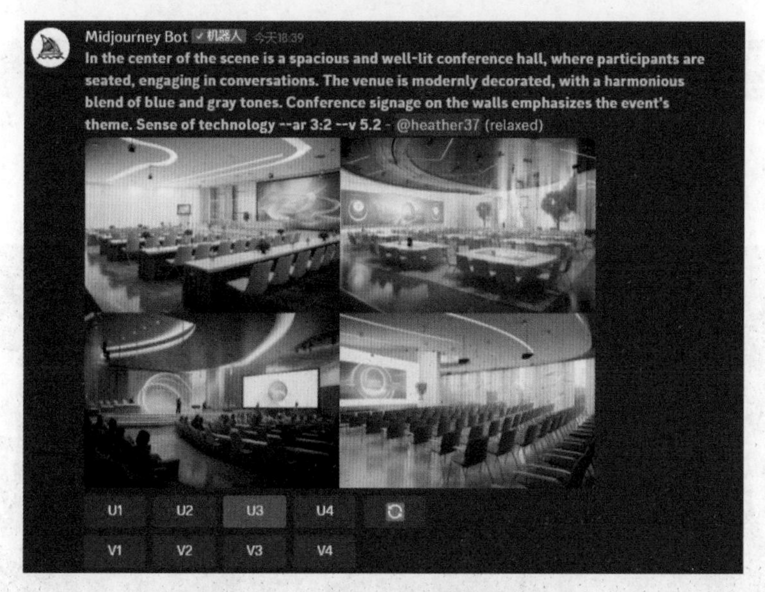
Midjourney Bot
机器人
今天18:39
In the center of the scene is a spacious and well-lit conference hall, where participants are seated, engaging in conversations. The venue is modernly decorated, with a harmonious blend of blue and gray tones. Conference signage on the walls emphasizes the event's theme. Sense of technology --ar 3:2 --v 5.2 - @heather37 (relaxed)
U1
U2
U3
U4
V1
V2
V3
V4

图32-10　生成更改尺寸后的图片效果

126 体育赛事绘制范例

图 32-11 所示为用 AI 生成的一张冰球比赛的图片，展现球员在冰场上奔跑，身体充满力量和动感。

在使用 AI 生成体育赛事的图片时，可以用关键词描述运动员动作的优雅和运动能力，关注他们的体态、姿势和肌肉线条，突出他们的身体素质；或将观众的反应融入构图，捕捉他们的兴奋、喜悦和对比赛的参与，为体育赛事增添人与人之间的联系。

russians in front of the red line during game 3 of the 2018 ig hockey world
cup, in the style of danube school, miwa komatsu, brutal action, wäinö
aaltonen, metallic etherialism, ferrania p30, børge bredenbekk --ar 3:2

图32-11　体育赛事图片效果

127 艺术展览绘制范例

图 32-12 所示为用 AI 生成的一张艺术展览的图片，通过黑白光线以及明亮的灯光将艺术品照亮，突出其细节和质感。

multiple photos on a wall in an exhibition, in the style of the stars art group
(xing xing), candid photojournalism, theatre academia, street photography,
wide angle lens, graceful poses, zeiss batis 18mm f/2.8 --ar 3:2

图32-12　艺术展览图片效果

在使用 AI 生成艺术展览的图片时，可以尝试运用景深和电影风格的照明等电影技巧，创造出一种电影般的写实感，将观众引入场景之中；或利用负空间、强烈线条和有限的色彩调色板，创造出引人入胜的抽象构图。

128 演出现场绘制范例

图 32-13 所示为用 AI 生成的一张演出现场的图片，歌手在麦克风前投入地演唱，台下捕捉到观众的热烈反应，表现出演出现场的热情氛围。

Concert activity photography, with a unique perspective, captures passionate
moments of artists. The lighting cleverly creates a dramatic atmosphere,
highlighting emotions and dynamism. High clarity, vivid details, and vivid and
rich colors. The shutter speed accurately grasps every moment, and the
aperture is adjusted reasonably, presenting a sense of depth and layering. The
photography style is unique and full of vitality --ar 3:2

图32-13　演出现场图片效果

在使用 AI 生成演出现场的图片时，可以尝试通过融入舞台布置的元素，如乐器或道具，创造出引人注目的构图，在图片中讲述一个故事；或捕捉观众充满活力的能量，专注于他们的表情和互动，使用广角镜头囊括整个人群，传达现场演出的激动和情感。